中国高等教育学会工程教育专业委员会新工科
"十四五"规划教材
国家线上线下混合一流课程配套教材
浙江省普通高校"十四五"重点教材
浙江省普通高校"十三五"新形态教材

U0182753

C 语言程序设计

主编　韩建平　夏一行

ZHEJIANG UNIVERSITY PRESS
浙江大学出版社
·杭州·

图书在版编目(CIP)数据

C语言程序设计 / 韩建平，夏一行主编. —杭州：
浙江大学出版社，2021.5(2024.7 重印)
ISBN 978-7-308-21333-2

Ⅰ.①C… Ⅱ.①韩…②夏… Ⅲ.①C语言－程序设
计 Ⅳ.①TP312.8

中国版本图书馆 CIP 数据核字(2021)第 081241 号

C 语言程序设计

主编　韩建平　夏一行

策　　划	黄娟琴	
责任编辑	吴昌雷　黄娟琴(jqhuang@zju.edu.cn)	
责任校对	傅宏梁	
封面设计	续设计	
出版发行	浙江大学出版社	
	(杭州市天目山路 148 号　邮政编码 310007)	
	(网址:http://www.zjupress.com)	
排　　版	浙江大千时代文化传媒有限公司	
印　　刷	浙江省邮电印刷股份有限公司	
开　　本	787mm×1092mm　1/16	
印　　张	22.25	
字　　数	549 千	
版 印 次	2021 年 5 月第 1 版　2024 年 7 月第 6 次印刷	
书　　号	ISBN 978-7-308-21333-2	
定　　价	59.90 元	

前　言
FOREWORD

　　C 语言是简洁、高效、功能丰富的程序设计语言，兼有高级语言和低级语言的优势，广泛应用于系统和应用软件的开发，在各类程序设计语言排行榜上长居榜首。"C 语言程序设计"是理工类专业的重要基础课程。通过本课程的学习，学生可以理解 C 语言的基础知识，掌握程序设计的基本方法，培养程序设计和调试的能力，从而为后续学习和工作打下坚实的基础。

　　本书面向应用，从解决问题出发引入知识点，希望助力读者领会程序设计的思想和方法，而非将读者注意力吸引到语法细节。在主要章节的内容安排上，首先以简明、典型的实例阐述相关知识点，再通过一组有用或有趣的实例，进一步说明相关知识点的综合应用。

　　为了提升读者多知识点融会贯通的能力，本书设计得贴近生活情境，并变换出一组相互关联的编程问题，针对性地采用契合的知识点和编程策略加以求解。书中提供了丰富的知识点视频和练习题等资源，帮助读者自主、个性化地进行学习。扫描书中的二维码，可以观看对应的视频，查阅习题答案及解析。

　　全书共分 10 章，第 1 章内容包括程序设计的基本概念，以及程序的基本结构和开发过程；第 2 章和第 3 章介绍基本数据类型和表达式，重点讲解表达式的组成规则和求解过程；第 4 章内容是程序流程控制的三种基本结构，重点讲解如何运用控制结构语句编写程序解决问题；第 5 章内容包括一维数组和二维数组的定义与应用，以及查找与排序算法；第 6 章介绍自定义函数，内容包括函数定义与调用、函数参数与返回值、递归函数；第 7 章介绍指针的基本知识，以指针方式处理一维数组和二维数组，实现函数间的数据传递；第 8 章介绍字符串的表示与处理，重点讲解字符串在函数、数组、指针方面的综合应用；第 9 章主要内容包括结构体类型和变量，结构体指针和数组的应用，同时介绍了链表结构的概念与操作，以及共用体和枚举的基本知识；第 10 章介绍文件的基本概念、文件的读写方式。

　　本书的编写基于课程组多年以来在线上线下混合等的教学改革实践。书中配套的视频在教学设计上力求精致，在形式上注重简洁，从一个有趣或有用的问题入手，逐步深入、层层递进，展开一系列知识点，建议学生在课前自主完成学习。在课堂教学环节，建议教师以解决问题为线索，精讲、实践、研讨，拓展学生思考、互动的空间。实践环节建议利用在线评测系统，学生在线提交程序，系统自动评测、及时反馈，在协作、竞争的氛围中提升编程能力。

　　本书由韩建平和夏一行主编并统稿，韩建平、夏一行、张大兴、吴海虹、张海平、张桦和徐恩友共同完成编写工作。此外，多位老师提供了优秀的教学案例，在此表示感谢。

　　由于编者水平有限，书中难免存在谬误之处，期待广大读者提出意见和建议。我们的电子邮件地址是 hanjp@hdu.edu.cn。

　　如需课件等相关教学资料，请联系浙江大学出版社编辑，邮箱：jqhuang@zju.edu.cn。

目　录
CONTENTS

CHAPTER 1

第 1 章

引 言

本章要点：
- ◇ 数据在计算机中的存储和表示方式；
- ◇ 程序与程序设计语言；
- ◇ C 语言程序的基本框架；
- ◇ C 语言程序的编辑、编译与运行。

从 1946 年第一台电子计算机诞生至今，尽管现代计算机在性能、规模和应用等方面得到快速发展，但其体系结构和原理仍然延续两个核心思想，即二进制编码和存储程序。在计算机中，任何复杂运算和操作都转换成用二进制编码表示的指令，任何数据也都用二进制编码来表示。计算机工作是基于存储程序和程序控制的，将程序和数据事先存入内存中，程序运行时逐一从内存中取出指令加以执行。

本章学习 C 语言程序的基本框架、编写和运行，在此之前需要先了解计算机中数据的表示，以及计算机、程序、程序设计语言之间的关系。

1.1 计算机中数据的表示

1.1.1 进制及转换

计算机要处理的数据是多种多样的，对于计算机来说，这些数据又具有共性，都必须以二进制形式进行存储和处理。不管是整数、实数、字符数据，还是图像、声音、视频数据，存储在计算机中的都是经过一定规则编码后的二进制数码。

1. 数的进制

进制也就是进位计数制，是指用一组数码符号和规则来表示数值的方法，数码、基数和权是一种进制的三要素。日常生活中的十进制数是由 $0,1,2,\cdots,9$ 等 10 个数码表示的，相应的基数为 10，也就决定了十进制数"逢十进一，借一当十"的特征。位权是指数码 1 在不同位置上的数值，可以表示基数的若干次幂。例如，十进制数 159.73 自左到右各数码的位权是 10^2、10^1、10^0、10^{-1}、10^{-2}，159.73 的位权展开式为：

$$159.73 = 1 \times 10^2 + 5 \times 10^1 + 9 \times 10^0 + 7 \times 10^{-1} + 3 \times 10^{-2}$$

除了十进制以外，二进制、八进制、十六进制都是常用的进制。表 1-1 给出了不同进制的规则、数码、基数和位权。位权表达式中的 k 是与位置有关的整数,小数点前自右向左各位依次为 0,1,2,3,…;小数点后自左向右各位依次为 -1,-2,-3,…

表 1-1 十进制、二进制、八进制、十六进制的特点

进制	十进制	二进制	八进制	十六进制
规则	逢十进一	逢二进一	逢八进一	逢十六进一
数码	0,1,2,3,4, 5,6,7,8,9	0,1	0,1,2,3, 4,5,6,7	0,1,2,3,4,5,6,7, 8,9,A,B,C,D,E,F
基数	10	2	8	16
位权	10^k	2^k	8^k	16^k

2. 二进制、八进制、十六进制转换为十进制

只要将二进制数、八进制数、十六进制数按位权展开,就可以得到对应的十进制数形式,即分别计算数码与各自位权的乘积,再对所得乘积累加求和。例如二进制数 1001.01、八进制数 673.2 和十六进制数 AD.F 转换为十进制数的计算过程如下:

$$(1001.01)_2 = 1 \times 2^3 + 0 \times 2^2 + 0 \times 2^1 + 1 \times 2^0 + 0 \times 2^{-1} + 1 \times 2^{-2}$$
$$= 8 + 1 + 0.25 = 9.25$$
$$(673.2)_8 = 6 \times 8^2 + 7 \times 8^1 + 3 \times 8^0 + 2 \times 8^{-1} = 384 + 56 + 3 + 0.25 = 443.25$$
$$(AD.F)_{16} = 10 \times 16^1 + 13 \times 16^0 + 15 \times 16^{-1} = 160 + 13 + 0.9375 = 173.9375$$

3. 十进制转换为二进制、八进制、十六进制

若要将十进制数转换为二进制数形式,需将整数和小数分开处理。

整数部分除以 2 取余,即对整数部分不断除以 2 取余数,直到商为 0 为止。先得到的余数为二进制数的低位,最后得到的余数为最高位。

小数部分乘以 2 取整,即对小数部分不断乘以 2 取整数,直到积为 0 或达到有效精度。先得到的整数为二进制的高位,最后得到的整数为最低位。

例如,要将十进制数 58.375 转换为二进制数。如图 1-1 所示,可按照除以 2 取余法,得到 58 的二进制数形式 $(111010)_2$;按照乘以 2 取整法得到 0.375 的二进制数形式 $(0.011)_2$。合并得到:

$$58.375 = (111010.011)_2$$

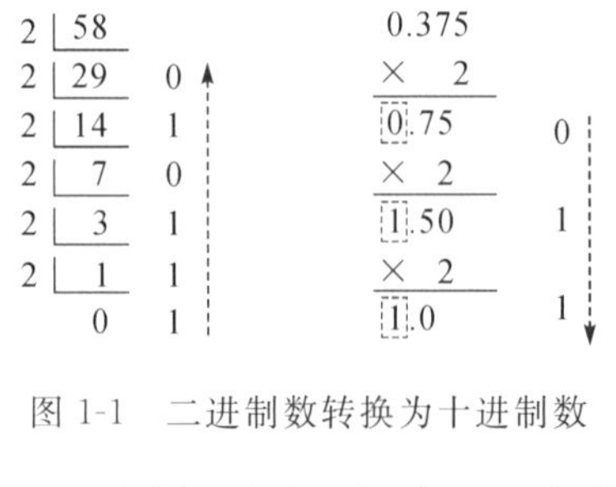

图 1-1 二进制数转换为十进制数

许多十进制小数并不能像上面那样,通过反复乘以 2 让小数部分最终变为 0。计算机中只能用有限的位数表示小数,必然要舍弃部分二进制位,这就是人们常说的实数精度问题。例如,要将十进制小数 0.3 转换为二进制小数,若保留 6 位小数,则可表示为 $(0.010011)_2$,

误差约为 0.003；若保留 22 位小数，则可表示为 $(0.0100110011001100110011)_2$，误差约为 5×10^{-8}。

若要将十进制数转换为八进制数（或十六进制数）形式，方法类似。分别处理整数部分和小数部分，整数部分除以 8（或 16）取余，小数部分乘以 8（或 16）取整。

4. 二进制转换为八进制、十六进制

二进制数转换为八进制数（或十六进制数）的方法是：整数部分从右向左，小数部分从左向右，按 3 位（或 4 位）一组进行划分，最后一组不足 3 位（或 4 位），则小数部分右边补 0，整数部分左边补 0。分组完成后，将每组二进制数转换为一位八进制数（或十六进制数）即可。例如，将二进制数 $(11110010111.11)_2$ 分别转换为八进制数和十六进制数。

$$(\underline{011}\ \underline{110}\ \underline{010}\ \underline{111}.\ \underline{110})_2 = (3627.6)_8$$
$$3\quad 6\quad 2\quad 7\quad\ 6$$

$$(\underline{0111}\ \underline{1001}\ \underline{0111}.\ \underline{1100})_2 = (797.C)_{16}$$
$$7\quad\ 9\quad\ 7\quad\ \ C$$

5. 八进制、十六进制转换为二进制

十六进制数转换为二进制数，依次将每位十六进制数码写成四位二进制数码；八进制数转换为二进制数，依次将每位八进制数码写成三位二进制数码。例如：

$$(36E.D4)_{16} = (0011\ 0110\ 1110.1101\ 0100)_2$$
$$(512.63)_8 = (101\ 001\ 010.110\ 011)_2$$

1.1.2 数据的编码

数据一般可分为数值性数据和非数值性数据，整数和实数都是数值型数据，而字符是典型的非数值型数据。不管是数值型数据还是非数值型数据，都必须以一定方式进行二进制编码以后，才能被计算机处理。

数值型数据的编码并不是简单、直接地转换为二进制形式，还需要解决符号表示、小数点表示等问题。一般将一个数在计算机中的表示形式称为该数的机器数，而数本身则被称为真值。真值和对应的机器数形式上可能是不同的。

1. 整数的编码

这里以 16 位二进制数为例，介绍整数的编码。整数可分为无符号整数和有符号整数两种类型。

无符号整数代表的都是非负整数，所以直接用二进制值表示就可以，即每一位均表示数值本身。因此最大的 16 位二进制无符号整数是 $(11111111\ 11111111)_2$，对应的十进制数是 65535，最小无符号整数显然是 0。

有符号整数一般以补码方式表示，最高位表示符号。正数补码的符号位为 0，其余 15 位就是该数的二进制形式；负数补码的符号位为 1，而其余 15 位是这样得到的：先将该数绝对值的 15 位二进制形式各位取反，然后末位再加 1。例如：

19 的补码是 $(00000000\ 00010011)_2$

-19 的补码是 $(11111111\ 11101101)_2$

0 的补码是 $(00000000\ 00000000)_2$

-1 的补码是 $(11111111\ 11111111)_2$

16 位二进制补码可表示的最大整数是 $(01111111\ 11111111)_2$，也就是十进制数 32767。16 位二进制补码可表示的最小整数是 $(10000000\ 00000000)_2$，对应的十进制数是 -32768。

虽然用补码表示整数，看起来不太自然、直观，但其优势非常显著。如图 1-2 所示，两个数的补码之和即为两数之和的补码，这样计算机在做加法运算时，不必特殊处理符号位。符号位的处理规则与数码位相一致。

```
  11111111  11111010 ......-6的补码
+ 00000000  00001001...... 9的补码
1 00000000  00000011...... 3的补码
```

图 1-2　补码加法运算

2. 实数的编码

在计算机中小数点及其位置是隐含表示的，有定点和浮点两种方式。

定点是指小数点隐含固定在某一位置上。小数点固定在符号位之后，称为定点纯小数，小数点固定在最低位之后，称为定点整数。

类似于科学计数法，浮点表示法则使用阶码 E 和尾数 M 两部分来表示实数，对应的真值为 $M \times 2^E$，这样小数点的实际位置可随着阶码浮动，程序设计中的实数也称为浮点数。在浮点表示法中，尾数的位数决定数的精度，阶码的位数决定数的范围。

IEEE 754 标准规定了浮点数的存储形式，根据计算机处理实数的范围不同，将实数分成单精度浮点数和双精度浮点数两类。单精度浮点数用 32 位表示，其中数符占 1 位，阶码占 8 位，尾数占 23 位；双精度浮点数用 64 位表示，其中数符占 1 位，阶码占 11 位，尾数占 52 位。

3. 字符的编码

ASCII 码（American Standard Code for Information Interchange，美国信息交换标准码）是一种字符编码，主要用于欧美语言，是目前广泛使用的单字节编码系统。表 1-2 是常见 ASCII 字符编码表。

在计算机中，每个字符的 ASCII 码用 8 位二进制数（即一个字节）存储，字节的最高位用 0 来填充，后 7 位为对应的 ASCII 码。

每个字符的 ASCII 码由 7 位二进制数表示，基本的 ASCII 码字符共有 128 个，包含 26 个英文大写字母、26 个英文小写字母、10 个阿拉伯数字、33 个控制字符以及 33 个标点符号和运算符号。

汉字同样采用二进制进行编码。根据国标码的规定，每个汉字有唯一确定的二进制码。在 GB2312 字符集中，一个汉字用两个字节表示，例如"中国"这两个汉字的编码分别是 D6D0 和 B9FA。

表 1-2　常见字符 ASCII 编码表

十进制	十六进制	字符	十进制	十六进制	字符	十进制	十六进制	字符	十进制	十六进制	字符	十进制	十六进制	字符	十进制	十六进制	字符
32	20	SP	48	30	0	64	40	@	80	50	P	96	60	`	112	70	p
33	21	!	49	31	1	65	41	A	81	51	Q	97	61	a	113	71	q
34	22	"	50	32	2	66	42	B	82	52	R	98	62	b	114	72	r
35	23	#	51	33	3	67	43	C	83	53	S	99	63	c	115	73	s
36	24	$	52	34	4	68	44	D	84	54	T	100	64	d	116	74	t
37	25	%	53	35	5	69	45	E	85	55	U	101	65	e	117	75	u
38	26	&	54	36	6	70	46	F	86	56	V	102	66	f	118	76	v
39	27	'	55	37	7	71	47	G	87	57	W	103	67	g	119	77	w
40	28	(	56	38	8	72	48	H	88	58	X	104	68	h	120	78	x
41	29	)	57	39	9	73	49	I	89	59	Y	105	69	i	121	79	y
42	2A	*	58	3A	:	74	4A	J	90	5A	Z	106	6A	j	122	7A	z
43	2B	+	59	3B	;	75	4B	K	91	5B	[	107	6B	k	123	7B	{
44	2C	,	60	3C	<	76	4C	L	92	5C	\	108	6C	l	124	7C	|
45	2D	–	61	3D	=	77	4D	M	93	5D	]	109	6D	m	125	7D	}
46	2E	.	62	3E	>	78	4E	N	94	5E	^	110	6E	n	126	7E	~
47	2F	/	63	3F	?	79	4F	O	95	5F	_	111	6F	o	127	7F	DEL

1.2　程序与程序设计语言

1.2.1　计算机、指令与程序

计算机是能够按照程序运行,自动、高速处理数据的电子设备,采用如图 1-3 所示的冯·诺依曼架构。控制器从存储器中按顺序取出指令交由运算器执行,运算器从存储器取出数据处理后再存入存储器,处理好的数据由输出设备输出。

一台计算机所能执行的各种不同类型指令的集合称为指令系统,反映了计算机的基本功能。一个指令对应一个最基本的操作,如一个加法运算或实现对一个数据大小的判别。虽然指令系统中指令的个数很有限,每个指令所能完成的功能也只是很基本的操作,但一系列指令的组合却能完成一些很复杂的功能,这也就是计算机的奇妙与功能强大所在。

计算机完成某一任务时,人们预先把动作步骤流程用一系列指令表达出来,这个指令序列就称为程序。计算机首先要求人们不断地在程序设计上付出大量的创造性劳动,然后人们才能享受它的服务。为计算机编制程序是一种具有挑战性和创造性的工作。自计算机问世的 70 多年来,人们一直在研究设计各种各样的程序,使计算机完成各种各样的任务。

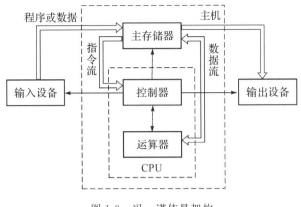

图 1-3　冯·诺依曼架构

1.2.2　程序设计语言

人类自然语言提供了人与人交流的工具,而程序设计语言则可以看作人与计算机交流的工具。程序设计语言包含向计算机描述计算过程所需的词法和语法规则。从计算机问世至今,人们一直在为研制更好的程序设计语言而努力。程序设计语言的数量一直在不断增加,目前已问世的程序设计语言成千上万,但其中只有极少数得到了人们的广泛认可。程序设计语言在发展的过程中经历了由低级到高级的过程,它可以分为机器语言、汇编语言和高级语言。

机器语言是最原始的程序设计语言,其提供了一组二进制代码串形式的机器指令,每个机器指令能让计算机完成一个基本的操作。用机器语言编写的程序,计算机能直接识别和执行。由于不同类型计算机系统的机器语言一般有所不同,为一种机器编写的程序通常不能直接在另一种机器上运行。用机器语言编写程序是一种非常枯燥而烦琐的工作,要记住每一条指令的二进制代码与含义极其困难。

汇编语言用符号来表示机器指令的运算符与运算对象,例如,用"ADD"来代替"001"表示加法操作,用"MOVE"来代替"010"表示数据移动。用汇编语言编写的程序要经过一个专门的翻译程序将其中的汇编指令逐条翻译成相应的机器指令后才能执行。虽然汇编语言一定程度上克服了机器语言难以辨认和记忆的缺点,但对大多数用户来说,理解和使用仍然是很困难的。

汇编语言和机器语言都属于低级语言,与人的习惯语言方式距离较远。低级语言的缺点是依赖于机器,可移植性、可读性、可维护性都很差。

高级语言与人们所习惯的自然语言、数学语言相近,具有自然直观、易学易用等优点。目前比较流行的高级语言有 C、C++、Java、Python 等,这些语言具有各自不同的特色、侧重点和适用领域,存在一定的差异。不过,高级程序设计语言本质上是相通的,掌握了一门经典语言之后,再学习其他语言会非常容易。

用高级语言编写的程序不能直接被计算机执行。每种高级语言都有自己的语言处理程序,它可以将用高级语言编写的程序转换成计算机能直接执行的机器语言程序。解释和编译是高级语言常见的转换方式。解释方式是由解释器一句一句地读取源程序,将其解释成机器指令提交给计算机硬件执行。C 语言采用的转换方式是编译,就是将源程序一次性翻译成计算机系统可以直接执行的机器指令程序文件,以后只需要执行编译以后生成的文件即可。

1.2.3　C 语言的历史与特点

1.C 语言的产生与发展

C 语言诞生于 1972 年,开发者是美国贝尔实验室的丹尼斯·里奇(Dennis Ritchie)。设计 C 语言的最初目的是为开发 UNIX 操作系统提供一种工作语言。1973 年,丹尼斯·里奇等人用 C 语言重新编写了 UNIX 系统,大大提高了 UNIX 系统的可移植性和可读性。UNIX 系统被日益广泛使用,C 语言也随之得到推广。1978 年以后,C 语言先后被移植到大、中、小和微型计算机上,迅速成为应用最广泛的高级程序设计语言。

1983 年,美国国家标准协会(ANSI)开始制定 C 语言标准。1989 年,ANSI 公布了一个完整的 C 语言标准(简称 ANSI C 或 C89)。

1990 年,国际标准化组织(ISO)接受 C89 作为国际标准 ISO/IEC 9899:1990(简称 C90),它和 ANSI 的 C89 基本上是相同的。

1999 年,ISO 发布了修订后的 C 语言新标准 ISO/IEC 9899:1999(简称 C99),在基本保留原来的 C 语言特征的基础上,针对应用的需要,增加了一些功能。

2011 年 12 月,国际标准化组织再次发布了 C 语言的新标准 ISO/IEC 9899:2011(简称 C11)。这是目前 C 语言的最新标准。

各种 C 语言开发环境都提供了对 C89(C90)的支持,但有些编译器还不支持高版本的 C 语言标准。新标准是在旧标准的基础上进行扩展,一般都是向后兼容的。也就是说符合 C89 标准的程序一定符合 C99 或 C11,反之某些符合 C11 标准的 C 语言程序在 C89 编译环境下可能会报错。

2. C 语言的特点

作为一种优秀的高级程序设计语言,C 语言被广泛应用于系统软件和应用软件的开发,深受软件开发者的青睐,在程序设计语言排行榜上一直居于领先位置。C 语言的主要特点有:

(1)简洁、高效

设计 C 语言之初是为了寻求理想的操作系统开发工具,它是一种更接近于底层硬件的语言。此外,C 语言程序通常简洁紧凑,书写相对自由。一般而言,用 C 语言编写的程序效率更高,执行的速度会更快。

(2)功能强大

C 语言有丰富的运算符、丰富的数据结构,并引入指针概念,使得 C 语言具有强大的表达能力,往往几行代码就可以实现许多功能。C 语言把高级语言的结构和低级语言的实用紧密结合,不仅适用于编写各种应用软件,还适用于编写类似 UNIX 这样的系统软件。

(3)可移植性好

C 语言是一种与硬件关联较少的语言,且 C 编译器在不同计算机系统上被广泛使用,这使得用 C 语言编写的程序无须修改或经少量修改便可在各种不同的计算机上运行。

(4)结构化

C 语言提供结构化的控制语句,使程序流程描述具有良好的结构性。C 语言用函数作为程序的模块单位,便于实现程序的模块化。结构化特点使得 C 语言程序结构清晰,易于编写、阅读和维护。

当然 C 语言也有一些不足之处,主要表现在:语法限制不太严格,对变量的类型约束不严格,影响程序的安全性,对数组下标越界不作检查等。

1.3 初识 C 语言程序

1.3.1 简单 C 语言程序示例

本节给出了三个程序示例,先初步认识 C 语言程序的基本框架。相关知识会在后续章节中系统、详细地阐述。

【例 1-1】 在屏幕上输出 Hello World!

【程序】

```
#include <stdio.h>              /* 编译预处理 */
int main(void)                  /* 定义主函数 */
{                               /* 函数的开始标志 */
    printf("Hello World !\n");  /* 输出指定信息 */
    return 0;                   /* 函数执行完毕时返回函数值 0 */
}                               /* 函数的结束标志 */
```

【运行示例】

Hello World!

【程序说明】

程序中的第 1 行"#include <stdio. h>"是个编译预处理命令,其作用是将文件 stdio. h 包含在程序中。stdio. h 是标准输入输出头文件,内容是标准输入输出函数的相关说明。本程序调用了 printf 标准输出函数,因而必须包含 stdio. h 文件。每个编译预处理命令占一行,一般应写在程序开始的位置。编译预处理命令不是 C 语言语句,末尾不可加分号。

每一个 C 语言程序有且仅有一个 main 函数,通常称为主函数。main 前面的 int 表示此函数的类型是 int(整型),即在执行主函数后会返回一个 int 型函数值。main 后面的一对括号中的 void 表示 main 函数不需要参数。

main 函数中的语句用一对花括号{}括起来。左花括号表示函数开始,右花括号表示函数结束。本例的主函数仅包含 printf 和 return 两条语句,每个语句末尾都有一个分号,表示语句结束。printf 是 C 语言提供的输出函数,它将双引号内的字符串"Hello World!"按原样输出。\n 是换行符,即在输出"Hello World!"后,屏幕上的光标位置移到下一行的开头。主函数的末尾通常包含一条"return 0;"语句,return 语句可以结束函数的运行,0 则用来通知操作系统程序运行正常。

程序中包含了多处注释,每处注释以/* 开始,到 */结束,/* 和 */之间可包含一行或多行注释。注释的作用是对程序进行必要的说明,适当的注释可使程序更易于阅读。编译器在处理源程序时会完全忽略注释,有无注释并不影响程序的功能和正确性。在下面的例子中,还可以看到另外一种注释方式,即以//开始,到本行结束。

【例 1-2】 输入三角形的三条边长,输出三角形的面积。

【问题分析】

本例问题更具一般性,包括输入、处理和输出三个环节。若三角形的三条边为 a、b 和 c,三角形的面积 S 计算可利用海伦公式:

$$S = \sqrt{p(p-a)(p-b)(p-c)}, \text{其中 } p = (a+b+c)/2$$

【程序】

```
#include <stdio.h>              //编译预处理,包含标准输入输出函数的头文件
#include <math.h>               //编译预处理,包含数学计算函数的头文件
/*计算三角形面积的自定义函数 area
   函数值为 double 型,形式参数 a,b,c 为 double 型,是三角形三边的长度
*/
double area(double a, double b, double c)
{
    double p;                  //定义 double 型变量 p
    p = (a+b+c) / 2;           //p 赋值为(a+b+c) / 2
    //调用 sqrt 平方根函数,计算返回三角形面积
    return sqrt(p * (p-a) * (p-b) * (p-c));
}
int main(void)
{
    double a, b, c;                    //定义变量 a, b, c
    scanf("%lf%lf%lf", &a, &b, &c);    //输入变量 a, b, c 的值
    printf("%.2f", area(a, b, c));     //调用 area 函数计算面积,并输出
    return 0;
}
```

【运行示例】

```
5 6 7✓
14.70
```

【程序说明】

C 语言程序有若干函数,除了必须有的、唯一的主函数外,还可以有若干自定义函数。本程序先定义了 area 函数,其作用是计算一个给定三条边的三角形面积,并将结果返回给调用者。

C 语言程序的执行总是从主函数开始,执行过程中如果调用了自定义函数,则转入自定义函数中执行,自定义函数执行结束后再回到主函数,继续执行。

【例 1-3】 假定母鸡每只 3 元,公鸡每只 2 元,小鸡每两只 1 元。现在有 100 元钱要求

买 100 只鸡,有哪几种购鸡方案?

【问题分析】

设购买方案为母鸡 x 只,公鸡 y 只,小鸡 z 只,则:

$$x + y + z = 100$$
$$3x + 2y + 0.5z = 100$$

可以采用穷举方法编写程序解决这个问题。穷举 x、y、z 的所有可能解,然后判断这些可能解是否能满足上述两个关系式。若满足,就确定是一种购买方案。

【程序】

```c
#include <stdio.h>
int main(void)
{
    int x, y, z ;
    printf("母鸡  公鸡  小鸡\n");
    for(x = 0; x <= 33; x ++ )     //for 循环语句,穷举母鸡可能的数量
    {
        for(y = 0; y <= 50; y ++ )//for 循环语句,穷举公鸡可能的数量
        {
            z = 100 - x - y;        //计算小鸡的数量
            if((3 * x + 2 * y + z * 0.5) == 100)//判断是否满足金额关系式
            {
                printf("% -5d% -5d% -5d\n", x, y, z);
            }
        }
    }
    return 0;
}
```

【运行示例】

母鸡	公鸡	小鸡
2	30	68
5	25	70
8	20	72
11	15	74
14	10	76
17	5	78
20	0	80

【程序说明】

程序中用到了分支、循环等控制语句,这些内容将在第 4 章介绍。

1.3.2 C 语言程序的编辑、编译与运行

C 语言是编译型高级语言,如图 1-4 所示,要使 C 语言源程序执行,需要先经过编辑、编译、连接等过程。

编辑过程,是指建立源程序文件,包括输入、修改和保存程序(扩展名为.c)。

编译过程,是指对编辑完成的源程序进行检查,如果有语法错误,则需回到编辑过程修改程序,否则生成目标程序文件(扩展名为.obj)。

连接过程,是指将目标文件和相关库函数以及其他目标文件连接,生成一个完整的可执行程序(扩展名为.exe)。

所得的可执行程序,可脱离 C 语言编译系统和源程序,直接在操作系统环境下执行。如果经测试,程序运行结果有错,则需回到编辑过程修改程序,再重新进行编译和连接生成新的可执行文件。

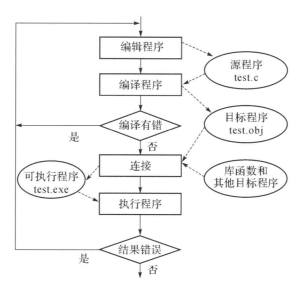

图 1-4 编写、运行程序的基本过程

C 语言集成开发环境是一个软件包,在统一的界面中编辑、编译、调试程序。组成集成环境的各个部分可以协调工作,如编译器发现程序有错误,则会在编辑器中把错误代码行突出显示。

常见的 C 语言集成开发环境有 Code Blocks、Dev C ++ 、C-Free、Visual Studio 等。

✎ **习题 1** ---

一、判断题

1.在计算机中,小数点和符号都有专用部件来表示。　　　　　　(　　)

2.分号是 C 语句之间的分隔符。　　　　　　　　　　　　　(　　)

判断题

3. 一个 C 的源程序必须包含 1 个 main 函数。 （　　）

4. 在对一个 C 程序进行编译的过程中,可发现注释中的拼写错误。 （　　）

5. C 语言程序经过编译、连接,如果没有报错,就可以执行得到正确的结果。 （　　）

二、单选题

1. 16 位有符号整数能表达的最大值是(　　)。

A. 32768 　　　　　　　　　　　　B. 65536

C. 65535 　　　　　　　　　　　　D. 32767

2. - 85 的补码是(　　)。

A. 10101010 　　　　　　　　　　B. 11010101

C. 01010101 　　　　　　　　　　D. 10101011

3. 在标准 ASCII 码表中,已知英文字母 A 的 ASCII 码是 01000001,则英文字母 E 的 ASCII 码是(　　)。

A. 01000011 　　　B. 01000100 　　　C. 01000010 　　　D. 01000101

4. 一个 C 程序的执行是从(　　)。

A. main 函数开始,到 main 函数结束

B. 第一个函数开始,到本程序 main 函数结束

C. main 函数开始,到本程序文件的最后一个函数结束

D. 第一个函数开始,到本程序文件的最后一个函数结束

5. 设有程序"myprg. c",编译后执行的文件是(　　)。

A. myprg. c 　　　　　　　　　　B. myprg. exe

C. myprg. obj 　　　　　　　　　　D. myprg

单选题

CHAPTER 2

第 2 章
数据基本类型和输入输出

本章要点：

◇ C 语言的字符集、标识符和关键字；

◇ 基本数据类型(整型、实型、字符型)的存储和区别；

◇ 数据常量的书写，数据变量的定义；

◇ 格式化输出函数 printf 的使用；

◇ 格式化输入函数 scanf 的使用。

2.1 引 例

数据是程序操作处理的对象。我们在编写 C 语言程序的时候需要了解：程序能处理的数据有哪些？这些数据有什么特点？程序是如何使用这些数据的？先来看例 2-1，了解程序中的数据是什么。请尝试在编译器中编辑、编译并执行该程序，理解该程序的意图。

【例 2-1】 今天温度是多少？

阿福出差去了巴哈马，当地的天气预报使用华氏温度，他想知道预报的温度数据对应国内的摄氏温度是多少度。已知华氏温度和摄氏温度的转换公式为 $C = \dfrac{5}{9}(F - 32)$，其中 C 表示摄氏温度，F 表示华氏温度。现输入一个华氏温度，要求计算并输出相应的摄氏温度。

【程序】

```
# include <stdio.h>
int main(void)
{
    double celsius;                      //变量定义,有效摄氏温度 celsius
    double fahr;                         //变量定义,华氏温度 fahr
    printf("Please enter the fahrenheit:");
    scanf("%lf",&fahr);                  //输入华氏温度
    celsius = 5.0/9 * ( fahr – 32);      //温度转换
    printf("The celsius is:%.2f",celsius);//输出相应的摄氏温度
```

```
    return 0;
}
```

【运行示例】

```
Please enter the fahrenheit:35 ↙
The celsius is:1.67
```

【程序说明】

上述程序的意图是从键盘输入一个华氏温度 fahr,然后让程序计算得到相应的摄氏温度 celsius。在进行温度转换时,使用了一些数据:双精度实型变量 celsius 和 fahr,整型常量 9 和 32,实型常量 5.0。其中华氏温度数据 fahr 是由键盘输入的,而摄氏温度数据 celsius 是经过计算求得后输出到屏幕上的。其中涉及的实型、整型,都是 C 语言的基本数据类型,而从键盘输入数据、将数据输出到电脑屏幕上,都属于 C 语言的格式化输入输出函数的使用。

本章将介绍以上这些数据的特性,以及程序如何实现数据的输入输出操作。

2.2　字符集和标识符

2.2.1　字符集

程序是由一些字符组合而成的。每一种程序设计语言都有规定的、可使用的一组字符。C 语言的字符集包括:

(1) 大写英文字母:A B C D E F G H I J K L M N O P Q R S T U V W X Y Z

(2) 小写英文字母:a b c d e f g h i j k l m n o p q r s t u v w x y z

(3) 数字:0 1 2 3 4 5 6 7 8 9

(4) 特殊字符:♯ ' ", ; + - * / % < > = ^ ~ | & ! . ?
: $ ( ) [ ] { } _ \ 空格

2.2.2　标识符

编写程序时使用字符集中的字符组合成一系列"单词",代表程序中的各个实体和对实体的操作,其中实体包括变量、常量、函数等。程序对这些实体进行声明的字符"单词"称为标识符。

1.关键字

标识符由系统或程序员定义说明,其中系统预定说明的标识符称为关键字(保留字),是由 C 语言规定的有指定含义的特殊标识符。ANSI C 标准 C 语言共有 32 个关键字。

(1) 数据类型关键字

char、int、short、long、float、double、signed、unsigned、struct、union、enum、void。

(2) 存储类型关键字

auto、register、static、extern。

（3）流程控制关键字

if、else、switch、default、case、while、do、for、break、continue、return、goto。

（4）其他关键字

sizeof、typedef、const、volatile。

1999 年，ISO 发布的 C99 标准新增了 5 个 C 语言关键字：inline、restrict、_Bool、_Complex、_Imaginary。2011 年，ISO 发布的 C11 标准新增了 7 个 C 语言关键字：_Alignas、_Alignof、_Atomic、_Static_assert、_Noreturn、_Thread_local、_Generic。

编译环境下编辑程序代码时，关键字一般会以一种指定的颜色显示（比如蓝色）。

2. 用户自定义标识符

由程序员定义说明的标识符，包括程序中使用的变量名、符号常量名、函数名、结构体类型名、共用体类型名等。说明用户自定义标识符必须遵循以下规则：

（1）由英文字母、数字或下划线组成；

（2）第一个字符必须是英文字母或下划线；

（3）大写英文字母与小写英文字母代表不同的字符；

（4）不能是 C 语言的关键字。

例如：sum、y_2020、_image、Real、MAX 等都是合法的用户标识符；NO.1、x - 1、5num、float 都是非法的用户标识符；ab、AB、Ab、aB 表示的是 4 个不同的用户标识符。

为了增加程序的可读性，一般取有意义的字符拼写定义用户标识符，比如 n、sum、fact、name、count 等。

2.3　基本数据类型

程序要处理的数据有许多种类，如数值数据、文本数据、图像声音数据等。编写程序代码时首先必须为这些数据确定合适的类型。数据类型决定了数据在内存中的存储空间大小、存储格式，以及数据的操作特性。

C 语言提供了丰富的数据类型，如图 2-1 所示，主要可以分为基本数据

基本数据类型

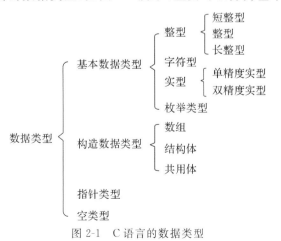

图 2-1　C 语言的数据类型

类型、构造数据类型、指针类型和空类型。本节主要介绍基本数据类型(整型、字符型、实型),其他类型将在后续章节中介绍。

2.3.1 变量与常量

1. 变量

C 语言中的数据分为变量和常量。在程序运行期间有些数据值可能会被改变,这些数据称为变量。比如例 2-1 中的华氏温度 fahr 会被输入赋值,摄氏温度 celsius 会被计算赋值,这两个数据就是变量,在程序执行过程中其值可以改变。

变量的定义
与使用

2. 变量的定义

变量有数据类型,在定义变量时要说明其类型。变量定义的一般形式是:

　类型名　变量名;

其中类型名是数据类型关键字,变量名是合法的用户标识符。

当需要定义多个变量时,可以单独声明每个变量,也可以在类型名后列出多个变量名,变量名之间用逗号隔开。比如例 2-1 中定义的两个变量 fahr 和 celsius 也可以写成:

　double fahr, celsius;

C 语言规定,程序中每一个变量在使用之前都必须先定义,并且在定义时要说明变量的类型,变量的类型在程序的执行过程中不能改变。

系统按照变量定义的说明为数据分配相应的内存空间,确定数据的存储方式和特性等。

3. 变量的赋值和赋值运算

上述变量的定义创建了变量,但并没有给变量提供明确的值。可以在定义变量时提供一个初始值,称为变量的初始化;也可以定义变量后,再给变量赋一个值。这里用到赋值运算符" = "," = "的右侧为赋给变量的值。比如:

　double fahr = 0;　　　　　//定义变量 fahr,并初始化赋值 0

或:

　double fahr;　　　　　　 //先定义变量 fahr
　fahr = 0;　　　　　　　　 //对变量 fahr 进行赋值 0

C 语言中,赋值是一种运算,赋值运算符" = "的作用是执行赋值操作,将" = "右侧的值赋给左侧的变量。

4. 常量

程序中还有些数据在编写程序时已经预先设定好,在程序的执行过程中其值不能被改变,这些数据称为常量。比如例 2-1 的温度转换公式中的数 5.0、9 和 32,在程序执行过程中一直保持该值不变。常量也有数据类型,其数据类型由书写格式决定,可以分为整型常量、字符型常量、实型常量、宏定义常量等。

常量的表示
形式

2.3.2 整型数据

整型数据是指没有小数部分的数据。C 语言为了处理不同取值范围的整数,除了基本整型 int,还提供了短整型 short int 和长整型 long int。另外,还定义了无符号整型,在整型类型前面再加关键字 unsigned,比如无符号短整型 unsigned short int。默认的整型数据是有符号整数,也就是二进制最高位为符号位,其余各位为数值位。而无符号整数仅用于表示零或正整数,存储空间的数位全部是数值位。

假设 int 类型在内存中占用 4 个字节存储,则图 2-2 表示了 int 类型整数 5 和-5,以及 unsigned int 类型整数 5 在内存中的存储方式。

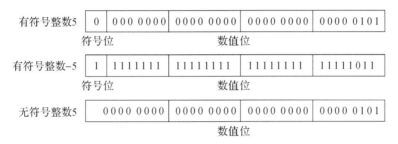

图 2-2　有符号整数和无符号整数的内存存储方式

不同的整型能表示的数据范围是不一样的。C 语言并没有规定各种整数数据的存储空间大小,只规定 short 类型不长于 int 类型,long 类型不短于 int 类型。以 Visual C ++ 编译系统的规定为例,各类整型数据的存储长度和取值范围如表 2-1 所示,本书讨论的整型数据都以表 2-1 为准。

表 2-1　整型数据存储长度和取值范围

数据类型	类型标识符	数据长度	取值范围
有符号短整型	short（int）	16 bit	$-32768 \sim 32767$（$-2^{15} \sim 2^{15}-1$）
有符号整型	int	32 bit	$-2147483648 \sim 2147483647$（$-2^{31} \sim 2^{31}-1$）
有符号长整型	long（int）	32 bit	$-2147483648 \sim 2147483647$（$-2^{31} \sim 2^{31}-1$）
无符号短整型	unsigned short（int）	16 bit	$0 \sim 65535$（$0 \sim 2^{16}-1$）
无符号整型	unsigned（int）	32 bit	$0 \sim 4294967295$（$0 \sim 2^{32}-1$）
无符号长整型	unsigned long（int）	32 bit	$0 \sim 4294967295$（$0 \sim 2^{32}-1$）

1. 整型变量

程序如要存储一个整数,可以根据其数据范围定义一个整型变量,比如:

```
int score;                  //定义整型变量 score
unsigned short int age;     //定义短整型无符号变量 age
long int num_1, num_2;      //定义两个长整型变量 num_1 和 num_2
```

以上变量定义后,系统将根据定义语句中的类型为变量分配对应大小的存储空间。

可以用赋值运算符对变量进行赋值：

```
int score = 100;              //定义整型变量 score,并初始化赋值100
unsigned short int age;       //定义短整型无符号变量 age
age = 20;                     //对整型变量 age 赋值20
```

对整型变量进行赋值后,这些数值以二进制补码的方式存储在内存中。

2. 整型常量

上述对变量进行赋值时,= 右侧的数据就是整型常量。C 语言的整型常量有 3 种形式:十进制、八进制和十六进制。

(1)十进制整型常量

由正、负号和数码 0～9 组成,并且第一个数码不能是 0,如 123、－56、0、－19,例2-1中的 9、32 都是十进制整型常量。

(2)八进制整型常量

由正、负号和数码 0～7 组成,第一个数码必须是前缀 0,如 0123(即十进制的 83)、－011 (即十进制的－9)、020(即十进制的 16),而 028 就是一个非法的常量,前缀 0 后面出现了非八进制数码 8。

(3)十六进制整型常量

由正、负号和数码 0～9、a～f 或 A～F 组成,并且数据有前缀 0x,如 0x123(即十进制的 291)、－0x56(即十进制的－86)、0x1a(即十进制的 26),而 0x2g 就是一个非法的常量,前缀 0x 后面出现了非十六进制数码 g。

日常生活中我们通常接触的是十进制整数,但由于计算机是以二进制形式进行编码的,而 8 和 16 都是 2 的幂,在表达二进制数据时更方便,所以 C 语言还引入了八进制数和十六进制数。比如:十进制的 65535,计算机中存储的是 1111 1111 1111 1111,可以每 4 位转换成 1 位十六进制数,用十六进制 FFFF 表示。但不管一个整型常量采用哪种进制表示方法,最终在计算机中都是相同的二进制编码。

系统通常会将整型常量默认为 int 类型,比如 123 就是 int 类型的整数。如果要表示一个 short int 或 long int 类型的整数,可以在后面加后缀,比如:123h 的类型就是 short int,123L 的类型就是 long int。

3. 计算变量或数据类型所占内存空间的大小

不同的系统中,每个类型所占的存储空间大小可能不一样。所以 C 语言提供了一个测试数据长度的运算符 sizeof,可用于测试某种数据类型在内存中所占的字节数。其用法如下:

```
sizeof( 数据类型名 )或 sizeof( 变量名 )
```

【例 2-2】 测试当前系统中各整型类型的字节数。

【程序】

```
# include <stdio.h>
int main(void)
```

```
{
    int a;
    short int b;
    long int c;
    printf("int:% d\n", sizeof(int));
    printf("short int:% d\n", sizeof(short int));
    printf("long int:% d\n", sizeof(long int));
    printf("a:% d\n", sizeof(a));
    printf("b:% d\n", sizeof(b));
    printf("c:% d\n", sizeof(c));
    return 0;
}
```

【运行示例】

```
int:4
short int:2
long int:4
a:4
b:2
c:4
```

【程序说明】

上述程序使用 sizeof 计算各个整型类型所占内存的字节数,可以直接用类型关键字,比如 sizeof(int),也可以用相应类型的变量名,比如 sizeof(a),两者得到的结果是一样的。程序使用 printf 函数输出 sizeof 的计算结果,printf 函数的具体使用方法将在本章后续内容中介绍。

2.3.3 字符型数据

程序中除了数值数据,还有字符数据,如英文字母 A ~ Z、a ~ z,数字字符 0 ~ 9,其他符号 * 、& 等。每个字符类型数据在内存中占用一个字节,存储一个整数值(对应字符的 ASCII 码值)。比如字符 A 的 ASCII 码值是 65,用一个字节(8 位)存储,其在内存中的存储形式如下:

```
0 1 0 0 0 0 0 1
```

1. 字符型变量

字符型变量的定义方式如下:

```
char flag;              //定义字符型变量 flag
char sex, grade;        //定义两个字符型变量 sex 和 grade
```

在定义字符型变量时,可以进行初始化赋值。比如:

```
char sex ='M', grade ='A';
```

上述定义字符型变量时,对字符型变量 sex 初始化赋值字符 M,对字符型变量 grade 初始化赋值字符 A。

2. 字符型常量

在 C 语言中,字符型常量是用一对单引号括起来的单个字符。单引号中可以是单个普通字符,比如:字母字符 'A'、'x',数字字符 '0'、'6',符号字符 '$'、'#' 等。

在 ASCII 编码表中还有一部分字符是不可打印(显示)的字符,比如换行、退格、蜂鸣声等。C 语言除了可以用 ASCII 码值表示这些字符外,还提供了一种特殊的符号形式来表示,这种符号形式称为转义字符。转义字符以反斜杠(\)开头,后面跟特殊字符或数字编码。转义字符还是字符常量,所以还是使用单引号括起来,比如:用 '\n' 表示换行符号。表 2-2 列出了常用转义字符和含义。

表 2-2 常用转义字符和含义

转义字符	含义
\a	终端蜂鸣声(BEL)
\b	退格(BS),将当前位置移到前一列
\n	换行(LF),将当前位置移到下一行开头
\r	回车(CR),将当前位置移到本行开头
\t	水平制表(HT),跳到下一个 TAB 位置
\f	换页(FF),将当前位置移到下页开头
\v	垂直制表(VT)
\\	一个反斜杠字符(\)
\'	一个单引号
\"	一个双引号
\?	一个问号
\0	空字符(NUL)
\ddd	1~3 位八进制编码对应的字符,每个 d 表示 0~7 中的一个数码
\xhh	十六进制编码对应的字符,每个 h 表示 0~9、A~F 或 a~f 中的一个数码

注:\a 是终端蜂鸣声(警报声),在程序中把\a 字符输出到屏幕的效果是发出一声蜂鸣,但光标不移动,能否产生蜂鸣声还取决于计算机的硬件。

\b、\n、\r、\t、\f、\v 是常用的输出设备控制字符,改变当前的光标或打印的位置。

\\、\'、\"用于输出\、'、"字符,由于这些字符有特殊的作用(\是转义字符的开头,'是字符常量的表示方法,"是字符串的表示方法),所以它们需要采用转义字符的表示方法。

\ddd 是字符 ASCII 码值八进制的特殊表示,比如:用\101 表示字母字符 'A',用\40 表示空格,用\12表示换行等。

\xhh 是字符 ASCII 码值十六进制的特殊表示,比如:用\x41 表示字母字符 'A',用\x20 表示空格,用\xa 表示换行等。hh 的位数不限制,比如\x41 和\x000000041 表示的字符是一样的,但所表示的数不能超过 ASCII 码值范围。

【例 2-3】 屏幕上输出一行文字:The 'A' is a \good\ grade。

【程序】

```
# include <stdio.h>
int main(void)
{
    printf("The \'A\' is a \\good\\ grade");   //输出一行文字
    return 0;
}
```

【运行示例】

```
The 'A' is a \good\ grade
```

【程序说明】

在 printf( )输出的字符串中,字符 ' 和\使用转义字符。

3. ASCII 码值

C 语言中存储字符就是存储其 ASCII 码值,所以字符型数据具有整数特征,可以写成字符形式,也可以用整数表示。比如:char ch = 'A';和 char ch = 65;是等价的,即整型数据和字符型数据的定义和值是可以通用的。

注意:整型和字符型的数据长度不一样,在定义和值互换的时候,整型数据的取值范围为有效的 ASCII 码值的范围。

【例 2-4】 输出以下整型和字符型数据。

【程序】

```
# include <stdio.h>
int main(void)
{
    int a = 'A';                //定义整型变量a,初始化赋值字符'A'
    char ch = 66;               //定义字符型变量ch,初始化赋值整数66
    printf("a  :%d\n", a);      //用整型格式%d输出变量a的整数值
    printf("ch:%c\n", ch);      //用字符型格式%c输出变量ch的字符形式
    return 0;
}
```

【运行示例】

```
a  :65
ch:B
```

【程序说明】

定义整型变量 a,初始化赋的值是字符常量 'A',则将 ASCII 码值 65 赋值给 a,所以输出整数 a 的值就是 65。而定义字符型变量 ch,初始化赋的值是整型常量 66,则将 66 就作为 ASCII 码值赋给 ch,所以输出 ch 的字符形式就是 B 字符。

注意:数字值和数字字符的区别,比如数字字符 6,用 '6' 表示,它的 ASCII 码值是 54,而直接写 6 表示一个整型常量 6,它的值就是 6。

2.3.4　实型数据

实型数据又称浮点型数据,可以存储有小数的数据。

C 语言为实型数据提供了两种类型:单精度浮点数 float 和双精度浮点数 double。它们存储的方式是相同的,用若干位存储阶码和尾数。假设阶码用 E 表示,尾数用 M 表示,那浮点数 N 就可以表示成:$N=M \times 2^E$。所以阶码的大小决定了浮点数的存储取值范围,尾数决定了浮点数的取值精度。

float 和 double 所占的存储空间大小不同,所以存储数据的范围和精度不同,如表 2-3 所示。

表 2-3　实型数据存储长度和取值范围

数据类型	类型标识符	数据长度	取值范围
单精度实型	float	32 bit	$\pm 10^{-38} \sim 10^{38}$,有效数位 6 位
双精度实型	double	64 bit	$\pm 10^{-308} \sim 10^{308}$,有效数位 16 位

浮点数类型的具体存储格式与具体的计算机系统和编译系统有关。

1. 实型变量

实型变量的定义方式如下:

```
float height, weight;        //定义了两个单精度实型变量 height 和 weight
double rate = 0.01234;       //定义双精度实型变量 rate,并初始化赋值 0.01234
```

实际程序中使用实型数据,要根据数据具体取值需求选择 float 或 double 类型。

2. 实型常量

实型常量,又称为实数或浮点数,上述对变量 rate 初始化赋值的 0.01234 就是一个实型常量。C 语言中浮点数有两种表示方法:十进制小数形式和指数形式。

(1)十进制小数形式

十进制小数形式即一般形式的实数,它由整数部分、小数点、小数部分组成,其中,小数点必须有,整数部分或小数部分可以省略其中一个。数的前面可加"+"或"-"符号表示数的正负,"+"可以省略。

例如 0.123、.123、+123.、-98.78、0.0 等都是合法的实型常量。

注意:十进制小数形式的实数中小数点一定不能省略,"123"和"123."是两个不同类型的常量,前者是整型常量,后者是浮点数实型常量。

（2）指数形式

指数形式的实数，由尾数部分、小写字母 e 或大写字母 E、指数部分组成。尾数部分可以是十进制整数或一般形式的十进制实数，指数部分必须是十进制整数（可以带"＋"或"－"号，表示指数的正负）。数的前面可加"＋"或"－"号表示该实数的正负，"＋"可以省略。

例如 1e3、1.23e－3、＋2.3E2、－5E＋33 等都是合法的实型常量。

指数形式的实数也称为科学计数法，它的值即为：尾数 × 10^{指数}。例如实数 1e3，即 1×10^3，也就是实数 1000.0；实数 1.23e－3，即 1.23×10^{-3}，也就是实数 0.00123。

通常情况下，编译系统默认实型常量是 double 类型的，如 123.0 和 1e3 默认为是 double 类型的浮点数，其精度也是 double 类型的精度。在浮点数后面加后缀 f 或 F，可以表示一个 float 类型的实型常量，如 123.0f、1e3F，编译器就会将这种浮点数当作 float 类型来存储处理。

3. 浮点数的舍入误差

浮点数存储的格式决定了实数的存储范围和精度，float 和 double 能表示的实数的精度不同，且都是有精度限制的。一个实数在计算机系统中往往只能近似存储，在运算时也会产生精度误差。

一个实数可以赋给一个 float 类型或 double 类型变量，根据变量的类型截取实数中相应的有效位数字。例如：

```
float a = 1.23456789;
```

实数 1.23456789，其值在单精度实型的取值范围内，但有效位数超出了 6 位，所以将该实数赋值给 float 类型变量 a 时，a 变量只能在精度范围内得到值 1.23456000，最后 3 位会有精度损失。如果 a 改成 double 类型，有效位数可以达到 16 位。

2.3.5　const 限定变量

C 语言的 const 关键字用于限定一个变量为只读特性，保护变量值以防被更改。以 const 关键字定义的变量，其值不能通过赋值等运算进行更改。比如：

```
const int Max = 100;        //定义整型变量 Max,值为 100,在程序中不可更改
```

如果写成下列代码，则编译器会报错：

```
const int Max;
Max = 100;                  //不允许赋值
```

一般在定义 const 变量的同时，必须初始化。

const 修饰变量可以防止变量值被更改，还起到了节约空间的目的。通常编译器并不给普通 const 只读变量分配空间，而是将它们保存到符号表中，无须读写内存操作，可以提高程序执行效率。

2.3.6　宏定义

C 语言可以用编译预处理命令宏定义 ♯define 定义符号常量，以方便程序的阅读和维护。

【例 2-5】 输入一个半径,计算圆周长和圆面积。

计算圆周长和圆面积,都需要使用圆周率 π,且在该程序中 π 值使用同一个值不变,所以可以用一个符号常量来表示。

宏定义

【程序】

```
#include <stdio.h>
#define PI 3.1415926
int main(void)
{
    double r,c,s;
    printf("Please input r:");
    scanf("%lf", &r);
    c = 2 * PI * r;
    s = PI * r * r;
    printf("circle:%.2f  area:%.2f\n",c,s);
    return 0;
}
```

【运行示例】

```
Please input r:1↙
circle:6.28  area:3.14
```

【程序说明】

程序中使用宏定义 #define 定义了符号常量 PI,程序在编译预处理时,将代码中的 PI 替换成 3.1415926。这样既使得 PI 值在程序中不变,也增强了程序的可读性。同时,如需改变圆周率的值,只需改变宏定义就可以了。

1. 宏定义基本形式

宏定义基本形式:

```
#define 宏名 宏体
```

宏定义命令以 # 开头,是一条编译预处理命令。例 2-5 中的 PI 称之为宏名,要求是一个合法的标识符;宏名空格隔开,后面就是宏体。在编译之前,预处理器将源程序中出现的宏名用宏体来替换,这个过程称之为宏展开。

注意:

(1)宏定义只是一个命令,不是一条语句,所以宏体后面不带分号。如果有分号,预处理器会将分号算作宏体的一部分一起替换。假设例 2-5 中有宏定义:

```
#define PI 3.14159;              //宏替换就会是:c = 2 * 3.14159; * r;
```

这样编译时就会有语法错误。要注意的是,宏展开的时候只作宏名到宏体的替换,不作语法等检查,语法检查在编译的时候才进行。

(2)双引号中的宏名不作替换。假设例 2-5 中有语句：

```
printf( "PI = %.2f\n", PI);
```

前一个 PI 不作替换,后一个 PI 作替换,输出:PI = 3.14。

(3)宏定义允许嵌套定义。比如:

```
#define  WIDTH   80
#define  LENGTH  WIDTH + 40
```

宏定义 LENGTH 的宏体中出现了另一个宏定义的宏名 WIDTH,这是允许的。但是一般须在宏体中加上必要的()。假如上述宏定义这样定义,要表达长方形的长 LENGTH 比宽 WIDTH 多 40,那程序中如有计算面积的语句"s = LENGTH * WIDTH;"作宏展开后就变成了"s = 80 + 40 * 80;"。所以上述宏定义应改为:

```
#define  WIDTH   80
#define  LENGTH   (WIDTH + 40 )
```

这样宏展开才是:s = (80 + 40) * 80;。

(4)当宏定义一行写不下时,可以在一行末尾用"\"表示该行未结束,与下一行合起来。比如:

```
#define  LONG_EXAMPLE  "It  represents  a  long  string  that  \
is  used  as  an  example. "
```

2. 带参数的宏定义

宏定义还可以加参数,一般形式为:

```
#define  宏名( 参数列表 )  宏体
```

编译之前,预编译器还是将程序中的宏名用宏体去替换,但替换时宏体中出现的参数也要用实际的参数替换。

【例 2-6】 宏定义实现两数相乘。

【程序】

```
#include <stdio.h>
#define  product(a, b)  a * b
int main(void)
{
    double  x = 2, y = 3, z;
    z = product (x, y);          //宏展开:z = x * y
    printf("z:%f\n", z);
    return 0;
}
```

【运行示例】

```
z:6.000000
```

【程序说明】

上述程序中的语句出现宏名 product,作宏展开,用宏体 a * b 替换,同时 a、b 参数用实际的参数 x、y 替换。

如果将上述程序中的这条语句改变一下:z = product(x + 2,y + 3);,那我们根据宏展开只做替换的原则,宏展开的结果就是:

```
z = x + 2 * y + 3;
```

而并不是(x + 2)的结果和(y + 3)的结果相乘。所以在宏体中要添加必要的括号,上述宏定义改成:

```
#define product(a, b)  (a) * (b)
```

有时根据需求,甚至在整个宏体外面也要加上( ),比如:

```
#define product(a, b)  ((a) * (b))
```

2.4 数据的输入和输出

C语言中,数据的输入、输出操作是通过调用库函数实现的。本节介绍常用的格式化输入函数 scanf 和格式化输出函数 printf,它们都是系统提供的库函数,在头文件 stdio.h 中声明。使用这些库函数时,只需在程序开始用编译预处理命令 #include 包含该文件即可。

输入和输出
函数

2.4.1 格式化输出函数

格式化输出函数 printf 的一般调用形式:

```
printf("格式控制字符串",输出参数 1,输出参数 2,…,输出参数 n);
```

功能:以格式控制字符串中指定的格式,将输出参数的值打印输出到屏幕上。

其中,格式控制字符串用双引号括起来,表示输出的格式;输出参数的类型、个数和位置与格式字符串中的格式一一对应,可以是变量、常量或表达式。

【例 2-7】 输出某同学的年龄和身高。

【程序】

```
#include <stdio.h>
int main(void)
{
    int age = 20;
```

```
        float height = 1.75;
        printf("age:%d\nheight:%.2f\n ", age, height);  //分两行输出年龄和身高
        return 0;
    }
```

【运行示例】

```
    age:20
    height:1.75
```

【程序说明】

上述程序中,printf 函数的输出参数有两个:age 和 height,对应前面格式控制字符串中的两个格式 %d 和 %.2f。%d 表示以十进制整型格式输出 age 的值;%.2f 表示以小数形式的浮点数格式输出 height 的值,结果保留 2 位小数。

注意,格式控制字符串中包含两种信息:

(1)格式控制说明符:以 % 开头,后面跟格式控制字符(上例中的 d、f),两者中间还可以加格式修饰符(上例中的.2)。格式控制说明符一定要跟后面的输出参数对应匹配。

(2)普通字符:原样输出。上例中的 age:\nheight:\n 就是普通字符。

C 语言中常用的输出格式控制说明符见表 2-4 所示。

表 2-4　printf 函数的格式控制说明符

数据类型	格式控制字符	输出说明
int	%d	有符号十进制整数(正数默认不输出 +)
	%i	有符号十进制整数(与 %d 相同)
	%o	无符号八进制整数(不输出前缀 0)
	%x 或 %X	无符号十六进制整数(不输出前缀 0x),使用数码 0~9、a~f(或 A~F)
	%u	无符号十进制整数
char	%c	一个字符
	%s	一个字符串
float double	%f	浮点数,十进制小数形式,默认保留 6 位小数
	%e 或 %E	浮点数,e(或 E)指数形式,尾数部分保留 6 位小数,且小数点前有且仅有 1 位非零数,指数部分一般占 4 位(包括 +、- 号)
	%g 或 %G	根据值,自动选择 %f 格式或 %e(或 %E)格式中的一种,且不输出无意义的零。%e(或 %E)格式用于指数小于-4 或大于 6 时
其他	%p	指针(地址)
	%%	输出一个 %

【例 2-8】 整数的不同进制形式输出。

【程序】

```
#include <stdio.h>
int main(void)
{
    int x = 123;
    printf("%d, %o, %x\n", x, x, x);
    printf("%d, %d, %d\n", 123, 0123, 0x123);
    return 0;
}
```

【运行示例】

```
123, 173, 7b
123, 83, 291
```

【程序说明】

上述程序中,第一个 printf 函数以三个格式 %d、%o、%x,分别输出 x 的十进制、八进制和十六进制形式;第二个 printf 函数以相同的格式 %d,输出十进制整数常量 123、八进制整数常量 0123、十六进制整数常量 0x123。可以看出,输出参数可以是变量,也可以是常量。

【例 2-9】 输出字母字符的大小写形式。

【程序】

```
#include <stdio.h>
int main(void)
{
    char ch1 = 'A';
    char ch2 = 'b';
    printf("%c-> %c\n", ch1, ch1 + 32);        //大写字母转小写字母
    printf("%c-> %c\n", ch2, ch2 - 32);        //小写字母转大写字母
    return 0;
}
```

【运行示例】

```
A-> a
b-> B
```

【程序说明】

上述程序中,第一个 printf 函数以 %c 格式输出 ch1 和 ch1 + 32 的值,ch1 为字母字符 A,表达式 ch1 + 32 表示 ch1 的 ASCII 码值 65 加上 32,得到 97,而小写字母字符 a 的 ASCII 码值为 97,所以实现了大写字母变成对应的小写字母;同理,第二个 printf 函数中的 ch2 - 32,得到了小写字母对应的大写字母。这个程序可以看出,输出参数可以是表达式的值。

【例 2-10】 计算并输出 x 占 y 的百分之多少。

【程序】

```
# include <stdio.h>
int main(void)
{
    double x = 3.4;
    double y = 15.6;
    printf("rate:%f%%\n", x/y*100);        //计算 x 占 y 的百分比,并输出
    return 0;
}
```

【运行示例】

```
rate:21.794872%
```

【程序说明】

上述程序中,要输出 x 占 y 的百分之多少,末尾要输出一个 %。由于输出格式控制字符是以 % 开头的,所以单独使用一个 % 并不能输出字符 % 本身,编译器会认为这是一个格式符的开始,必须用 %% 才能输出字符 %。

在 % 和格式控制字符中间还可以添加修饰符,对输出形式进行修饰。常用的输出格式修饰符见表 2-5 所示。

表 2-5　printf 函数的格式控制修饰符

附加说明符	作　　用
m(正整数)	数据输出的域宽(列数),输出数据实际宽度小于 m 时,在数据左侧补空格至 m 列(正负号、小数点都占 1 列);输出数据实际宽度大于 m 时,m 不起作用,按数据实际宽度输出
.n(非负整数)	对 %f、%e 实数格式,表示小数点右边数字的位数(第 n+1 位四舍五入)
	对 %s 字符串格式,表示输出字符串的字符个数
−	输出的数据在域内左对齐(缺省右对齐)
+	输出的数据前带有正负号
0	输出数据右对齐时,在左侧不使用的空格位置自动填 0
#	在八进制 %o 和十六进制 %x、%X 数前,使输出数据带前缀 0 或 0x
l 或 L	在 d、i、o、x、X、u 前,指定输出精度为 long int 型
h 或 H	在 d、i、o、x、X、u 前,指定输出精度为 short int 型

【例 2-11】 打印输出整数。

【程序】

```
# include <stdio.h>
int main(void)
{
    const int a = 666;
    printf("@ % d@\n",a);
    printf("@ % 2d@\n",a);
    printf("@ % 5d@\n",a);
    printf("@ % - 5d@\n",a);
    printf("@ % 05d@\n",a);
    printf("@ % + 05d@\n",a);
    return 0;
}
```

【运行示例】

```
@666@
@666@
@  666@
@666  @
@00666@
@ + 0666@
```

【程序说明】

上述程序用不同的修饰符对格式字符 % d 进行修饰，% 2d 的修饰符 2 小于 666 的实际数据宽度，所以 2 宽度修饰符失效；而 % 5d 中的 5 大于实际宽度，所以在数据左侧加 2 个空格补足域宽 5；相应的 % - 5d 中，加了修饰符 -，所以在数据右侧补 2 个空格；% 05d 加了修饰符 0 和 5，所以在左侧补 2 个 0；而 % + 05d 又增加修饰符 +，666 的正号占一个域宽，所以只补 1 个 0。

【例 2-12】 打印输出实数。

【程序】

```
# include <stdio.h>
int main(void)
{
    const double d = - 34. 5678;
    printf("@ % f@\n",d);
    printf("@ % e@\n",d);
    printf("@ % .2f@\n",d);
    printf("@ % 10.2f@\n",d);
```

```
    printf("@ % 010.2f@\n",d);
    return 0;
}
```

【运行示例】

```
@ - 34.567800@
@ - 3.456780e + 001@
@ - 34.57@
@      - 34.57@
@ - 000034.57@
```

【程序说明】

上述程序用%f和%e输出同一个实数,float和double都可以使用%f和%e输出。%f默认输出保留6位小数;%e的尾数部分小数点前有且仅有1位数字,指数部分默认1列正负号和3位指数。用不同的修饰符对格式字符%f进行修饰:格式%.2f中修饰符.2表示输出保留2位小数,并且四舍五入;%10.2f加上域宽10,其中负号和小数点都占1列,所以前面补4个空格;%010.2f加了修饰符0,所以在左侧补4个0。

2.4.2 格式化输入函数

格式化输入函数 scanf 的一般调用形式:

```
scanf( "格式控制字符串",输入参数 1, 输入参数 2, …, 输入参数 n );
```

功能:以格式控制字符串中指定的格式,将键盘输入的数据存入输入参数对应的变量。

其中,格式控制字符串用双引号括起来,表示输入的格式;输入参数的类型、个数和位置与格式字符串中的格式一一对应,输入参数是变量地址(变量名前面加 &)。

【例 2-13】 从键盘输入某同学的年龄和身高。

【程序】

```
# include <stdio.h>
int main(void)
{
    int age;
    float height;
    printf("Enter the age and height:");
    scanf("% d % f", &age, &height);            //注意:变量名前面加 &
    printf("age:% d\nheight:%.2f\n ", age, height);
    return 0;
}
```

【运行示例】

Enter the age and height:30 1.8 ↙

age:30

height:1.80

【程序说明】

上述程序运行时,从键盘输入 30 1.8,两个数之间有空格,其中 30 对应格式符 %d,并将输入值 30 存入变量 age,1.8 对应格式符 %f,并将输入值 1.8 存入变量 height。

注意,scanf 的格式控制字符串中也可包含两种信息。

(1)格式控制说明符:按指定格式输入数据,以 % 开头,后面跟格式控制字符(上例中的 d、f),两者中间还可以加格式修饰符。

(2)普通字符:键盘输入数据时,需要原样输入的字符。

C 语言中常用的输入格式控制说明符见表 2-6 所示。

表 2-6 scanf 函数的格式控制说明符

数据类型	格式控制字符	输出说明
int	%d	输入一个十进制整数
	%i 或 %I	输入一个整数,可以是十进制整数,或带前缀 0 的八进制整数,或带前缀 0x 的十六进制整数
	%o	以八进制形式输入一个有符号整数(可带前缀 0,也可不带)
	%x 或 %X	以十六进制形式输入一个有符号整数(可带前缀 0x,也可不带)
	%u	输入一个无符号的十进制整数
char	%c	输入一个字符
	%s	输入一个字符串
float	%f、%e、%g 或 %F、%E、%G	格式相同,用来输入单精度实数,可以小数形式或指数形式输入
double	%lf、%le、%lg 或 %lF、%lE、%lG	格式相同,用来输入双精度实数,可以小数形式或指数形式输入
其他	%p	输入一个指针(地址)

【例 2-14】 从键盘输入一个加法算式,计算并输出和。

【程序】

```
#include <stdio.h>
int main(void)
{
    double a,b,sum;                //定义实型变量a, b, sum
    scanf("%lf + %lf",&a,&b);      //输入加法算式
    sum = a + b;                   //计算和
    printf("sum = %f\n",sum);      //输出和
```

```
    return 0;
}
```

【运行示例】

2.34 + 5.78 ↙

sum = 8.120000

【程序说明】

上述程序 scanf 的格式控制字符串中除了格式 % lf,还有普通字符 + 号,在输入两个实数时中间要有一个加号,如上述运行示例。如果省略加号,或换成其他符号,比如下面的输入都是错误的,第 2 个 % lf 无法正确读入第 2 个数据:

2.34　5.78 ↙

或

2.34,　5.78 ↙

在 % 和输入格式控制字符中间还可以添加修饰符,常用的输入格式修饰符见表 2-7 所示。

表 2-7　scanf 函数的格式控制修饰符

附加说明符	作　　用
*	抑制符。表示指定输入项读入后不赋给相应的变量,不需要为其指定输入参数
h	用于 d、i、o、x、u 前,表示输入为短整型数据
l	用于 d、i、o、x、u 前,表示输入为长整型数据;用于 f、e 前,表示输入为双精度实型
m(正整数)	指定输入数据的域宽(列数)

【例 2-15】 从键盘以"YYYYMMDD"方式输入年月日,以"YYYY - MM - DD"方式输出年月日。

【程序】

```
♯ include <stdio.h>
int main(void)
{
    int year, month, day;
    scanf("% 4d % 2d % 2d", &year, &month, &day);       //输入 YYYYMMDD
    printf("% 04d - % 02d - % 02d\n", year, month, day); //输出 YYYY - MM - DD
    return 0;
}
```

【运行示例】

20210512 ↙

2021 - 05 - 12

【程序说明】

上述程序输入年月日数据 YYYYMMDD 是连在一起的,可以用 %md 格式按域宽截取数据中的一部分。输出时要求 YYYY－MM－DD 的形式,用修饰符 0 和域宽 m,%0md 补足域宽。

【例 2-16】 从键盘输入一个单词(6 个字母),将奇数位置的字母组成新的单词输出。

【程序】

```
#include <stdio.h>
int main(void)
{
    char c1, c2, c3;
    printf("Please input a word (6 characters):");
    scanf("%c%*c%c%*c%c%*c", &c1, &c2, &c3);//输入 6 个字符,只保留 3 个
    printf("The new word is:%c%c%c\n", c1, c2, c3);//输出 3 个字符组成新单词
    return 0;
}
```

【运行示例】

Please input a word (6 characters):comedy↙
The new word is:cmd

【程序说明】

程序运行时输入的单词有 6 个字符,而只要保留奇数位置的 3 个字符,所以用 6 个 %c 读取 6 个字符,但只有其中 3 个字符赋值给变量 c1、c2、c3,另外 3 个用 %*c 只读取但不赋值。注意,其实输入 6 个字符后的回车也是一个字符输入,但这里对后续执行不影响,所以没有处理。

2.4.3 字符输入输出函数

scanf( )和 printf( )可以用 %c 输入/输出一个字符,C 语言还提供了另外一组函数 getchar 和 putchar 实现单个字符的输入/输出。

1. getchar 函数

getchar 函数的一般调用形式:

getchar ();

功能:getchar 函数不带参数,从标准输入设备读取一个字符。比如以下语句:

ch = getchar( );

读取一个输入的字符,并把该字符赋值给变量 ch。它的功能和语句 scanf(" %c", &ch);的效果相同。

2. putchar 函数

putchar 函数的一般调用形式：

```
putchar(ch);
```

功能：putchar 函数带有一个参数，将这个参数所对应的字符打印输出到标准输出设备上（一般是显示器），它的功能和语句 printf("％c"，ch);的效果相同。

这个参数可以是变量、常量、表达式，比如以下程序段：

```
char ch = 'A';              //定义一个字符变量ch,赋初值字符 A
putchar(ch);                //参数是字符变量ch,输出字符A
putchar('B');               //参数是字符常量'B',输出字符B
putchar('\n');              //参数是字符常量'\n',输出换行
putchar(65);                //参数是整型常量65,输出字符A
putchar(ch + 32);           //参数是表达式 ch＋32,输出字符 a
```

2.5 程序示例

【例 2-17】 整型格式和字符格式。观察以下程序的运行结果。
【程序】

```
# include <stdio.h>
int main(void)
{
    int a = 65;                //定义整型变量a,并赋初始值65
    char c = 'a';              //定义字符型变量c,并赋初始字符'a'
    printf("character of a and c:%c %c\n", a,c);
                               //用字符格式％c输出a和c对应的字符
    printf("value of a and c:%d %d\n", a,c);
                               //用整型格式％d输出a和c对应的值
    return 0;
}
```

【运行示例】

```
character of a and c:A a
value of a and c:65 97
```

【程序说明】

从运行结果可以看出，用字符格式％c可以输出整型变量a所对应的字符,将整型值作为字符 ASCII 码值（前提是整型值在 ASCII 码范围内）;用整型格式％d可以输出字符变量c所对应的 ASCII 码值。在输入输出时,整型格式和字符型格式可以通用,按照指定格式输出

值或字符,但要注意存储范围的限制。

【例 2-18】 整型格式和实型格式。观察以下程序的运行结果。

【程序】

```
# include <stdio.h>
int main(void)
{
    int a = 123;                        //定义整型变量a,并赋初始值123
    double d = 45.678;                  //定义实型变量d,并赋初始值45.678
    printf("a is:%f\n", a);            //用实型格式%f输出整型变量a的值
    printf("d is:%d\n", d);            //用整型格式%d输出实型变量d的值
    return 0;
}
```

【运行示例】

```
a is:0.000000
d is:- 1271310320
```

【程序说明】

上述程序编译的时候有警告(warnings)。

第 1 个 printf 语句:

```
warning:format '%f' expects argument of type 'double', but argument 2 has type 'int';
```

第 2 个 printf 语句:

```
warning:format '%d' expects argument of type 'int', but argument 2 has type 'double'。
```

从运行结果可以看出,用实型格式%f输出整型变量a的值,并不是a原有值后加 6 位小数输出 123.000000,用整型格式%d输出实型变量d的值,也并不是截取d的整数部分输出 45。由于整型数据和实型数据在内存中的存储方式是不同的,所以在输入输出时,整型格式和实型格式不能通用。

【例 2-19】 输入三个同学成绩:C 语言课程考试成绩(百分制),C 语言实践成绩等级(A ~ E)。

【程序】

```
# include <stdio.h>
int main(void)
{
    int s1, s2, s3;                     //定义 3 个整型变量存储百分制成绩
    char g1, g2, g3;                    //定义 3 个字符型变量存储成绩等级
    scanf("%d%d%d", &s1, &s2, &s3);    //输入 3 个整数
    scanf("%c%c%c", &g1, &g2, &g3);    //输入 3 个字符
```

```
    printf("score is:%d %d %d\n", s1, s2, s3);   //输出 3 个百分制成绩,空格隔开
    printf("grade is:%c %c %c\n", g1, g2, g3);    //输出 3 个成绩等级,空格隔开
    return 0;
}
```

【运行示例 1】

```
98 97 96↙
A B C↙
score is:98 97 96
grade is:
A
```

【运行示例 2】

```
98 97 96↙
ABC↙
score is:98 97 96
grade is:
A B
```

【程序说明】

从上述两个运行结果可以看到,输出的百分制成绩正确,但成绩等级都与输入不符。这是因为输入多个数值(整数、实数)时,空格、回车和 TAB 都是两个数据之间有效的分隔符。程序代码中百分制成绩的输入格式为 %d%d%d,虽然之间并没有空格,但输入时两数之间需要分隔,而空格是有效的分隔符,并不影响后面一个 %d,所以三个整数输入输出正确。而空格、回车或 TAB 对格式 %c 是一个有效的字符输入,所以运行示例 1 中输入三个整数后面的回车,以及第二行输入的"A 空格 B 空格 C 回车",共输入了 7 个字符,所以第 2 个 scanf 语句中的格式 %c%c%c 读取了前三个字符,运行示例 1 中输出为回车、A 和空格。运行示例 2 中输出为回车和 AB。上述程序如要按运行示例 1 中这样输入,则程序可以改为:

【程序】

```
# include <stdio.h>
int main(void)
{
    int s1, s2, s3;
    char g1, g2, g3;
    scanf("%d%d%d", &s1, &s2, &s3);
    getchar();                    //用 getchar 函数读取输入三个整数后的回车
    scanf("%c %c %c", &g1, &g2, &g3); //格式符 %c 之间加空格,与输入的空格抵消
    printf("score is:%d %d %d\n", s1, s2, s3);
    printf("grade is:%c %c %c\n", g1, g2, g3);
    return 0;
}
```

【运行示例】

```
98 97 96↙
A B C↙
score is:98 97 96
grade is:A B C
```

【程序说明】

上述程序修改是在格式符中加上空格与输入的空格抵消,也可以采用格式修饰符＊,用％＊c读取输入的多余空格而不需要赋值给变量。所以程序也可以改为:

【程序】

```
#include <stdio.h>
int main(void)
{
    int s1, s2, s3;
    char g1, g2, g3;
    /＊用％＊c读取输入三个整数后的回车但不赋值＊/
    scanf("%d%d%d%＊c", &s1, &s2, &s3);
    /＊3个格式符%c之间加3个%＊c,读取2个空格和1个回车但不赋值＊/
    scanf("%c%＊c%c%＊c%c%＊c", &g1, &g2, &g3);
    printf("score is:%d %d %d\n", s1, s2, s3);
    printf("grade is:%c %c %c\n", g1, g2, g3);
    return 0;
}
```

【例 2-20】 在屏幕上竖着输出"I Love C"。

【程序】

```
#include <stdio.h>
int main(void)
{
    printf("I\n \nL\no\nv\ne\n \nC\n");      //每个字符后加\n
    return 0;
}
```

【运行示例】

```
I

L

o

v
```

e

C

【程序说明】

应用换行转义字符 '\n',使每个字符输出后都换行。

【例 2-21】 求整数 $A+B$ 的和。已知 A、B 都是 32 位 int 范围内的整数,求两数之和并输出。

【程序】

```
#include <stdio.h>
int main(void)
{
    int a, b, sum;                //定义变量a和b存两个加数,变量sum存和
    printf("Please input A and B:");
    scanf("%d%d", &a,&b);         //输入两个加数
    sum = a + b;                  //求和
    printf("sum = %d\n", sum);    //输出和
    return 0;
}
```

【运行示例 1】

```
Please input A and B:3 5↙
sum = 8
```

【运行示例 2】

```
Please input A and B:2147483647 1↙
sum = − 2147483648
```

【程序说明】

程序将加数与和变量都定义为 int 类型,两个加数符合题目数据范围的要求,但 $A+B$ 的和可能会超出 int 的范围。比如运行示例 2 中,2147483647 是 32 位 int 类型范围内最大的值,再加上 1,结果超出其范围。数据溢出使得最高位上变成了 1,导致输出结果是一个负数。

在定义变量时,应根据数据特性来确定其合适的类型,比如上述代码可以改为:

【程序】

```
#include <stdio.h>
int main(void)
{
    double a, b, sum;
```

```
    printf("Please input A and B:");
    scanf("%lf %lf", &a,&b);              //用%lf对应double类型数据的输入
    sum = a + b;
    printf("sum = %.0f\n", sum);          //用%.0f,输出结果保留0位小数
    return 0;
}
```

【运行示例】

```
Please input A and B:2147483647 1 ↙
sum = 2147483648
```

【例 2-22】 阿福和留学生同学 Mike 互通邮件,Mike 邮件中的日期格式是"月-日-年",而阿福习惯的日期格式是"年-月-日"。所以阿福决定写个程序,将 Mike 的日期读入后自动转换成自己习惯的日期格式。

比如 Mike 的日期(MM - DD - YYYY):06 - 01 - 2020,转换成阿福的(YYYY - MM - DD):2020 - 06 - 01。

【程序】

```
#include <stdio.h>
int main(void)
{
    int y,m,d;
    printf("Mike's date:");
    scanf("%d - %d - %d",&m,&d,&y);        //输入日期:月 - 日 - 年
    printf("Afu's date:");
    printf("%04d - %02d - %02d\n",y,m,d);   //输出日期:YYYY - MM - DD
    return 0;
}
```

【运行示例】

```
Mike's date:06 - 01 - 2020 ↙
Afu's date:2020 - 06 - 01
```

【程序说明】

输入格式 %d-%d-%d,执行时输入"月-日-年",其中符号-要原样输入抵消。输出格式 %04d - %02d - %02d 用于规范日期格式 YYYY - MM - DD,域宽不足时左侧补 0 输出。注意,上述程序如输入 6 - 1 - 2020,输出结果相同。

✏️ 习题 2 --

一、判断题

1. 在 C 语言中,不区分字母的大小写。　　　　　　　　　　(　)

2. C 语言中的标识符以字母或下划线开头,可跟任何字符。(　)

3. C 语言程序中用到的任何一个变量都要先定义其数据类型。(　)

判断题

4. C 语言的 double 类型数据在其数值范围内可以精确表示任何实数。(　)

5. '\101' 是合法的字符常量,包含了 1 个字符。(　)

6. printf 函数的格式符 %c,对应的输出项可以是字符型或整型。(　)

7. printf("%d",123.45);输出结果是 123。(　)

8. printf("%3d",12345);输出结果为 12345。(　)

9. 假设定义 float a;,用 scanf 输入时可以用格式 %lf 提高实数的精度。(　)

10. 假设有编译预处理命令 #define PI 3.14,在程序中可以用 PI = 3.14159;来改变 PI 的值,提高数据精度。(　)

二、单选题

1. C 语言中的基本数据类型包括(　)。

A. 整型、小数型、指数型　　　　　　　B. 整型、逻辑型、字符型

C. 整型、实型、逻辑型　　　　　　　　D. 整型、实型、字符型

单选题

2. 下列变量名,合法的是(　)。

A. _53　　　　　　　　　　　　　　　B. else

C. ab - 1　　　　　　　　　　　　　　D. Mike　J

3. 下列选项中,合法整型常量是(　)。

A. 018　　　　B. - 011　　　　C. 0xabg　　　　D. 1e3

4. 下列选项中,合法浮点数是(　)。

A. - e123　　　　B. .123　　　　C. 4E3.0　　　　D. 123e

5. 已有定义:int a = 65; double b = 34.567;,则下列语句:printf("a = %d b = %.2f",a,b);的输出结果是(　)。

A. 65 34.567　　　　　　　　　　　　B. 65 34.57

C. a = 65 b = 34.56　　　　　　　　　D. a = 65 b = 34.57

6. 已有定义:int a; float b;,如有以下 scanf 调用语句:scanf("a//%d, b = %f", &a, &b);,则为了将数据 6 和 34.27 分别赋给 a 和 b,正确的输入是(　)。

A. 6, 34.27　　　　　　　　　　　　　B. a = 6, b = 34.27

C. a//6 b = 34.27　　　　　　　　　　D. a//6, b = 34.27

7. 已有定义:int a; double b;,从键盘输入如下内容:123 45.6789,则下列选项(　)能使得 a 得到 123,b 得到 45.6。

A. scanf("%d %lf", &a, &b);　　　　　　B. scanf("%3d %4f", &a, &b);

C. scanf("%3d %4.1lf", &a, &b);　　　　D. scanf("%3d %4lf", &a, &b);

8.有如下语句段,假设键盘输入 a,输出结果为(　　)。

```
char c;
scanf("%c",&c);
printf("%c %c\n",c,'c');
```

A. a a　　　　　　　　B. c c　　　　　　　　C. a c　　　　　　　　D. c a

9.已有定义:char c = 'A'; int a = 97;,则执行语句 putchar(c); putchar(a);后,输出结果为(　　)。

A. Aa　　　　　　　B. A97　　　　　　　C. A9　　　　　　　D. aA

10.已知程序要使用函数 getchar,则程序必须包含头文件(　　)。

A. stdio. h　　　　　　　　　　　　B. stdlib. h

C. math. h　　　　　　　　　　　　D. ctype. h

三、程序填空题

1. 按照下列程序注释中的输出结果填空。

程序填空题

```
#include <stdio.h>
int main(void)
{
    int a = 65, b = 66;
    printf("___①___\n", ___②___);//屏幕显示输出结果:65,66
    printf("___③___\n", a);//屏幕显示输出结果:A
    printf("___④___\n", ___⑤___);//输出 2 倍 b 变量的值,屏幕显示输出结果:204
    return 0;
}
```

2.下列程序段输入:3.45,输出: + 003.4500,请填充 x 数据类型和输出格式。

```
___①___ x;
scanf("%lf", &x);
printf("___②___", x);
```

3.下列程序段输入:123456.78912,输出:12　6.78,请填充输入格式。

```
int a;
float x;
scanf("___①___", &a, &x);
printf("%d %g\n", a, x);
```

四、程序设计题

1.编写程序,输出以下内容:

程序设计题

```
* * * * * * * * * * * * * * * * * * *
*    姓    名:阿福                  *
*    邮    箱:afu@123.net           *
* * * * * * * * * * * * * * * * * * *
```

2.编写程序,计算 2 个正整数 A、B 的和、差、积,并输出。输入和输出全部在整型范围内,输入的两数之间空格隔开,输出分三行,每行格式:A 运算符 B = 结果。

3.编写程序,计算 2 个整数的平方和,并输出。

4.编写程序,转换时间格式。输入时分秒:hh:mm:ss,输出:hh 时 mm 分 ss 秒。比如:输入 12:3:40,输出 12 时 03 分 40 秒。

5.编写程序,实现角度转换为弧度。已知转换公式:弧度 = π * 角度/180,圆周率 π 取值 3.1415927。

CHAPTER 3
第 3 章
运算符与表达式

本章要点：
 ◇ C 语言的各类运算符和表达式；
 ◇ 运算符的作用、优先级和结合性；
 ◇ 多种运算符的混合运算；
 ◇ 自动类型转换和强制类型转换；
 ◇ 常用系统库函数。

3.1 引 例

  C 语言程序中对数据的简单处理可以通过运算符和表达式来完成，比如两个数的相加、两个数比较大小等。

  C 语言表达式是由操作数和运算符组成的有意义的式子，比如 5.0 / 9 * (fahr − 32)，其中操作数可以是常量、变量或者函数等实体，单独的一个常量、变量或者函数是最简单的表达式，比如单独的一个常量可以构成常量表达式。

运算符和表达式

  运算符是组成表达式的基本元素，C 语言的运算符很丰富，功能十分强大，能完成很多运算操作，比如算术运算、赋值运算、关系运算等。在这一章中，我们会学习大部分的基础运算符，另外一些运算符我们将在后续相关章节中结合内容学习。

  例 3-1 是一个表达式应用的简单示例，利用算术运算符和数学库函数 pow 实现存款利息的计算。

  【例 3-1】 存款利息有多少？

  阿福年终得到了一笔奖金，他把这笔奖金存入银行，现在想知道经过几年后将得到多少利息？现输入奖金 money、利率 rate 和年数 year，要求计算利息 interest。已知利息计算公式为：interest = money * $(1 + rate)^{year}$ − money。

  【程序】

```
# include <stdio.h>
# include <math.h>
int main(void)
```

```
{
    double money, rate, interest;
    int year;
    scanf("%lf%d%lf", &money, &year, &rate);
    interest = money * pow(1 + rate,year) - money;
    printf("interest = %.2f\n", interest);
    return 0;
}
```

【运行示例】

```
50000 3 0.035 ↙
interest = 5435.89
```

【程序说明】

上述程序利用公式 interest = money * $(1 + rate)^{year}$ - money 计算存款利息。首先,C 语言表达式中的算术运算"加、减、乘、除"有相应的运算符 + 、- 、* 、/,用法与数学上类似(将在 3.2 节介绍)。其次,C 语言中没有指数形式计算幂值,但是提供了库函数 pow(x,y)可以计算 x 的 y 次方值(将在 3.8.1 节介绍)。最后,要将利息计算的结果利用赋值运算符 = ,赋给变量 interest(将在 3.3 节介绍)。

从上述例子可以看出,C 语言表达式中可以含有多种运算符。根据表达式中运算符的不同,表达式的类型有很多种,比如:a + b 是一个算术表达式,sum = a 是一个赋值表达式。使用 C 语言表达式,一般都是需要求解和使用表达式的值。一个表达式中如含有多种运算符时,就是一个混合运算表达式,需要根据不同运算符的优先级和结合性来执行。

对于运算符,除了其功能之外,还需要了解以下几个方面。

(1)运算符需要几个操作数。用到 1 个操作数的运算符,称之为单目运算符,比如负号,-5;用到 2 个操作数的运算符,称之为双目运算符,比如加号,5 + 8;还有用到 3 个操作数的运算符,条件运算符,a > b? a : b。

(2)运算符的优先级。优先级决定了多个运算符执行的先后顺序,当一个表达式中有多个运算符时,优先级高的先执行,优先级低的后执行。每个运算符都有一个优先级编号(本书中以 1 - 15 编号),编号越小优先级越高。比如算术运算符中乘、除运算符的优先级是 3,加、减运算符的优先级是 4,则表达式 a + b * c 等价于 a + (b * c)。

(3)运算符的结合性。当表达式包含多个相同优先级的运算符时,由运算符的结合性来决定执行的先后顺序。运算符的结合性有两种:从左向右(左结合性),从右向左(右结合性)。比如乘和除的优先级都是 3,是左结合性的运算符,则计算表达式 a * b/c,根据结合性等价于(a * b)/c。

本章在学习几类运算符和表达式时,将主要介绍各种运算符的使用方法、优先级和结合性。

3.2 算术运算

3.2.1 算术运算符

算术运算符包含单目运算和双目运算两类,具体如表 3-1 所示。

基本算术运算

表 3-1 算术运算符

单目运算	双目运算	
	加减法类	乘除法类
+ 正号运算 - 负号运算 ++ 自增运算 -- 自减运算	+ 加法运算 - 减法运算	* 乘法运算 / 除法运算 % 取余运算

注意几点:

(1) + 、- 作为单目运算时,表示数据值是正或负,比如 - 5、+ a。

(2)自增、自减运算符,++ 、-- 是单目运算,可以在操作数前(前缀),也可以在操作数后(后缀),两者执行情况不同,将在 3.2.3 节中介绍。

(3)双目运算符 + 、- 、* 、/的用法与数学中加、减、乘、除的规则一样,先乘除后加减。操作数允许是整型或浮点型数据。

(4)当除号(/)的两个操作数都是整数时,运算结果直接丢掉小数部分,仅截取整数部分。比如 5/2 的结果是 2,而 5.0/2 的结果是 2.5。在第 2 章的例 2-1 中,温度转换表达式中使用 5.0/9,而不是 5/9,就是这个原因。如果操作数出现负数时,除法结果有可能向上取整或向下取整。C99 标准中是向 0 截取,比如 - 5/2 的结果是 - 2。

(5)取余运算符 % 要求 2 个操作数都是整数。如果其中有一个不是整数,则程序编译有错误。

(6)取余运算符 % 的操作数出现负数时,除法运算也有可能向上取整或向下取整。C99 标准中取余结果的符号与左边操作数符号相同。比如 - 5 % 2 的结果是 - 1,5 % - 2 的结果是 1。

C 语言算术运算符的优先级和结合性,如表 3-2 所示。

表 3-2 算术运算符优先级和结合性

优先级	运算符	名称	结合性	用法
2	+	正号	自右向左(右结合性)	+ a
	-	负号		- a
	++	自增		++ a,a ++
	--	自减		-- a,a --
3	*	乘法	自左向右(左结合性)	a * b
	/	除法		a / b
	%	取余		a % b
4	+	加法	自左向右(左结合性)	a + b
	-	减法		a - b

由表 3-2,表达式- a ++ 等价于-(a ++),因为 ++(自增)后缀的优先级和-(负号)优先级相同,由结合性从右向左依次计算;表达式 5％6＊5,等价于(5％6)＊5,％和＊(乘号)的优先级相同,由结合性从左向右依次计算,表达式值为25;表达式- 8 - 6/4,等价于(- 8)-(6/4),-(负号)优先级比/(除号)高,而-(减号)的优先级比其他的又低,表达式值为-9。

3.2.2 算术表达式中的类型转换

算术运算符的操作数可以是不同的数据类型,比如加、减、乘、除,可以是整型、浮点型或字符型。当一个表达式中出现不同数据类型时,是以什么类型来计算呢? 最后计算得到的表达式值是什么类型呢?

算术运算中的类型转换规则是:

规则 1:所有的 char、short 型自动转换为 int 型,所有的 unsigned short 型自动转换为 unsigned 型,所有的 float 型自动转换成 double 类型。

规则 2:相同类型(char、short、float 型除外)的操作数做算术运算后,其结果还是同一个类型。

规则 3:根据规则 1 转换以后,如果两个操作数的类型还是不同,则低级别类型自动向高级别类型转换,再进行计算。

数据类型自动转换规则,如图 3-1 所示。

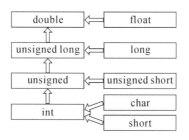

图 3-1 算术运算类型转换规则

【例 3-2】 计算下列表达式的值。

```
('A' + 32) / 3 - 6 * 3.0
```

【分析】

表达式中有字符常量 'A',是 char 类型,先按照规则 1 转换为 int 型,使用该字符的 ASCII 码值,所以表达式变为(65 + 32) / 3 - 6 * 3.0。

然后再按照规则 2,65 和 32 都是 int 型,结果是 int 型 97;而 97 和 3 都是 int 型,所以 97/3 结果是 int 型 32。后面的 6 * 3.0,6 是 int 型,3.0 是 double 型,规则 2 不适用,所以按照规则 3,自动将 6 转换为高级别类型 double,则 6.0 * 3.0 结果是 double 型 18.0。

最后,表达式转换为 32 - 18.0,按照规则 3 转换后计算得表达式值为 double 型 14.0。

3.2.3 自增运算符和自减运算符

++(自增运算)和 --(自减运算),是单目运算符,它的作用是使变量值自增(增加 1)或者自减(减去 1)。 ++ 和 -- 运算符只能对变量自增或自减,而不能作用于表达式或者常量,比如:5 ++ 、(a + b) -- 都是不合法的。

自增、自减运算符分前缀和后缀两种情况。前缀自增、自减,比如 ++ a,-- a;这类运算是先执行 + 1 或 - 1 操作,使变量增加 1 或者减去 1,然后再使用变量的值。而后缀自增、自减,是先使用变量的值,然后再使变量增加 1 或者减去 1。

自增和自减

通过几个具体的表达式来理解一下前缀和后缀的区别。

思考以下两个程序段的输出:

```
int age = 20;
printf ("age is:% d\n", ++ age);        //打印输出 age is:21
printf ("age is:% d\n", age);           //打印输出 age is:21
```

和

```
int age = 20;
printf ("age is:% d\n", age ++);            //打印输出 age is:20
printf ("age is:% d\n", age);               //打印输出 age is:21
```

第 1 个是前缀,打印输出 ++ age,age 先自增 1,再使用 age 的值,所以先打印输出 21,再打印输出 21。第 2 个是后缀,打印输出 age ++,先使用 age 的值,age 再自增 1,所以先打印输出 20,再打印输出 21。

注意:在同一个表达式中多次使用 ++ 或 -- 运算符,会使表达式难以理解,甚至有时对同一个变量多次使用 ++ 或 -- 运算符,不同编译器处理的方式不同,会得到不同的结果。在程序中要慎用(a ++) + (a ++) + (a ++)这样复杂的表达式。

3.3 赋值运算

C 语言中,使用赋值运算符 = 对一个变量进行赋值,其作用是将 = 右侧的值存储到 = 左侧的变量中。C 语言除了提供简单赋值运算符 = ,还提供了一组复合赋值运算符 += 、-= 、*= 、/= 、%= 、<<= 、>>= 、& = 、^= 、|= ,优先级和结合性见表 3-3。

赋值运算

表 3-3 赋值运算符优先级和结合性

优先级	运算符	名称	结合性	用法
14	= 、+= 、-= 、*= 、/= 、%= 、<<= 、>>= 、& = 、^= 、|=	赋值	自右向左(右结合性)	a = b + 5 a * = b + 5

3.3.1 简单赋值

赋值表达式的形式:

变量 = 表达式

其作用是把 = 右侧的表达式的值赋值给左边的变量。执行时,先计算 = 右侧表达式的值,再把 = 右侧表达式的值赋给 = 左侧的变量,最后以 = 左侧变量的值作为赋值表达式的值。

比如:

```
int x;
x = 5 * 3;
```

先计算 5 * 3 的值为 15,将 15 赋值给变量 x,则 x 的值变成 15,并且表达式 x = 5 * 3 的值也是 15。

如果 = 两侧类型不一样,赋值运算时会自动将右侧表达式值的类型转换为左边变量的类型进行赋值。比如上述程序段改为:

```
int x;
x = 5 * 3.14;          //变量 x 赋值后为整数 15
```

右侧表达式计算的值为浮点数 double 型 15.7,而左侧变量是 int 型,则变量 x 被赋值为整数 15,且表达式 x = 5 * 3.14 的值也是 15。

注意:赋值运算符只能对变量赋值,即 = 的左侧只能是变量,比如数学表达式 3 + 4 = 7 在编译器下会报错"error:lvalue required as left operand of assignment",其中 lvalue 表示左值,代表存储在计算机内存中的对象,这里指变量。

一个表达式中可以使用多个赋值运算符,比如:

```
int x, y, z;          //定义 3 个整型变量 x,y,z
x = y = z = 5;         //变量 x,y,z 分别赋值得到 5
```

这个表达式中有 3 个赋值运算符 = ,此时需要根据 = 的结合性自右向左依次执行。所以上述表达式等价于 x = (y = (z = 5)),先把 5 赋值给 z,则表达式 z = 5 的值为 5;再把表达式 z = 5 的值赋值给 y,且表达式 y = (z = 5)的值为 5;最后把表达式 y = (z = 5)赋值给 x。

注意:在定义多个变量并初始化赋值时,不能用连续多个 = ,比如:

```
int x = y = z = 5;   //编译错误:error: 'y' ,'z' undeclared (first use in this function)
```

需改为:int x = 5,y = 5,z = 5;才正确。

3.3.2 复合赋值

利用变量原来的值进行计算,得到的新值再赋值给这个变量,比如 x = x * 5。C语言提供了复合赋值运算符来缩短类似的表达式写法,比如上述表达式可以写成 x *= 5。

复合赋值运算符,有复合算术赋值运算符 += 、− = 、* = 、/ = 、% = 和复合位赋值运算符 <<=、>>=、&= 、^ = 、| = (位运算符将在 3.6 节介绍),复合算术赋值运算符的用法如表 3-4 所示。

表 3-4 复合算术赋值运算符的用法

运算符	名 称	用 法	含 义
+=	加赋值	x += exp	x = x + (exp)
−=	减赋值	x −= exp	x = x − (exp)
*=	乘赋值	x *= exp	x = x * (exp)
/ =	除赋值	x /= exp	x = x/(exp)
%=	取余赋值	x %= exp	x = x % (exp)

注:exp 表示表达式。

比如:

x *= y + 3,是把左侧的变量 x 和右侧表达式 y + 3 相乘,然后赋值给 x,等价于 x = x * (y + 3)。

复合赋值运算符也是右结合性,比如以下程序段:

```
int x = 6;
x += x −= x * x;            //等价于 x += (x −= (x * x));
printf ("x:%d\n",x);        //输出 x:−60
```

先计算 x −= (x * x),即 x = x−(x * x),将 x = 6 代入计算得 x 的值为−30,而表达式 x −= (x * x)的值也是−30;再计算 x += − 30,即 x = x + (−30),而此时 x 的值为−30,则计算得 x 的值为−60。

3.4 关系运算和逻辑运算

关系运算

3.4.1 关系运算符

C语言的关系运算符有6个,用于比较数据的大小关系,优先级和结合性如表3-5所示。

表3-5 关系运算符

优先级	运算符	名　称	结合性	用　法
6	>	大于	自左向右(左结合性)	a > b
	<	小于		a < b
	>=	大于等于		a >= b
	<=	小于等于		a <= b
7	==	相等		a == b
	!=	不相等		a != b

注意:C语言中判断两个数相等的运算符是==,和赋值运算符=不同。== 是判断左侧和右侧的数据值是否相等。

使用关系运算符的表达式就是关系表达式。关系表达式的值,是判断表达式中的关系是否成立,如果关系成立,则表达式的值是1(真),否则值为0(假)。比如,表达式 7>5 的值为1,而表达式 7<5 的值为0。

表达式 x>y>z 在C语言中是合法的,但关系结果和数学上可能会不一致。

【例3-3】 计算,并输出以下表达式的值。

【程序】

```
#include <stdio.h>
int main(void)
{
    printf("The value of exp1:%d\n", 7>6>5);//输出表达式 7>6>5 的值
    printf("The value of exp2:%d\n", 7<6<5);//输出表达式 7<6<5 的值
    return 0;
}
```

【运行示例】

```
The value of exp1:0
The value of exp2:1
```

【程序说明】

表达式 7>6>5,数学上该关系是成立的,但C语言中该表达式值是0。这个表达式中有

两个运算符>,优先级相同。根据左结合性先执行 7>6,此关系成立,表达式 7>6 的值是 1;然后执行 1>5,关系不成立,所以最后表达式 7>6>5 的值是 0。

同样的,表达式 7<6<5 的值却是 1。由运算符<的左结合性,先执行 7<6,关系不成立,表达式 7<6 值是 0;再执行 0<5,关系成立,所以表达式 7<6<5 的值是 1。

所以,关系表达式 a<x<b 并不能判断表示 x 在 a 和 b 之间(在逻辑表达式中,将学习到表示 x 在 a 和 b 之间的表达式是 a<x&&x<b)。

关系运算符可以比较整数和浮点数,字符型数据以其 ASCII 码值进行比较。比如,表达式 3.5>3 的值为 1,表达式 'A'==65 的值为 1,表达式 3.0!=1+2.0 的值为 0。

3.4.2 逻辑运算符

C语言的逻辑运算符有 3 个:&&(逻辑与)、||(逻辑或)和!(逻辑非)。其中逻辑非是单目运算符,另外两个是双目运算符,且这 3 个逻辑运算符的优先级和结合性不同,具体见表 3-6。

逻辑运算

表 3-6　逻辑运算符

优先级	运算符	名称	结合性	用法
2	!	逻辑非	自右向左(右结合性)	!a
11	&&	逻辑与	自左向右(左结合性)	a&&b
12	||	逻辑或	自左向右(左结合性)	a||b

逻辑运算用来判断操作数的逻辑关系(真、假),操作数用非 0 值表示真,0 表示假,而逻辑运算的结果用 1 表示真,用 0 表示假。逻辑运算符操作如下。

(1)逻辑非:!表达式。如果表达式值为非 0,则!表达式的结果为 0;反之,如果表达式值为 0,则!表达式的结果为 1。

(2)逻辑与:表达式 1&&表达式 2。只有当表达式 1 和表达式 2 的值都为非 0,则表达式 1&&表达式 2 的结果才为 1,否则结果为 0。

(3)逻辑或:表达式 1||表达式 2。只有当表达式 1 和表达式 2 的值都为 0,则表达式 1||表达式 2 的结果才为 0,否则结果为 1。

根据上述操作,可以得到一个逻辑运算的真值表 3-7。

表 3-7　逻辑运算真值表

操作数		逻辑运算结果			
a	b	!a	!b	a&&b	a||b
非 0 值(真)	非 0 值(真)	0	0	1	1
非 0 值(真)	0(假)	0	1	0	1
0(假)	非 0 值(真)	1	0	0	1
0(假)	0(假)	1	1	0	0

逻辑运算中的操作数可以是任何类型的数据,整型、字符型、实型都可以,只要其值为非0就表示真,值为0就表示假。

C 程序中经常使用逻辑表达式作为程序控制的条件,根据逻辑表达式的结果来控制程序的流程。

【例 3-4】 假设有定义:double x = 4.5;int y = 6;char ch = '2';,计算以下逻辑表达式的值。

(1)!(x > 5) && y < 7

(2)x > y || x < ch && y > ch

【解答】

(1)根据运算符的优先级,表达式等价于:(!(x > 5))&&(y < 7)。x > 5 关系不成立,值为0,再执行逻辑非,所以 && 左侧表达式(!(x > 5))值为 1;&& 右侧的 y < 7 关系成立,值为 1,所以 1&&1,最终表达式的值为 1。

(2)根据运算符的优先级,表达式等价于:(x > y)||((x < ch)&&(y > ch)),&& 优先级比||优先级高,所以先执行 &&。ch 是字符变量,在进行关系运算的时候,使用其 ASCII 码值,字符'2'的 ASCII 码值为 50,所以 x < ch 关系成立,而 y > ch 关系不成立,则 1&&0 值为 0;||前面的表达式 x > y 关系不成立,值为 0,所以 0 || 0,最终表达式的值为 0。

【例 3-5】 根据要求写出逻辑表达式。

(1)写出"y 年是闰年"的表达式;

(2)写出"字符变量 x 是数字字符"的表达式;

(3)写出"x 的绝对值是一个 2 位整数"的表达式;

(4)写出"正整数 a 和 b 中至少有一个是奇数"的表达式。

【解答】

(1)y 满足以下两个条件中的任意一个,y 是闰年:

• y 是 4 的倍数,但不是 100 的倍数;

• y 是 400 的倍数。

第一条件即 y % 4 == 0 && y % 100 != 0;第 2 种条件即 y % 400 == 0。这两个条件满足其中之一,所以用逻辑或连接,最终逻辑表达式为:y % 4 == 0 && y % 100 !=0 || y % 400 == 0。

(2)x 是数字字符,即 x 的值在区间'0'~'9'内,x 既要大于等于'0',又要小于等于'9'。逻辑表达式为:'0' <= x && x <='9'。注意:不要写成'0' <= x <='9',原因见关系运算符章节。

(3)x 的绝对值是一个 2 位整数,则 x 在整数区间[10,99]或[-99,-10]。逻辑表达式为:-99 <= x && x <=-10 || 10 <= x && x <= 99。

(4)正整数 a 和 b 中至少有一个是奇数,则 a 是奇数或 b 是奇数,a 是奇数可以用表达式 a % 2 == 1 表示,所以逻辑表达式为:a % 2 == 1 || b % 2 == 1。

逻辑运算符 && 和||都有"短路"计算特性,观察以下程序的执行结果。

【例 3-6】 逻辑运算符 && 和 || 的"短路"计算特性。

【程序】

```
#include <stdio.h>
int main(void)
{
    int a = 1, b = 2, c = 3, x;
    x = ( a > b )&&( ++c );       //将逻辑表达式( a > b )&&( ++c )的值赋值给 x
    printf("x = % d, c = % d\n",x,c);
    return 0;
}
```

【运行示例】

```
x = 0, c = 3
```

【程序说明】

上述程序中,逻辑表达式(a > b)&&(++c)中 && 右侧有 ++c,如果按照优先级,自增运算符应该先执行,那 c 的值应该为 4,但运行示例是 3。C 语言在进行逻辑运算 && 和 || 时按从左向右执行运算符两侧的表达式,一旦根据左侧表达式的值能得到逻辑表达式结果的,则右侧表达式不再执行。比如,执行 a&&b 运算时,如果 a 的值为 0,而 0 和任何操作数进行 && 运算结果都是 0,所以此时 && 右侧的表达式 b 不执行;同理,当执行 a||b 运算时,如果 a 的值为非 0(真),而非 0 和任何操作数进行 || 运算结果都是 1,所以此时 || 右侧的表达式 b 不执行。

例 3-6 中,&& 左侧的表达式 a > b 关系不成立,值是 0,所以 && 右侧的 ++c 并没有执行,c 的值未改变。

3.5 条件运算和逗号运算

3.5.1 条件运算符

条件运算符是 C 语言里唯一的一个三目运算符,它的优先级和结合性见表 3-8。

条件运算和
逗号运算

表 3-8 条件运算符

优先级	运算符	名　称	结合性	用　法
13	?:	条件	自右向左(右结合性)	a > b ? a : b

条件表达式的一般形式如下:

表达式 1 ? 表达式 2 : 表达式 3

它的执行过程是：先计算表达式 1 的值，判断是非 0（真）还是 0（假）。如果是非 0，就计算表达式 2 的值，并将表达式 2 的值作为条件表达式的值；反之，如果表达式 1 的值是 0，则计算表达式 3 的值，并将表达式 3 的值作为条件表达式的值。

【例 3-7】 假设有定义 int a = 1, b = 2, c = 3, d = 4, x;，计算以下表达式的值。

(1) x = a > b ? a : b

(2) x = a > b? a : c > d? c : d

(3) a > b ? 3.4 : 5

【解答】

(1) 条件运算符的优先级高于赋值运算符，所以表达式等价于 x = ((a > b) ? a : b)，= 右侧的条件表达式中 a > b 关系不成立，所以条件表达式取 b 的值，赋值给 x，最后表达式的值为 2。

(2) 表达式中含有 2 个条件运算符，其优先级相同，而条件运算符是右结合性的，所以表达式等价于 x = a > b? a : (c > d ? c : d)。表达式 a > b 关系不成立，= 右侧的表达式取 (c > d ? c : d) 的值，然后赋值给 x。而 c > d 关系也不成立，所以 (c > d ? c : d) 取 d 的值 4。最后 x 被赋值 4，整个表达式的值也为 4。

(3) 表达式 a > b ? 3.4 : 5 中的 3.4 和 5 的数据类型不一致，3.4 是实型，5 是整型，出现这种情况的时候，最终条件表达式的值要使用级别较高的类型。所以 a > b 关系不成立，则条件表达式值取 5，但不是整型 5，而是实型 5.0。

【例 3-8】 根据要求写出条件表达式。

(1) 求 x 的绝对值；

(2) 求三个变量 a、b、c 的最大值 max。

【解答】

(1) 条件表达式为：x = x >= 0 ? x : - x。

(2) 求三个变量 a、b、c 的最大值 max，计算过程：首先比较 a 和 b，得到 a 和 b 中的较大值赋值给 max；然后 max 再和 c 比较，将较大者赋值给 max，也就是三个数中的最大值 max。条件表达式为：max = (max = a > b ? a : b) > c? max : c。这里的 ( ) 一定要加，因为条件运算符是右结合性。

3.5.2 逗号运算符

C 语言中，逗号可以作为分隔符，比如前面讲过的定义多个同类型变量时，变量名之间用逗号隔开：

```
int a, b, c;
```

逗号还可以作为运算符，它的作用是把多个子表达式连接起来：

表达式 1, 表达式 2, 表达式 3, …, 表达式 n

执行的时候，从左向右依次执行：先计算表达式 1 的值，再计算表达式 2……最后计算表达式 n，并且将表达式 n 的值作为逗号表达式的值。逗号运算符的优先级是最低的，结合方向自左向右，见表 3-9。

表 3-9 逗号运算符

优先级	运算符	名称	结合性	用法
15	,	逗号	自左向右(左结合性)	a = 3, b = 4, c = a * b

【例 3-9】 假设有定义 int a = 2;,则表达式 a = 3 * 5, a * 4 的值是多少？ a 的值是多少？

【解答】

因为赋值运算符的优先级高于逗号运算符,所以上述表达式等价于:((a = 3 * 5),(a * 4)),先执行计算 a = 3 * 5,则 a 赋值为 15;再执行 a * 4,则表达式值为 15 * 4,为 60。所以最后逗号表达式的值为 60,a 的值为 15。

3.6 位运算

C 语言除了具有高级语言特点,还能够像汇编语言一样实现系统底层软件的编程。数据在计算机中以二进制形式存储,C 语言提供一组位运算符实现对数据的二进制位(bit)进行操作。比如,一个开关有打开和关闭两种状态,而一个字节有 8 个 bit,每个 bit 可以有 0 和 1 两种状态,可以用 0 和 1 对应开关的两种状态,这样程序向硬件设备发送一个字节信息,可以控制 8 个开关。

C 语言的位运算符可以分为两类:位逻辑运算符和移位运算符。它们的优先级和结合性见表 3-10。

表 3-10 位运算符

优先级	运算符	名 称	结合性	用 法
2	~	按位取反	自右向左(右结合性)	~a
5	<<	位左移	自左向右(左结合性)	a << b
5	>>	位右移		a >> b
8	&	按位与	自左向右(左结合性)	a & b
9	^	按位异或	自左向右(左结合性)	a ^ b
10	|	按位或	自左向右(左结合性)	a | b

注意:

(1)位运算符中,~(按位取反)是单目运算符,其他都是双目运算符。

(2)位运算符的操作数类型只能是整型或字符类型。

3.6.1 位逻辑运算符

位逻辑运算符~、&、|、^都是对二进制位进行操作的运算符,要注意与逻辑运算符!、&&、||的区别。

• ~运算符对二进制位取反操作,即将每位的 0 变换成 1,1 变换成 0。

- & 运算符对二进制位进行逻辑与操作,只有两个位都是 1 结果才为 1,否则为 0。
- | 运算符对二进制位进行逻辑或操作,只有两个位都是 0 结果才为 0,否则为 1。
- ^ 运算符对二进制位进行逻辑异或操作,只有两个位值不同(0 和 1,或 1 和 0)结果才为 1,两个位值如果相同(都是 0,或都是 1)结果为 0。

位逻辑运算的二进制真值表见表 3-11。

表 3-11 位逻辑运算二进制真值表

操作数(位)		逻辑位运算结果			
a	b	~ a	a & b	a ^ b	a	b
0	0	1	0	0	0
0	1	1	0	1	1
1	0	0	0	1	1
1	1	0	1	0	1

1. 按位取反:~

按位取反~的一般使用形式是:~a,其中 a 必须是整型或字符型数据,可以是变量、常量、表达式。其结果是得到一个将 a 二进制位每一位取反后的值,a 的值不变。

【例 3-10】 假设有定义 short int a = 6,b = − 11;,则求表达式~a,~b,~(a + b)的值。

【程序】

```
#include <stdio.h>
int main(void)
{
    short int a = 6, b = − 11;
    printf("%d\t%d\t%d\n", ~ a, ~ b, ~(a + b));
                                        //输出表达式~a,~b,~(a + b)的值
    printf("%d\t%d\n", a, b);          //输出 a,b 的值
    return 0;
}
```

【运行示例】

```
−7      10      4
6       −11
```

【程序说明】

整型数据在内存中的二进制形式是补码,则

    0000 0000 0000 0110(6 的二进制补码)

~

———————————————————————

    1111 1111 1111 1001(− 7 的二进制补码)

$$1111\ 1111\ 1111\ 0101\ (-11\ 的二进制补码)$$

~

$$\overline{\qquad\qquad\qquad\qquad\qquad\qquad\qquad\qquad}$$

$$0000\ 0000\ 0000\ 1010\ (10\ 的二进制补码)$$

$$1111\ 1111\ 1111\ 1011\ (a+b,-5\ 的二进制补码)$$

~

$$\overline{\qquad\qquad\qquad\qquad\qquad\qquad\qquad\qquad}$$

$$0000\ 0000\ 0000\ 0100\ (4\ 的二进制补码)$$

所以三个表达式的值分别为 $-7,10,4$,而 a、b 的值不变。如果要改变 a 的值,要使用表达式:a = ~a。

2. 按位与:&

按位与 & 的一般使用形式是:a&b,其中 a、b 必须是整型或字符型数据。将 a、b 的二进制位对齐,若相应的两个二进制位都是 1,则结果对应的二进制位为 1,否则为 0。

【例 3-11】 假设有定义 short int a = 6,b = -11;,则求表达式 a & b 的值。

【程序】

```
# include <stdio.h>
int main(void)
{
    short int a = 6,b = -11;
    printf("%d\n",a & b);          //输出表达式 a & b 的值
    return 0;
}
```

【运行示例】

4

【程序说明】

$$0000\ 0000\ 0000\ 0110\ (6\ 的二进制补码)$$
$$\&\ \ 1111\ 1111\ 1111\ 0101\ (-11\ 的二进制补码)$$
$$\overline{0000\ 0000\ 0000\ 0100\ (4\ 的二进制补码)}$$

所以表达式的值输出为 4。

按位与 & 常用于掩码,即为一个数据的某些位设置为开(1),某些位设置为关(0)。比如,要使得一个整数 a 中的后 8 位不变,其余位设置为 0,则可以使用 a = a & 0xFF 实现。假设 a 原值二进制形式为 1001 0101 0010 0101 0111 0010 1010 0111,则 a & 0xFF 的执行:

$$1001\ 0101\ 0010\ 0101\ 0111\ 0010\ 1010\ 0111$$
$$\&\ \ 0000\ 0000\ 0000\ 0000\ 0000\ 0000\ 1111\ 1111$$
$$\overline{0000\ 0000\ 0000\ 0000\ 0000\ 0000\ 1010\ 0111}$$

这样可以使得 a 的后 8 位保持原值,其余位全部清空为 0(位关闭)。

复合赋值运算符中有一类是复合位赋值运算符 & = 、| = 、^ = ,所以上述表达式 a = a & 0xFF,可以写成:a &= 0xFF,其中 0xFF 也可以写成 0377,即 a &= 0377。

3. 按位或:|

按位或|的一般使用形式是:a|b,其中 a、b 必须是整型或字符类型数据。将 a、b 的二进制位对齐,若相应的两个二进制位都是 0,则结果对应的二进制位为 0,否则为 1。

【例 3-12】 假设有定义 short int a = 6, b = − 11;,则求表达式 a|b 的值。

【程序】

```
# include <stdio.h>
int main(void)
{
    short int a = 6, b = − 11;
    printf("% d\n", a | b);          //输出表达式 a | b 的值
    return 0;
}
```

【运行示例】

```
 − 9
```

【程序说明】

```
    0000 0000 0000 0110 (6 的二进制补码)
|   1111 1111 1111 0101 (− 11 的二进制补码)
    1111 1111 1111 0111 (− 9 的二进制补码)
```

所以表达式的值输出为 − 9。

按位或|常用于打开指定位。比如,要使一个整数 a 中的后 8 位设置为 1(位打开),其余位不变,则可以使用 a = a | 0xFF 实现。假设 a 原值二进制形式为 1001 0101 0010 0101 0111 0010 1010 0111,则 a | 0xFF 的执行:

```
    1001 0101 0010 0101 0111 0010 1010 0111
|   0000 0000 0000 0000 0000 0000 1111 1111
    1001 0101 0010 0101 0111 0010 1111 1111
```

表达式 a = a | 0xFF,可以用复合赋值运算符写成:a |= 0xFF。

4. 按位异或:^

按位异或^的一般使用形式是:a^b,其中 a、b 必须是整型或字符型数据。将 a、b 的二进制位对齐,相应的两个二进制位如果值不同,则结果对应的二进制位为 1,否则为 0。

【例 3-13】 假设有定义 short int a = 6, b = − 11;,则求表达式 a^b 的值。

【程序】

```
# include <stdio.h>
int main(void)
{
    short int a = 6, b = − 11;
    printf("% d\n", a^b);          //输出表达式 a | b 的值
```

```
        return 0;
    }
```

【运行示例】

- 13

【程序说明】

        0000 0000 0000 0110（6 的二进制补码）

^   1111 1111 1111 0101（-11 的二进制补码）
_____

        1111 1111 1111 0011（-13 的二进制补码）

所以表达式的值输出为-13。

按位异或^的主要应用有如下几个方面：

(1)按位异或^可以用于翻转数据的某些位,保留某些位。因为假设一个位为 b,若 b 为 1,1^1 = 0;若 b 为 0,0^1 = 1。所以一个位和 1 做异或,值都跟原来相反。若 b 为 1,1^0 = 1;若 b 为 0,0^0 = 0。所以一个位和 0 做异或,值不变。比如,要使一个整数 a 的后 8 位翻转(原来 1 的变换成 0,原来 0 的变换成 1),其余位保持不变。假设 a 原值二进制形式为 1001 0101 0010 0101 0111 0010 1010 0111,则 a^0xFF 的执行：

        1001 0101 0010 0101 0111 0010 1010 0111

^   0000 0000 0000 0000 0000 0000 1111 1111
_____

        1001 0101 0010 0101 0111 0010 0101 1000

表达式 a＝a^0xFF,可以用复合赋值运算符写成:a^= 0xFF。

(2)按位异或^有一个特点是：一个数 a 与另一个数 key 异或两次(a^key^key),结果还是 a。根据这个特点,可以应用在字符的加密和解密上。

【例 3-14】   一个字符 a 使用 key 进行加密,然后仍使用同一个 key 进行解密。

【程序】

```c
#include <stdio.h>
int main(void)
{
    char a = 'G', key = '*', b, c;
    b = a ^ key;                    //a 使用 key 加密得到 b
    printf(" % c % c-> % c\n", a,key,b);
    c = b ^ key;                    //加密后的 b 使用 key 解密得到 c
    printf(" % c % c-> % c\n", b,key,c);
    return 0;
}
```

【运行示例】

```
G *-> m
m *-> G
```

【程序说明】

    0100 0111（'G'的 ASCII 码）   0110 1101（'m'的 ASCII 码）
  ^ 0010 1010（'*'的 ASCII 码）   ^ 0010 1010（'*'的 ASCII 码）
  ─────────────────────────   ─────────────────────────
    0110 1101（'m'的 ASCII 码）   0100 0111（'G'的 ASCII 码）

字符'G'和密钥 key 位异或一次后得到字符'm',字符加密一次;要将其解密,只要将加密后的字符 'm'再与密钥 key 位异或一次,就可以得到原字符'G'。

（3）使用位异或运算可以交换两个整数或两个字符的值。

【例 3-15】 交换变量 a 和 b 的值。

【程序】

```
#include <stdio.h>
int main(void)
{
    short int a = -123, b = 456;
    printf("before:a = % hd, b = % hd \n", a,b);
    a^= b; b^= a; a^= b;          //通过 3 次位异或运算交换 a 和 b
    printf("after:a = % hd, b = % hd \n", a,b);
    return 0;
}
```

【运行示例】

```
before:a = -123, b = 456
after:a = 456, b = -123
```

【程序说明】

变量 a 原值-123 的二进制补码为 1111 1111 1000 0101,变量 b 原值 456 的二进制补码为 0000 0001 1100 1000,经过第 2 次位异或 b^= a 后,b 的值变为 1111 1111 1000 0101(-123),而最后一次位异或 a^= b 后,a 的值变为 0000 0001 1100 1000(456),两个变量值交换了。

    1111 1111 1000 0101（a）   0000 0001 1100 1000（b）
  ^ 0000 0001 1100 1000（b）   ^ 1111 1110 0100 1101（a）
  ─────────────────────────   ─────────────────────────
    1111 1110 0100 1101（a）   1111 1111 1000 0101（b）
        （1）a^= b   （2）b^= a

    1111 1110 0100 1101（a）
  ^ 1111 1111 1000 0101（b）
  ─────────────────────────
    0000 0001 1100 1000（a）
        （3）a^= b

3.6.2 移位运算符

移位运算符有两种:向左移<<或向右移>>。移位运算符还可以和赋值运算符结合,组成移位赋值运算符:<<=、>>=。

1. 左移:<<

左移<<的一般使用形式是:a<<b,表示将a的二进制位向左移动b位,a移出左末端位的值丢失,右端空出的位用0填充。其中a必须是整型或字符型数据,b必须是非负整数,且b不能超过系统机器字所能表示的二进制位数。注意,a<<b移位后产生一个新的值,但并不改变a的值,如需改变a的值,可以使用a=a<<b,使a赋值得到移位后的新值。上述表达式也可以使用左移赋值运算符写成:a <<= b。比如以下程序段:

```
short int a = 1;        //1 的二进制补码:0000 0000 0000 0001
short int b = - 32767;  //- 32767 的二进制补码:1000 0000 0000 0001
short int c;
c = a<<2;               //a 左移后得 4(0000 0000 0000 0100)赋值给 c,a 值还是 1
b <<= 2;                //b 左移后得 4(0000 0000 0000 0100),b 值改为 4
```

上述程序段中b原是负数,最高位符号位1,左移后,1移出丢失。

2. 右移:>>

右移>>的一般使用形式是:a>>b,表示将a的二进制位向右移动b位。其中a必须是整型或字符型数据,b必须是非负整数,且b不能超过系统机器字所能表示的二进制位数。a移出右末端位的值丢失。对于无符号数,左端空出的位用0填充;对于有符号数,其结果取决于系统,通常左端空出的位用符号位(左端最高位,正数0,负数1)填充。

同样,a右移动后,不改变a的值。如需改变a的值,可以使用a=a>>b,也可以使用右移赋值运算符写成:a >>= b。

以下程序段:

```
short int a = 14;       //14 的二进制补码:0000 0000 0000 1110
short int b = - 32767;  //- 32767 的二进制补码:1000 0000 0000 0001
unsigned short int u = 65535;   //65535 的二进制补码:1111 1111 1111 1111
short int c;
c = a>>2;               //a 右移后得 3(0000 0000 0000 0011)赋值给 c,a 值还是 14
b >>= 2;                //b 右移后得 - 8192(1110 0000 0000 0000),b 值改为 - 8192
u >>= 2;                //u 右移后得 16383(0011 1111 1111 1111),u 值改为 16383
```

上述程序段中b原是负数,最高位符号位为1。右移后,右端的1移出丢失,左端补的是最高位符号位的1,在有些系统上,也可能补0:0010 0000 0000 0000。而u是无符号数,右移后,左端补0。

在数据可表示范围内,a<<b相当于a乘以2的b次幂,a>>b相当于a除以2的b次幂。

3.7　混合运算和类型转换

混合运算和
强制类型转换

3.7.1　混合运算

本章学习了 C 语言的大多数运算符，一个表达式中有使用多个运算符的情况，也就是混合运算。比如，考虑以下表达式怎么计算：

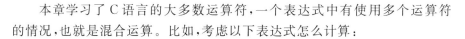

```
x = a + b * c / d;
```

首先要考虑的是运算符的优先级，若同一个操作数对应多个运算符，优先级高的先计算，优先级低的后计算；比如，操作数 b 涉及运算的 + 和 * ，* 的优先级高于 + ，所以 b 先执行后面的乘法，再执行前面的 + 。如果优先级相同，则考虑运算符的结合方向，比如操作数 c 涉及运算符 * 和/，两者优先级相同，是左结合性的，所以 c 先执行左侧的 b * c，然后执行右侧的/ d。本章学习的 C 语言运算符的优先级和结合性见表 3-12，还有部分运算符将在后续相关章节中学习。

表 3-12　部分运算符的优先级和结合性

优先级	运算符	名　称	结合性	用　法
1	( )	圆括号	自左向右（左结合性）	(a + b) * c
2	++	自增	自右向左（右结合性）	++ a，a ++
	−−	自减		−− a，a −−
	+	正号		+ a
	−	负号		− a
	!	逻辑非		! a
	~	按位取反		~ a
3	*	乘法	自左向右（左结合性）	a * b
	/	除法		a/b
	%	取余		a % b
4	+	加法	自左向右（左结合性）	a + b
	−	减法		a − b
5	<<	位左移	自左向右（左结合性）	a<<b
	>>	位右移		a>>b

续表

优先级	运算符	名 称	结合性	用 法
6	>	大于	自左向右(左结合性)	a > b
	<	小于		a < b
	> =	大于等于		a > = b
	<=	小于等于		a <= b
7	==	相等	自左向右(左结合性)	a == b
	!=	不相等		a !=b
8	&	按位与	自左向右(左结合性)	a&b
9	^	按位异或	自左向右(左结合性)	a^b
10	|	按位或	自左向右(左结合性)	a|b
11	&&	逻辑与	自左向右(左结合性)	a&&b
12	||	逻辑或	自左向右(左结合性)	a||b
13	? :	条件	自右向左(右结合性)	a > b? a : b
14	= 、+= 、-= 、*= 、/ = 、%= 、<<= 、>>= 、& = 、^= 、|=	赋值	自右向左(右结合性)	a = b + 5 a *= b + 5
15	,	逗号	自左向右(左结合性)	a = 3 , b = 4 ,c = a * b

【例 3-16】 计算 a 和 sum 的值,并输出。

【程序】

```c
# include <stdio.h>
int main(void)
{
    int a = 10,sum;
    sum = a += - (5 + 7) * 8 + 4 / 2;        //混合运算
    printf("a = % d, sum = % d\n", a,sum);
    return 0;
}
```

【运行示例】

```
a = - 84, sum = - 84
```

【程序说明】

首先,圆括号( )优先级最高,所以先执行(5 + 7),得到:sum = a += - 12 * 8 + 4/2。其次,= 和 += 在这个表达式中优先级最低,所以先执行右侧的- 12 * 8 + 4/2;而-在这里是单目运算负号,优先级比 * 、/高,所以等价于(- 12) * 8 + 4/2。而 * 、/优先级比 + 高,所以 +=

右侧表达式的值就是 - 96 + 2,即 - 94。

然后执行 sum = a += - 94, = 和 += 优先级相同,根据右结合性,先执行 a += - 94,将 a 原来的值 10 带入,即 a = 10 + (- 94),a 的值为 - 84,并且表达式 a = - 84 的值也是 - 84。

最后执行 sum = - 84,则 sum 的值也是 - 84。

3.7.2 类型转换

C 语言表达式中允许混合使用基本数据类型,可以同时有整型、实型或字符型,编译系统在执行时需要对不同的类型进行转换。类型转换包括两种:自动类型转换(隐式转换)和强制类型转换(显式转换)。

1. 自动类型转换(隐式转换)

自动类型转换由 C 语言编译系统自动完成,这种类型转换不需要在程序中特别指明,编译系统会根据规定自动执行,比如本章 3.2.2 介绍的算术表达式中的类型转换。

另外,在介绍赋值运算符时也提到了类型转换:当 = 两侧类型不一样,执行时会自动将右侧表达式值的类型转换为左侧变量的类型进行赋值,比如:

```
int ch = 'a'; // = 左侧 int 型,右侧字符型,则字符型 'a' 转换成 int 型的 97 赋值给变量 ch
double d = 66; // = 左侧 double 型,右侧 int 型 66,则 66 转换成 66.0 赋值给变量 d
int a = 45.67; // = 左侧 int 型,右侧 double 型 45.67,则 45.67 转换成 45 赋值给变量 a
```

这里要注意:

(1) = 右侧表达式的值自动转换成左侧变量的类型,但右侧原变量的类型是不变的。比如 int a = 1; double d = a;赋值时 a 值 1 转换成 1.0 赋值给变量 d,但是 a 的类型并没有改变,还是 int 型。

(2)根据赋值运算的转换规则,如果 = 右侧数据类型级别比左侧变量的数据类型级别高,则赋值运算后精度会降低。比如上述的 int a = 45.67,右侧是双精度实型,赋值运算后右侧是整型。

(3)如有实数赋值给整型时,右侧的实数直接截取整数部分赋值给左侧整型变量,小数部分不考虑四舍五入。比如上述的 int a = 45.67,右侧直接截取 45 赋值给 a。

2. 强制类型转换

C 语言还提供了强制类型转换,可以在程序中使用强制类型转换表达式更灵活地控制类型转换,其使用格式为:

(类型名)表达式

( )中的类型名为右侧表达式值需要转换后的类型。比如:

```
double a, x, y;
(int)a;        //将 a 的值转换成 int 型
(int)(x + y);     //将表达式 x + y 的结果转换成 int 型
(int)x + y;      //将 x 的值转换成 int 型,然后与 y 相加
(double)(3/2)   //表达式 3 / 2 的结果为 int 型 1,将 1 转换成 double 型 1.0。
```

注意:强制类型转换,是将转换表达式的值转换成指定的类型,原来定义的变量类型不变。比如上述程序段中 a、x、y 变量的类型 double 不会改变。

【例 3-17】 利用强制类型转换写表达式。

(1)假设定义 double x，y;，求正实数 x 的整数部分与正实数 y 的小数部分之和;

(2)假设定义 double d;，求实数 d 保留 3 位小数的结果(不要求四舍五入)。

【解答】

(1)x(x > 0)的整数部分,可以用(int)x 进行强制类型转换得到,而 y(y > 0)的小数部分,可以用 y 减去 y 的整数部分(int)y 得到。所以表达式为:(int)x + (y - (int)y)。

(2)用强制类型转换(int)d 可以去掉小数点后面所有的数字,但是题目要求 d 保留 3 位小数(不四舍五入),也就是要去除小数点后面第 4 位开始的数字。可以先把小数点往右移 3 位(乘以 1000),然后用(int)强制类型转换去掉小数点后面的数字,最后再把小数点往左移 3 位(除以 1000.0)。所以表达式为:(int)(d * 1000) / 1000.0

注意,最后小数点左移 3 位,应除以 1000.0,因为强制类型转换后,/左侧是整型,如果除以 1000 结果就是整数,那就没法保留三位小数了。

3.8 常用库函数

C 语言提供了很多库函数供程序调用,只需要用编译预处理命令 ♯include,把库函数对应的头文件包含到程序中即可。比如前面所介绍的格式化输入输出库函数 scanf 函数和 printf 函数,只要在程序的开头加一条 ♯include <stdio.h>命令就可以使用了。本节介绍几类常用的库函数。

常用库函数

3.8.1 常用数学库函数

数学库函数对应的头文件是:math.h,程序如需调用数学相关的库函数,则需在程序中加上 ♯include <math.h>。

常用的数学库函数有:

1. 平方根函数 sqrt

函数原型:double sqrt(double x)

功能:计算$\sqrt{x}$。

例:sqrt(0.25)的返回值为 0.5。

2. 绝对值函数 fabs

函数原型:double fabs(double x)

功能:计算$|x|$。

例:fabs(-1.76)的返回值为 1.76。

3. 幂函数 pow

函数原型:double pow(double x，double y)

功能:计算 x^y。

例:pow(1.2,3)的返回值为 1.2^3,即 1.728。

4. e 的指数函数 exp

函数原型:double exp(double x)

功能:计算 e^x。e 为自然常数,约为 2.718281……

例:exp(2.3)的返回值为 $e^{2.3}$,即 9.974182。

5. 取余函数 fmod

函数原型:double fmod(double x, double y)

功能:计算 x 除以 y 的余数。取余运算符 % 不允许使用实数,可以用 fmod 函数实现。

例:fmod(5.6, 2.5)的返回值为 0.6。

6. 正弦函数 sin

函数原型:double sin(double x)

功能:计算弧度 x 的正弦值。

例:sin(45 * 3.14159/180)的返回值为 45°的正弦值,约为 0.707。

【例 3-18】 从键盘输入一个数 x,计算 x 的平方根并输出,若 $x<0$,则求 $-x$ 的平方根。

【程序】

```
#include <stdio.h>
#include <math.h>              //包含数学库函数头文件 math.h
int main(void)
{
    double x, y;
    printf("Input x:");
    scanf("%lf", &x);
    x = fabs(x);               //求 x 的绝对值
    y = sqrt(x);               //x≥0,然后求√x
    printf("The square root of x:%.4f\n",y);
    return 0;
}
```

【运行示例】

```
Input x:5↙
The square root of x:2.2361
```

【程序说明】

非负数才有平方根值,所以 x 输入后,先使用绝对值函数 fabs(x),其返回值是非负数赋值给 x;然后再调用平方根函数 sqrt(x)求 x 的平方根值。要用到的函数 fabs、sqrt 都是数学库函数,所以在程序中添加编译预处理命令 #include <math.h>。

3.8.2　常用字符库函数

C 语言提供了测试字符或进行字符大小写转换的库函数,对应的头文件是:ctype.h。注意,ctype.h 中定义的函数参数类型都使用 int 型,实际调用函数时如使用 char 类型,编译系统会自动将 char 类型转换成 int 类型。

1. 测试英文字母函数 isalpha

函数原型:int isalpha(int c)

功能:测试 c 是否是英文字母字符。若 c 是字母,返回非 0,否则返回 0。

例:isalpha('1');返回值是 0,isalpha('x');返回值为非 0 。

2. 测试字母或数字字符函数 isalnum

函数原型:int isalnum(int c)

功能:测试 c 是否是英文字母或数字字符。若 c 是字母或数字,返回非 0,否则返回 0。

例:isalnum('#');返回值为 0,isalnum('4');返回值为非 0,isalnum('A');返回值为非 0。

3. 测试数字字符函数 isdigit

函数原型:int isdigit(int c)

功能:测试 c 是否是数字字符。若 c 是数字字符,返回非 0,否则返回 0。

例:isdigit('7');返回值为非 0,isdigit('\007');返回值为 0 。

4. 测试大写字母函数 isupper

函数原型:int isupper(int c)

功能:测试 c 是否是大写英文字母字符。若 c 是大写字母,返回非 0,否则返回 0。

例:isupper('a');返回值为 0,isupper('A');返回值为非 0 。

5. 测试小写字母函数 islower

函数原型:int islower(int c)

功能:测试 c 是否是小写英文字母字符。若 c 是小写字母,返回非 0,否则返回 0。

例:islower('A');返回值为 0,islower('a');返回值为非 0 。

6. 大写字母转换为小写字母函数 tolower

函数原型:int tolower(int c)

功能:若 c 是大写字母,返回对应的小写字母,否则返回原始字符 c。

例:tolower('A');返回值为字符 a,tolower('#');返回值为字符 # 。

7. 小写字母转换为大写字母函数 toupper

函数原型:int toupper (int c)

返回值:若 c 是小写字母,返回对应的大写字母,否则返回原始字符 c。

例:toupper('a');返回值为字符 A,toupper ('A');返回值为字符 A。

3.8.3 其他常用库函数

再介绍几个其他的库函数 rand、srand、exit，它们对应的头文件是：stdlib.h。

1. 随机数发生器函数 rand

函数原型：int rand(void)

功能：产生一个 0～32767 范围内的伪随机整数。

rand 函数返回的数事实上并不是真正随机的。C 语言预先设置了一组随机数，这些数由不同的"种子"seed 产生，每次调用 rand 函数时，根据 seed 值确定一个特定的伪随机数。因此同一个 seed 使用 rand()重复执行产生的随机数都是相同的，可以通过 srand 函数来改变 seed 的值。如果在调用 rand 函数前未调用 srand 函数，那么会把 seed 设定为 1。

2. 随机数发生器初始化函数 srand

函数原型：void srand(unsigned int seed)

功能：以给定的种子值 seed 初始化随机数发生器。

例：srand(10)；a = rand()；以 seed 值 10 初始化随机数发生器，再产生一个随机数赋值给变量 a。注意：若 seed 值不变，则每次执行 rand()返回的随机数不变，比如这里 10 是常量，所以每次执行产生的随机数是不变的。

若用户希望程序每次执行产生不同的随机数，那需要让 seed 每次取不同的值。一般的方式是调用 time 函数，time 函数的返回值是一个当前系统日期和时间对应的秒数。以这个值作为 srand 函数的 seed，可以使 rand 函数每次产生的随机数都不同。其中 time 函数为库函数，对应头文件为 time.h。

【例 3-19】 不同的 seed 初始化随机数发生器后，产生三个随机数 x、y、z。

【程序】

```
#include <stdio.h>
#include <stdlib.h>        //包含 rand、srand 函数所在的头文件 stdlib.h
#include <time.h>          //包含 time 函数所在的头文件 time.h
int main(void)
{
    int x, y, z;
    x = rand();        //未初始化随机数发生器,rand 函数产生的随机数赋值给 x
    srand(100);        //以常量 100 作为 srand 函数的 seed 初始化随机数发生器
    y = rand();        //rand 函数产生的随机数赋值给 y
    srand(time(NULL)); //以 time 函数的返回值作为 seed 初始化随机数发生器
    z = rand();        //rand 函数产生的随机数赋值给 z
    printf("x:%d\n", x);  //输出 x
    printf("y:%d\n", y);  //输出 y
    printf("z:%d\n", z);  //输出 z
    return 0;
}
```

【运行示例 1】

```
x:41
y:365
z:16650
```

【运行示例 2】

```
x:41
y:365
z:16692
```

【程序说明】

程序执行时,第一个 rand 函数产生随机数 x 之前未调用 srand 函数,故采用默认 seed 值,所以每次程序执行产生的 x 值不变。第二个 rand 函数产生随机数 y 之前用常量 100 作为 seed 初始化随机数发生器,由于 100 值不变,所以每次程序执行产生的 y 值也不变,但和 x 的值不同。而由于每次程序执行,time 函数读取的系统时间都不同,所以该时间作为 seed,每次 rand 产生的随机数 z 的值就不同。注意,若程序多次调用 rand 函数产生多个随机数,srand 函数初始化一次就可以了。

3. 终止程序运行函数 exit

函数原型:void exit(int status)

功能:使程序立即正常地终止,并把 status 的值作为状态码返回给操作系统。

例如:exit(0);立即终止程序的执行,并将 0 传给操作系统。通常等价于 main 函数中的 return 0;语句。

3.9 程序示例

【例 3-20】 带余除法。输入两个整数,表示被除数 x 和除数 $y(y \neq 0)$,求整数商及余数。

【程序】

```c
# include <stdio.h>
int main(void)
{
    int x, y;
    printf("Please input x and y:");
    scanf("%d%d", &x, &y);              //输入被除数 x,除数 y
    printf("quotient = %d, remainder = %d\n", x/y, x%y);
                                        //输出:商 x/y,余数 x%y

    return 0;
}
```

【运行示例 1】

Please input x and y:99 5 ↙

quotient = 19, remainder = 4

【运行示例 2】

Please input x and y:－88 6 ↙

quotient = －14, remainder = －4

【程序说明】

要求整数商,可运用运算符/的整除特性,余数可运用运算符 % 直接求得。从运行示例可以看出整数商和余数满足:被除数 = 除数 * 整数商 + 余数。

思考:余数计算 x % y 能否运用表达式 x－x/y * y 求得。

【例 3-21】 输入一个三角形的底和该底上的高,计算并输出三角形的面积(结果保留 2 位小数)。

【问题分析】

三角形面积的数学公式: $S = \frac{1}{2}ah$,其中 a 为底,h 为底 a 上的高。

【程序】

```c
#include <stdio.h>
int main(void)
{
    double a, h, s;
    printf("Please input a and h:");
    scanf("%lf%lf", &a, &h);           //输入三角形的底和高
    s = 1.0 / 2 * a * h;               //计算面积,实数除法
    printf("The area is:%.2f\n", s);   //输出面积
    return 0;
}
```

【运行示例】

Please input a and h:5.85 3.65 ↙

The area is:10.68

【程序说明】

要注意数学公式中的 1/2。如果代码中直接使用 1/2,那么整除结果是 0,这样输入任何 a 和 h 的值,输出结果都是 0.00,所以这里需使用实数除法。计算面积表达式也可写成:s = a * h/2,因为 a 和 h 是实数,* 、/运算符优先级相同,根据左结合性先计算 a * h,结果是实数,再计算/2,结果仍为实数。

【例 3-22】 输入一个正整数 num(100 ≤ num ≤ 999)，按位逆序后输出新的整数，如数据前面的高位是 0，不需要输出 0。比如输入 150，按位逆序后 051，输出 51。

【程序】

```
# include <stdio.h>
int main(void)
{
    int num, one, ten, hundred;
    printf("Please input a num:");
    scanf(" % d", &num);                //输入一个整数(三位正整数)
    one = num % 10;                     //求个位
    ten = num / 10 % 10;               //求十位
    hundred = num / 100;               //求百位
    printf("The reverse num is:% d\n",one * 100 + ten * 10 + hundred);
                                        //新的整数
    return 0;
}
```

【运行示例 1】

```
Please input a num:456 ↙
The reverse num is:654
```

【运行示例 2】

```
Please input a num:600 ↙
The reverse num is:6
```

【程序说明】

一个正整数的个位可以用 % 10 取得，其他位也可以先将这一位右移至个位，然后再取个位上的数。比如这里的十位，先整除 10，将十位上的数移至个位，然后 % 10。另外，十位也可以运用表达式：ten = num % 100 / 10 取得。三位正整数的百位直接用整除 100 就可以取得。

【例 3-23】 苹果和虫子。阿福买了一箱苹果，里面有 n 个苹果，很不幸的是箱子里混进了一条虫子，虫子每 x 小时能吃掉一个苹果。幸运的是这条虫子很有原则，它在吃完一个苹果之前不会吃另一个，那么经过 y 小时阿福还有多少个完整的苹果？假设阿福发现虫子前，苹果还没有全部吃完，即 $y \leq n * x$。

【程序】

```
# include <stdio.h>
int main(void)
{
    int n, x, y;
```

```
    int count;
    printf("Please input n, x and y:");
    scanf("%d%d%d", &n, &x, &y);
    count = n - y * 1.0 / x;             //计算剩下的完整苹果个数
    printf("The rest of apples:%d\n", count);
    return 0;
}
```

【运行示例】

```
Please input n, x and y:10 4 9↙
The rest of apples:7
```

【程序说明】

要求剩下的完整苹果个数,可以先求剩下苹果数(实数,包括不完整的),然后通过赋值给整型变量 count,直接截取整数部分,则 count 就是剩下的完整苹果个数。而虫子吃的苹果数(实数,包括不完整的),运用表达式:y * 1.0 / x 计算得出,然后总数 n 减去该实数,即剩下的苹果数(实数,包括不完整的)。由于 y 和 x 都是整型,所以除法运算要求实数商时,一侧需转换成实型,上述代码中用 y * 1.0 使得/左侧是实型,也可以用强制类型转换(double)y。

比如上述示例中,虫子吃掉了 9.0/4,共 2.25 个苹果,则剩下 10 - 2.25,即 7.75 个苹果,取整,剩下 7 个完整的苹果。

【例 3-24】 妈妈给阿福和妹妹各一把糖果,他俩都觉得对方的数量比较多,那不如就交换一下吧。

【问题分析】

这个问题是交换两个值。假设两个变量 a 和 b,语句 a = b; b = a;并不能交换两个变量的值,因为当执行 a = b 时,原变量 a 的值已经改变了。所以在 a = b 之前需先将原 a 的值备份。

【程序】

```
#include <stdio.h>
int main(void)
{
    int a, b, tmp;              //定义第三个变量tmp,用作a,b交换的中介
    printf("Please input two numbers:");
    scanf("%d%d", &a,&b);
    /* 以下三条语句,利用变量tmp交换两个变量a和b */
    tmp = a;
    a = b;
    b = tmp;
    printf("After change:%d %d\n", a,b);
    return 0;
}
```

【运行示例】

```
Please input two numbers:5 9 ↙
After change:9 5
```

【程序说明】

上述程序定义了第三个变量 tmp,用于交换两个变量的值。另外,也可以利用两个变量的和来交换两个变量,比如上述程序也可以改为:

【程序】

```
#include <stdio.h>
int main(void)
{
    int a, b;
    printf("Please input two numbers:");
    scanf("%d%d", &a,&b);
    /*利用两个变量的和,交换两个变量a和b*/
    a = a + b;                //变量a中存储原来两数的和
    b = a - b;                //和-b,得到原来的a值,存至变量b
    a = a - b;                //和-原a的值,得到原来的b值,存至变量a
    printf("After change:%d %d\n", a,b);
    return 0;
}
```

【程序说明】

注意观察交换 a 和 b 的三条语句,每一条语句执行后,变量 a 和变量 b 当前的值是什么?

【例 3-25】 分析以下程序的运行结果。

【程序】

```
#include <stdio.h>
int main(void)
{
    int  x, y, z, m;
    x = y = z = 0;
    m = ++x && ++y || ++z;
    printf("m = %d, x = %d, y = %d, z = %d", m, x, y, z);
    return 0;
}
```

【运行示例】

```
m = 1, x = 1, y = 1, z = 0
```

【程序说明】

x、y、z 三个变量的初值是 0,在表达式 m = ++ x && ++ y || ++ z 中,虽然 ++ z 的自增运算符的优先级要高于逻辑运算符 && 和||,但由于" ++ x"为 1," ++ y"为 1," ++ x && ++ y"的值为 1,则" ++ x && ++ y || ++ z"不需要计算" ++ z"就可以确定是 1,所以表达式中" ++ z"被忽略,未执行。

思考:如将上述语句中变量赋值改为:x = y = z = −1 ;,则输出结果是什么?

【例 3-26】　后天是星期几。如果用数字 1 到 7 对应星期一到星期日。现在输入今天是星期几,要求输出后天是星期几。比如:今天是星期一(1),后天就是星期三(3);如果今天是日(7),后天就是星期二(2)。

【问题分析】

后天就是在今天的基础上加 2 天。有些星期几加上 2 后,数值会超出 7,此时需要减去一个周期 7 天再从 1 开始。

【程序】

```
# include <stdio. h>
int main(void)
{
    int today,after;
    printf("Please input today is:");
    scanf(" % d", &today);                //输入今天是星期几
    after = today + 2;                    //后天
    after = after > 7 ? (after − 7): after;   //计算后天是星期几
    printf("The day after tomorrow is:% d\n", after);
    return 0;
}
```

【运行示例 1】

Please input today is:2 ↙
The day after tomorrow is:4

【运行示例 2】

Please input today is:7 ↙
The day after tomorrow is:2

【程序说明】

运用条件运算符,判断 after 是否超过 7,如果是,则减去一个周期 7 天;否则不变。

【例 3-27】　求整数 $A + B$ 的和。已知 A、B 都是 32 位 int 范围内的整数,求两数之和,并输出。

【问题分析】

该问题在第 2 章分析过:A + B 的和可能会超出 int 的范围,比如 2147483647 + 1,结果

超出 32 位 int 范围。所以和 sum 不能定义成 int 类型。在第 2 章中将 A、B 和 sum 都定义成 double 类型,但其实 A、B 定义成 int 类型是合适的,只需将 sum 定义成存储范围更大的数据类型。

【程序】

```
# include <stdio.h>
int main(void)
{
    int a, b;                          //定义整型变量a和b存两个加数
    double sum;                        //定义实型变量sum存和
    printf("Please input A and B:");
    scanf("%d%d", &a,&b);              //输入两个加数
    sum = ( double )a + b;             //求和
    printf("sum = %.0f\n", sum);       //输出和
    return 0;
}
```

【运行示例】

```
Please input A and B:2147483647 1↙
sum = 2147483648
```

【程序说明】

由算术运算的类型转换规则,int + int 结果还是 int,如果仅将 sum 定义为 double 类型,而计算 sum 时用表达式"sum = a + b",那么当 a + b 的结果超出 int 范围时,在赋值给 sum 之前就已发生溢出错误。所以在 a + b 之前先将 a 强制类型转换(double)a + b,这样就是 double + int,根据算术运算类型转换规则"低级别类型 int 向高级别类型 double 转换",则和就是 double 类型了。注意不要写成:sum = (double)(a + b)。

【例 3-28】 两点之间的距离。输入两点的坐标$(x1, y1)$、$(x2, y2)$,计算并输出两点间的距离(结果保留 3 位小数)。

【问题分析】

计算两点之间距离 d 的数学公式:$d = \sqrt{(x1-x2)^2 + (y1-y2)^2}$

【程序】

```
# include <stdio.h>
# include <math.h>                     //包含数学库函数
int main(void)
{
    double x1, x2, y1, y2, d;
    printf("Please input (x1, y1)(x2, y2):");
    scanf("(%lf,%lf)(%lf,%lf)", &x1, &y1, &x2, &y2);
```

```
                              //按格式(x1，y1)(x2，y2)输入坐标
    d = sqrt(pow(x1 - x2, 2) + pow(y1 - y2, 2));        //按距离公式计算
    printf("The distance is:%.3lf\n",d);
    return 0;
}
```

【运行示例】

```
Please input (x1, y1)(x2, y2):(1,2)(3,4)↙
The distance is:2.828
```

【程序说明】

C 语言没有平方和开根号运算符，可以调用数学函数 pow 和 sqrt 实现。所以预编译先包含数学库函数相应的头文件<math.h>。

【例 3-29】 检查输入的字符是否是数字字符。

【程序】

```
# include <stdio.h>
# include <ctype.h>                       //包含字符库函数
int main(void)
{
    char ch;
    printf("Please input:");
    scanf("%c", &ch);                      //输入一个字符
    printf("The %c ", ch);                 //输出结论前半句
    isdigit(ch) ? printf("is"):printf("isn't"); //输出是(is)或不是(isn't)
    printf(" a digit.\n");                 //输出结论后半句
    return 0;
}
```

【运行示例 1】

```
Please input:6↙
The 6 is a digit.
```

【运行示例 2】

```
Please input:x↙
The x isn't a digit.
```

【程序说明】

运用函数 isdigit 判断字符是否是数字字符，若是数字字符，函数返回值为非 0(真)，否则返回值为 0(假)。运用条件运算符输出 is 或 isn't。

【例 3-30】 桃园三结义。刘备遇见张飞和关羽，意气相投，言行相依，于是在桃园举酒结义，结为异姓兄弟。三人自报年龄，年长为兄、年幼为弟。现输入三人年龄，再按从大到小输出年龄。

【程序】

```
# include <stdio.h>
int main(void)
{
    int a, b, c, min, mid, max;
    printf("Please input 3 ages:");
    scanf("%d%d%d", &a, &b, &c);
    max = a > b ? a:b;                //求a和b中的较大值
    max = max > c ? max:c;            //求a、b、c中的最大值
    min = a < b ? a:b;               //求a和b中的较小值
    min = min < c ? min:c;           //求a、b、c中的最小值
    mid = a + b + c - max - min;      //求中间值
    printf("The order:%d %d %d\n", max, mid, min);
    return 0;
}
```

【运行示例】

```
Please input 3 ages:23 28 26↙
The order:28 26 23
```

【程序说明】

三个数要按从大到小排序输出，需要求出最大值、中间值和最小值。将前两个数相比求出较大值，该较大值与第三个数比较可以求得最大值 max；同理可以求得最小值 min。三个数之和减去最大值和最小值，可以得到中间值 mid。

---- 习题3 ---

一、判断题

1. Float 是合法的变量名。　　　　　　　　　　　　　　　　(　　)
2. 运算符 % 不能用于实型数据的运算。　　　　　　　　　　(　　)
3. 对整型常量可进行自加或自减运算，而对变量或表达式不可以。

(　　)

判断题

4. printf("%f", 4 / 3);输出结果是 1.333333。　　　　　　　　(　　)
5. 在进行逻辑运算时，非 0 值表示"真"。　　　　　　　　　　(　　)
6. 赋值运算时，= 左侧变量的类型被自动转换为 = 右边的表达式值的类型。(　　)
7. x *= y + 8 等价于 x = x * (y + 8)。　　　　　　　　　　　(　　)
8. 假设有定义 double x = 5;，则表达式 x % 2 的结果是 1。　(　　)

9.C 语言的表达式中可使用运算符( )和[ ]改变运算次序。 (   )

10.假设有定义 int x;,则当执行(double)x 后,变量 x 的数据类型变为 double。(   )

二、单选题

1.下面合法的表达式是(   )。

A. 6 ++   B. 9<8<7

C. 10.0 % 4   D. x + y = 5

2.已有定义:int a = 3.6;double d = 5;,则表达式 a/2 + d 的值为(   )。

A. 6   B. 6.0   C. 6.8   D. 7.8

3.下面选项中不能正确定义 int 类型变量 a、b、c,并赋值为 2 的是(   )。

A. int a,b,c; a = b = c = 2;   B. int a = b = c = 2;

C. int a,b,c; a = 2,b = 2,c = 2;   D. int a,b,c; a = 2;b = 2;c = 2;

4.已有定义:int x = 10;,则表达式 0 < x < 5 的值为(   )。

A. 真   B. 假   C. 1   D. 0

5.已有定义:char c;,则判断 c 为字母字符的正确表达式为(   )。

A. A <= c <= Z && a <= c <= z

B. A <= c <= Z || a <= c <= z

C. 'A' <= c <='Z' || 'a' <= c <='z'

D. 'A' <= c && c <='Z' || 'a' <= c && c <='z'

6.已有定义 int a, b;,则以下表达式能表示"a,b 同时大于等于 10"的是(   )。

A. a >= 10, b >= 10   B. a => 10 && b => 10

C. (a, b) >= 10   D. 10 <= a && 10 <= b

7.已有定义:int x = 6;则表达式 x *= x += x -= x * 2 的值为(   )。

A. 0   B. - 72   C. 36   D. 144

8.已有定义:int x = 5, y = 6, z;,则执行语句 z = (x % 2 == 0) ? x : y;后,z 的值为(   )。

A. 1   B. 2   C. 5   D. 6

9.已有定义:int x = 3, y;,则执行语句 y = (x = x * 9, x / 5);后,x 和 y 的值为(   )。

A. 3 0.6   B. 27 0   C. 27 5   D. 27 5.4

10.已有定义:int a,b,c; a = 3, b = 4, c = 5;,则下面表达式的值为 0 的是(   )。

A. 'a' && 'b'   B. a <= b

C. a || b + c && b - c   D. ! ((a<b) && ! c || 1)

三、程序填空题

1.程序功能:输入一个整数数字 0 ~ 9,要求转换成相应的数字字符 '0' ~ '9' 输出。

```
# include <stdio.h>
int main(void)
{
```

```
        short int num;
        char ch_code;
        scanf("%hd", &num);
        ch_code = ___①___ ;
        printf("%c",ch_code);
        return 0;
}
```

2. 程序功能:有时用一个 6 位正整数代表时间 hhmmss,要求转换成 hh:mm:ss 输出。

```
# include <stdio.h>
int main(void)
{
        int time;
        int h, m, s;
        scanf("%d", &time);
        s = time % 100;
        m = ___①___ ;
        h = ___②___ ;
        printf("%02d:%02d:%02d", h, m, s);
        return 0;
}
```

3. 程序功能:已知三角形三条边 a、b、c,求三角形面积 s。

三角形面积公式:$s=\sqrt{h(h-a)(h-b)(h-c)}$,其中:$h=\dfrac{a+b+c}{2}$。

```
# include <stdio.h>
# include <math.h>
int main(void)
{
        double a,b,c;
        double h, s;
        scanf("___①___", &a, &b, &c);
        h = (a + b + c)/2;
        s = ___②___ ;
        printf("%.2f\n", s);
        return 0;
}
```

四、程序设计题

程序设计题

1.编写程序,已知一个球的半径 r,计算球的体积 v。

2.编写程序,求一个实数的绝对值。

3.编写程序,输入一个角度 a,求该角度的正弦值和余弦值。

4.编写程序,商场周年庆,所有商品打 6 折,已知一件商品原价 x 元,求折后的价格。

5.编写程序,输入三个字符,按 ASCII 码值从小到大排序输出。

6.编写程序,一个人太胖或太瘦都不健康,每个人的身高都对应一个健康体重的范围。现输入小明身高对应的健康体重的范围 $[x,y]$(单位:公斤),已知小明体重 w 公斤,判断小明体重是否健康。

7.编写程序,果农一天摘了 x 个苹果,现在要装箱。已知每个纸箱装 y 个苹果,计算至少需要多少个纸箱才能装下所有苹果。

8.编写程序,中国有句成语"三天打鱼两天晒网",小明从 10 月 1 日开始"三天打鱼两天晒网",输入 10 月的某日,判断小明是在打鱼还是晒网。

9.编写程序,有顾客买菜付钱时经常提出抹零的要求,商家为了招揽回头客,同意抹去零头(不足整元部分)。输入一种菜的单价 price 元/千克,和顾客购买的重量 w 千克,计算顾客需要支付的金额,和商家优惠的零头。

10.编写程序,计算列车行驶时间。已知一辆列车从 A 城市开往 B 城市,用一个四位整数表示列车的开车时间和到达时间 hhmm,前 2 位代表时,后两位代表分,比如 1123 代表 11 点23 分。现已知 A 城市开出时刻 a,到达 B 城市时刻 b,计算列车行驶的时间为多少小时多少分?(假设 a、b 均为 24 小时制,且在同一天内)

CHAPTER 4

第 4 章
程序流程控制

本章要点：

◇ if 语句实现分支结构和多分支结构；

◇ switch 语句实现多分支结构；

◇ while 语句、for 语句和 do-while 语句实现循环结构；

◇ continue 语句和 break 语句实现循环结构的转向控制。

4.1 引　例

简单计算用一个表达式语句即可实现，而稍微复杂一点的数据处理通常包含一系列操作，需要多条语句，有的语句依次执行，有的语句需选择执行或重复执行。流程控制就是依据数据处理过程，按照一定的结构组织语句，规定各条语句的执行次序。

C 语言程序的流程控制有顺序结构、分支结构和循环结构等三种基本结构，不管程序功能多强大，逻辑多复杂，都可以用这三种结构来实现处理流程的控制。在系统学习本章内容之前，先通过例 4-1 初步了解一下流程控制的三种结构。

【例 4-1】 阿土家的苹果树上结了 10 个苹果，苹果成熟的时候，阿土就会跑去摘苹果。输入阿土能摘到的苹果的最大高度，以及每个苹果的高度，输出阿土能摘到苹果的数目。

【程序】

```
# include <stdio.h>
int main(void)
{
    int i, a, h, cnt;
    scanf(" % d", &h);                      //输入阿土能摘到苹果的最大高度
    cnt = 0;
    for(i = 0; i < 10; i ++ )               //循环结构
    {
        scanf(" % d", &a);                  //输入每个苹果的高度
        if(a <= h)                          //分支结构
        {
```

```
            cnt ++;
        }
    }
    printf(" % d", cnt);
    return 0;
}
```

【输入示例】

140 ↙

100 200 150 140 129 134 167 198 200 111 ↙

【输出示例】

5

【程序说明】

程序中用 for 语句实现了循环结构,苹果高度输入及处理执行程序段重复执行 10 次;用 if 语句实现分支结构,cnt ++ 是否执行取决于当前 a 和 h 的大小关系。顺序结构最常见,先读入 h 的值,再将 cnt 赋值为 0,而后再执行 for 循环,最后输出 cnt 的值。

4.2 顺序结构与分支结构

4.2.1 顺序结构

顺序结构是程序中经常见到的一种流程控制结构,也是最简单的结构。语句依次排列,就自然形成了顺序结构。语句的先后顺序决定其执行次序,排在前面的语句先执行,排在后面的语句后执行。

顺序结构

顺序结构可以独立使用构成一个简单的完整程序,不过大多数情况下顺序结构都是作为程序的一部分,与其他结构一起构成一个复杂的程序,例如分支结构中的复合语句、循环结构中的循环体等。

【例 4-2】 随机生成一道 20 以内的加法测试题。

【程序】

```
# include <stdio.h>
# include <stdlib.h>
# include <time.h>
int main(void)
{
    int a, b;
    srand(time(NULL));                      //语句①
```

```
    a = rand() % 20;                    //语句②
    b = rand() % 20;                    //语句③
    printf("%d+%d=", a, b);            //语句④
    return 0;
}
```

【运行示例】

18 + 7 =

【程序说明】

本程序中只出现了顺序结构。先产生一个 20 以内的随机整数赋值给 a,再产生一个 20 以内的随机整数赋值给 b,最后输出对应的加法测试题。

为了让程序运行可以产生不同的加法练习题,程序中首先用 srand 函数进行初始化,然后用 rand 函数产生随机整数,对 20 取余之后赋值给 a。然后再产生一个 20 以内的随机整数,赋值给 b。接下来,用 printf 语句输出加法题。

程序的执行正是按照上面的语句顺序一一执行的。语句的次序一般是不能随意改变的,除非两条语句没有任何依赖关系,是完全独立的。比如上述例子中,语句②和③可交换次序,但其他次序不能改变。

4.2.2 if 语句实现的分支结构

根据条件选择执行语句,即是分支结构。if 语句可实现分支结构,一般形式为:

```
if (表达式)
    语句 A
else
    语句 B
```

上述 if 语句包含一个条件和两个分支。作为条件的表达式一般是关系表达式、逻辑表达式。

执行流程如图 4-1(a)所示,根据条件判断结果,选择执行其中一个分支语句。求解表达式的值,如果表达式为真,选择执行语句 A;否则选择执行语句 B。

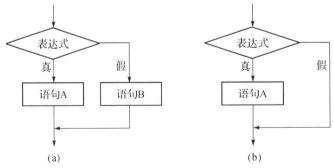

图 4-1 if 语句结构

上述 else 及其语句 B 是可省的,这样的 if 语句形式为:

```
if (表达式) 语句 A
```

这样的 if 语句执行流程如图 4-1(b) 所示,先求解表达式,如果表达式为真,就执行语句 A,否则什么也不做。根据条件,选择做还是不做语句 A。

语句 A 和语句 B 都可以是复合语句,也就是用一对花括号把多条语句组合起来。

【例 4-3】 随机生成一道 20 以内的加法测试题。程序评判测试者输入的计算结果。

if-else 语句实现的分支结构

【程序】

```c
#include <stdio.h>
#include <stdlib.h>
#include <time.h>
int main(void)
{
    int a, b, result;
    srand(time(NULL));
    a = rand() % 20;
    b = rand() % 20;
    printf("%d + %d = ", a, b);
    scanf("%d", &result);
    if(result == a + b)
        printf("正确!\n");
    else
    {
        printf("错了!");
        printf("正确答案是%d", a + b);
    }
    return 0;
}
```

【运行示例 1】

```
4 + 18 = 22↙
正确!
```

【运行示例 2】

```
14 + 15 = 19↙
错了! 正确答案是 29
```

【程序说明】

程序先随机产生一个加法测试题,再由测试者输入计算结果,然后由程序对输入的计算结果进行评判。在计算正确和错误两种情况下,要执行不同的语句。

从语法上看,if语句两个分支都只能是单条语句,实际场合每个分支往往需要多条语句,此时用花括号可以把多条语句变成一个整体,作为if语句的分支语句。在分支包含多条语句的情况下,漏写花括号会带来语法错误或逻辑错误。

一般将一组语句用一对花括号组合起来所构成的语句称为复合语句,复合语句包含多条语句,又可以看作单条语句。

【例 4-4】 随机生成一道 20 以内的减法测试题,要求被减数大于或等于减数。

if 语句实现
的分支结构

【程序】

```
# include <stdio.h>
# include <stdlib.h>
# include <time.h>
int main(void)
{
    int a, b, t, result;
    srand(time(NULL));
    a = rand() % 20;
    b = rand() % 20;
    if(a < b)
    {
        t = a;
        a = b;
        b = t;
    }
    printf(" % d - % d = ", a, b);
    scanf(" % d", &result);
    if(result == a - b)
        printf("正确!\n");
    else
    {
        printf("错了!");
        printf("正确答案是 % d\n", a - b);
    }
    return 0;
}
```

【运行示例1】

```
12 - 7 = 5 √
正确!
```

【运行示例 2】

11 − 8 = 2 ✓
错了！正确答案是 3

【程序说明】

随机生成两个整数，当然有可能 a 小于 b。办法之一是：如果 a 小于 b，就把 a 和 b 的值交换一下。这里的 if 语句不带 else 语句，执行的时候先判断条件是否成立，由此确定后面这三条语句是否执行，只有 a<b 时才执行这 3 条语句，交换 a 和 b 的值。

4.2.3 嵌套 if 语句实现的多分支结构

if 语句所包含的语句 A(或语句 B)也可以是一个 if 语句，也就是说 if 语句内嵌了另一个 if 语句，一般称之为嵌套 if 语句。多分支结构可以采用嵌套 if 语句来实现，即：

```
if (表达式 1) 语句 1
else if (表达式 2)  语句 2
…
else if (表达式 m)  语句 m
else   语句 m + 1
```

其执行流程如图 4-2 所示。先求解表达式 1，若表达式 1 为真，则执行语句 1，否则求解表达式 2，若表达式 2 为真，则执行语句 2……若所有条件都不满足，则执行语句 m + 1。总之，会根据判断，有且仅有一个分支会执行。

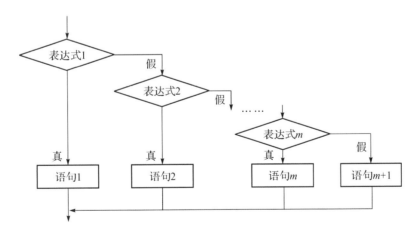

图 4-2 多分支 if 结构

【例 4-5】 随机生成一道 20 以内的加法、减法、乘法或除法测试题。

本例产生的练习题不仅数据是随机的，运算的类型也是随机的。

【程序】

```
#include <stdio.h>
#include <stdlib.h>
```

```
# include <time.h>
int main(void)
{
    int a, b, op;
    srand(time(NULL));
    a = rand() % 20;
    b = rand() % 20;
    op = rand() % 4;
    if(op == 0)
        printf("%d + %d = ", a, b);
    else
        if(op == 1)
            printf("%d - %d = ", a, b);
        else
            if(op == 2)
            {
                if(b !=0)
                    printf("%d / %d = ", a, b);
            }
            else printf("%d * %d = ", a, b);
    return 0;
}
```

【运行示例】

5 + 17 =

【程序说明】

程序首先产生一个 0~3 的随机整数赋值给 op,0、1、2、3 代表加法、减法、除法和乘法。而后用 if 嵌套语句实现四分支结构,分别对四种情况进行判断处理。

嵌套 if 语句
实现的多分
支结构

一个分支若仅包含单条语句,花括号是可以省略的。程序四分支结构中每个分支都只有一个语句,然而第三个分支,即 if(op == 2)后的花括号必须保留,否则会产生歧义。原因是该分支中包含 if 语句,而该 if 语句缺省了 else 子句。如果删除 if(op == 2)后的没有花括号,就变成如下形式:

```
if(op == 2)
    if(b !=0)
        printf("%d / %d = ", a, b);
else printf("%d * %d = ", a, b);
```

最后一个 else 似乎既可以与"if(b !=0)"配对,也可以与"if(op == 2)"配对。为了避免二义性,C 语言规定 else 优先与前面最靠近它且未配对的 if 配成一对。也就是说省略花括号的情况下,最后一个 else 会与"if(b !=0)"成为一个完整的 if 语句,而这里违背了本例要表达的逻辑。而如果加上花括号,if(b !=0)和后面的 else 就被强制隔离了,一个在花括号里面,一个在外面,else 只能和上面 if(op == 2)配对。

4.2.4 switch 语句实现的多分支结构

多层 if 嵌套可以实现多分支结构,如果 if 嵌套多于三层,程序结构的可读性会减弱。C 语言提供了 switch 语句,用于处理多分支问题。switch 语句的一般形式为:

```
switch(表达式 A){
    case 常量表达式 1: 语句序列 1; break;
    case 常量表达式 2: 语句序列 2; break;
    …
    case 常量表达式 n: 语句序列 n; break;
    default: 语句序列 n＋1;
}
```

花括号内包含多个以关键字 case 开头的语句行和最多一个以 default 开头的行。每个 case 以及 default 表示一个分支,语句执行时会根据表达式 A 的值,选择执行对应的分支。

如图 4-3 所示,switch 语句的执行流程是:

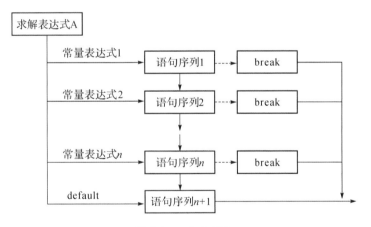

图 4-3 switch 结构

首先计算表达式 A 的值,然后用此值依次与各个 case 的常量表达式值比较,当表达式 A 的值与某个 case 后面的常量表达式的值相等时,就转去执行此 case 后面的语句序列,执行 break 语句后就会退出 switch 语句。

若表达式 A 的值与所有 case 后面的常量表达式值都不等,则执行 default 后面的语句序列 n＋1,然后退出 switch 语句。switch 语句也可以没有 default 分支,此时如果没有与 switch 表达式 A 相匹配的 case 常量,则不执行任何语句。

在 case 子句中虽然包含了一个以上执行语句,但可以不必用花括号括起来,会自动顺序执行本 case 标号后面所有的语句。

switch 语句每个 case 分支中的 break 语句都是根据需要可选的。如果执行一个分支中的语句序列后,希望跳出 switch 语句,则在语句序列后加上 break 语句;相反,如果执行一个分支中的语句序列后,希望继续执行下一个分支中的语句序列,则不能加上 break 语句。

switch 语句
实现的多分

【例 4-6】 用 switch 语句重新编写例 4-5。

【程序】

```c
# include <stdio.h>
# include <stdlib.h>
# include <time.h>
int main(void)
{
    int a, b, op;
    srand(time(NULL));
    a = rand() % 20;
    b = rand() % 20;
    op = rand() % 4;
    switch(op)
    {
        case 0:
            printf("%d+%d=", a, b);
            break;
        case 1:
            printf("%d-%d=", a, b);
            break;
        case 2:
            if(b !=0)
                printf("%d/%d=", a, b);
            break;
        default:
            printf("%d*%d=", a, b);
    }
    return 0;
}
```

【运行示例】

```
15-9=
```

【程序说明】

程序中 op 的值是用随机方法生成的,其值只能是 0、1、2、3,因此 default 分支对应于 op 值为 3 的情况,也可以替换为 case 3。default 分支后面没有其他分支,因此语句序列后面可以没有 break 语句。

使用 switch 语句时,需要注意:

(1)表达式 A 的数据类型可以是整数或字符,而不可以是浮点型。

(2)每个 case 后面都是常量表达式,每个 case 后的常量表达式的值必须互不相同,否则就会出现互相矛盾的现象。各个 case 的先后次序不影响执行结果。

(3)在执行 switch 语句时,根据表达式的值找到匹配的入口标号,在执行完一个 case 标号后面的语句后,若无 break 语句,则继续执行后续标号的语句,不再进行判断。因此,一般情况下,在执行一个 case 子句后,应当用 break 语句使流程跳出 switch 结构。

4.3　循 环 控 制 结 构

到目前为止,我们编写的程序都只能生成一道练习题,如果希望生成多道练习题,可以使用循环结构。

在程序设计中,循环结构用于在一定条件下重复执行某一程序块,被重复执行的程序块称为循环体。C 语言中提供的循环结构语句有:while 语句、do-while 语句、for 语句等。3 种循环都可以用来处理同一问题,一般情况下它们可以互相代替。

4.3.1　while 语句实现的循环结构

while 语句的一般形式为:

```
while(表达式)
    循环体
```

while 语句的特点是先判断条件,后执行循环体。循环体可以是单个语句,也可以是包含多条语句的复合语句,表达式是循环体执行的先决条件。

while 语句的执行过程如图 4-4 所示,先计算表达式的值,如果值为真,则执行一次循环体后,再次计算表达式的值,如此不断重复。当表达式的值为假时,while 语句不再执行,循环结束。

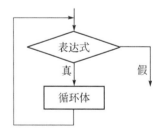

图 4-4　while 语句

【例 4-7】　用 while 循环实现如下功能:生成 n 道 20 以内的加法测试题,并且统计做对的题数。

【问题分析】

用 while 循环编写程序需要明确两个问题:

(1)哪些操作是需要重复执行的。

(2)循环什么时候结束,也就是明确循环的条件。

本例中需要重复的操作有:生成加数和被加数,输入计算结果,对计算结果正确性的判定,还有一个不明显的重复操作是计数操作。

while 语 句
实现的循环
结 构

【程序】

```c
# include <stdio.h>
# include <stdlib.h>
# include <time.h>
int main(void)
{
    int n, a, b, result;
    int i, count;
    srand(time(NULL));
    printf("测试题数:");
    scanf("%d", &n);
    count = 0;
    i = 0;
    while(i<n)
    {
        a = rand() % 20;
        b = rand() % 20;
        printf("%d + %d = ", a, b);
        scanf("%d", &result);
        if(a + b == result)
        {
            printf("正确!\n");
            count ++ ;
        }
        else
            printf("错误!\n");
        i ++ ;
    }
    printf("答对了%d题", count);
    return 0;
}
```

【程序运行示例】

```
测试题数:5↙
17 + 9 = 26↙
正确!
6 + 18 = 23↙
错误!
17 + 13 = 30↙
```

正确!

11 + 15 = <u>26</u> ✓

正确!

14 + 7 = <u>21</u> ✓

正确!

答对了 4 题

【程序说明】

在写循环语句之前,通常要对循环中涉及的变量进行必要的初始化,例如 i 和 count 用来计数,循环之前赋值为 0。

循环体每执行一次,i 值自增 1。当 i 值变化为 n 时,循环条件"i < n"为假,循环结束。i = 0,1,2,3,…,n − 1 时,循环条件为真,因而循环体执行了 n 次。

4.3.2 for 语句实现的循环结构

for 语句的一般形式为:

```
for(表达式 1;表达式 2;表达式 3)
    循环体
```

表达式 1 通常是初始化语句,在循环开始以前执行一次,用于变量初始化;表达式 2 是循环体执行的条件;表达式 3 用于在循环体执行后,一般用于修改循环条件相关变量的值。

for 语句实现
的循环结构

for 语句的执行流程如图 4-5 所示,首先执行"表达式 1",再判断循环条件,计算表达式 2 的值,如果表达式 2 值为 0(表示逻辑假),则结束循环,否则执行循环体和表达式 3,然后继续判断循环条件。

【例 4-8】 用 for 循环实现如下功能:生成 *n* 道 20 以内的加法测试题,并且统计做对的题数。

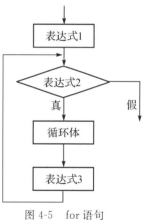

图 4-5 for 语句

```c
#include <stdio.h>
#include <stdlib.h>
#include <time.h>
int main(void)
{
    int n, a, b, result;
    int i, count;
    printf("测试题数:");
    scanf("%d", &n);
    srand(time(NULL));
    count = 0;
```

```
    for(i = 0; i < n; i ++)
    {
        a = rand() % 20;
        b = rand() % 20;
        printf("%d + %d = ", a, b);
        scanf("%d", &result);
        if(a + b == result)
        {
            printf("正确!\n");
            count ++;
        }
        else
            printf("错误!\n");
    }
    printf("答对了%d题", count);
    return 0;
}
```

【程序运行示例】

```
测试题数:4↙
14 + 17 = 31↙
正确!
6 + 11 = 18↙
错误!
16 + 16 = 32↙
正确!
3 + 19 = 22↙
正确!
答对了 3 题
```

【程序说明】

for 后面括号中包含三个表达式,三个表达式之间用分号隔开。表达式 1 用于必要的初始化。这里 i 用于循环次数的计数,赋值为初始值 0。虽然是循环语句的一部分,但表达式 1 并不参与循环,只是在进入循环之前执行,执行一次。表达式 2 是循环条件,是否做循环体语句由表达式 2 确定。当 i 的值变化为 n 时,表达式 2"i<n"为假,循环结束。至于表达式 3, 要等到循环体执行 1 次之后,才被处理,每次执行一次循环体后 i 增加 1。

表达式 1 只在循环开始前执行一次,可以移出 for 循环放于 for 语句之前。表达式 3 在循环体语句之后执行,将其移至循环体后面,程序执行没有变化。程序中的 for 语句修改为:

```
i = 0;
for(; i < n;)
{
    //原循环体语句略
    i ++;
}
```

可以看出,表达式 1 和表达式 3 是可以为空的,但两个分号是不能缺少的。把程序改成这样,只是为了说明两个表达式在 for 语句中所起的作用。这种写法的程序,易读性差了很多。

4.3.3 do-while 语句实现的循环结构

do-while 语句一般形式为:

```
do
    循环体
while (表达式);
```

do-while 语句执行流程如图 4-6 所示。先执行一次循环体,然后计算表达式的值,如果值为真,再次执行循环体,如此不断重复,直到表达式的值为假时,才终止 do-while 语句的执行。

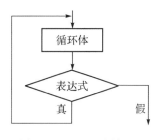

图 4-6　do-while 语句

do-while 语句实现的循环结构

可以看出,do-while 语句和 while 语句的区别在于:while 语句是先判断条件后执行循环体,而 do-while 语句是先执行循环体后判断循环条件。因此,while 语句的循环体可能一次都不执行,而 do-while 语句的循环体至少执行一次。

【例 4-9】 用 do-while 循环实现如下功能:生成 n 道 20 以内的加法测试题,并且统计做对的题数。

【程序】

```
# include <stdio.h>
# include <stdlib.h>
# include <time.h>
int main(void)
{
    int n, a, b, result;
    int i, count;
    printf("测试题数:");
    scanf(" % d", &n);
    srand(time(NULL));
```

```
        count = 0;
        i = 0;
        do
        {
            a = rand() % 20;
            b = rand() % 20;
            printf("%d + %d = ", a, b);
            scanf("%d", &result);
            if(a + b == result)
            {
                printf("正确!\n");
                count ++ ;
            }
            else
                printf("错误!\n");
            i ++ ;
        }
    while(i<n);
    printf("答对了%d题", count);
    return 0;
}
```

【程序运行示例 1】

测试题数:3 ↙
1 + 14 = <u>15</u> ↙
正确!
7 + 8 = <u>15</u> ↙
正确!
9 + 8 = <u>17</u> ↙
正确!
答对了 3 题

【程序运行示例 2】

测试题数:0 ↙
7 + 13 = <u>20</u> ↙
正确!
答对了 1 题

【程序说明】

第 1 个运行示例中,n 输入值为 3。i 从初值 0 开始,循环体每执行一次,i 值加 1。执行

3 次循环后 i 值为 3,循环终止。

do-while 语句的特色是"先做一次循环体,再判定条件"。第 2 个运行示例中,n 输入值为 0,程序还是产生一个测试题。从这个角度讲,程序是有缺陷的。当然,如果实际场合有约定 n 是正整数,那么本程序是可以正常工作的。

使用 do-while 语句时,还有一个细节需要小心,while 之后分号不能缺。而使用 while 语句时,while 的条件表达式之后是不能有分号的。

4.3.4 循环流程的转向控制

C 语言提供了 break 语句和 continue 语句,用于在循环体执行过程中,根据需要提前结束循环的执行。

1. break 语句

执行 break 语句可以强制结束循环,break 语句与 if 结构配合,实现在一定条件下提前结束循环。

【例 4-10】 随机生成 *n* 道 20 以内的加法测试题。由计算机对测试者输入的计算结果进行评判,只要有一题答错,测试者立即失去答题机会。

break 语句

【程序】

```
#include <stdio.h>
#include <stdlib.h>
#include <time.h>
int main(void)
{
    int n, a, b, result;
    int i, count;
    printf("测试题数:");
    scanf("%d", &n);
    srand(time(NULL));
    i = count = 0;
    while(i<n)
    {
        a = rand() % 20;
        b = rand() % 20;
        printf("%d+%d=", a, b);
        scanf("%d", &result);
        if(a + b == result)
        {
            printf("正确!\n");
            count ++ ;
        }
```

```
        else
        {
            printf("错误!\n");
            break;
        }
        i ++ ;
    }
    if(count == n)
        printf("恭喜!");
    return 0;
}
```

【运行示例 1】

```
测试题数:3 ↙
16 + 4 = 20 ↙
正确!
18 + 3 = 21 ↙
正确!
8 + 7 = 15 ↙
正确!
恭喜!
```

【运行示例 2】

```
测试题数:10 ↙
19 + 11 = 30 ↙
正确!
9 + 9 = 16 ↙
错误!
```

【程序说明】

根据题意,在循环过程中,如果输入的结果与正确结果不相等,测试应马上结束,因此采用 break 语句。执行 break 语句就会直接跳出循环,循环体中后继的其他语句不会再执行。

因而本例中的 while 循环可能以两种不同的方式终止。第一种如运行示例 1 所示,每次测试题都答对,循环 n 次以后,循环条件为假,导致循环终止。第二种如运行示例 2 所示,答题过程中,因某一道题答错而执行 break 语句,终止循环。

2. continue 语句

如果在循环体中执行了 continue 语句,则跳过本轮循环的剩余语句,转而进行下一轮循环条件的判定,并根据判定结果确定是再一次执行循环体,还是终止循环。continue 语句只结束本次循环,而不是直接结束整个

continue 语句

循环的执行。

【**例 4-11**】 随机生成 n 道 20 以内的减法测试题,要求每道题的被减数不小于减数。

【**程序**】

```c
# include <stdio.h>
# include <stdlib.h>
# include <time.h>
int main(void)
{
    int n, a, b, result;
    int i, count;
    printf("测试题数:");
    scanf("%d", &n);
    srand(time(NULL));
    count = 0;
    i = 0;
    while(i < n)
    {
        a = rand() % 20;
        b = rand() % 20;
        if(a < b)
        {
            continue;
        }
        printf("%d - %d = ", a, b);
        scanf("%d", &result);
        if(a - b == result)
        {
            printf("正确!\n");
            count ++ ;
        }
        else
            printf("错误!\n");
        i ++ ;
    }
    printf("答对了%d题", count);
    return 0;
}
```

【运行示例】

```
测试题数:3 ↙
7 - 2 = 5 ↙
正确!
19 - 6 = 13 ↙
正确!
18 - 2 = 16 ↙
正确!
答对了 3 题
```

【程序说明】

在循环体中,如果随机产生的一对整数满足要求,则依次执行显示题目、输入结果、判断正确性、计数;如果 a 小于 b,就把这一对数抛弃,重新生成新的一对。利用 continue 语句终止本轮循环的剩余语句,也就是跳过循环体中 continue 后面的一系列语句。

完全可以用另一种方式,来达到同样的目的。程序中的循环语句可以替换为如下语句,程序功能没有任何变化。

```c
while(i < n)
{
    a = rand() % 20;
    b = rand() % 20;
    if(a >= b)
    {
        printf("%d - %d = ", a, b);
        scanf("%d", &result);
        if(a - b == result)
        {
            printf("正确!\n");
            count ++ ;
        }
        else
            printf("错误!\n");
        i ++ ;
    }
}
```

4.3.5 循环嵌套

一个循环语句的循环体中包含另一个循环语句,就构成了循环的嵌套。内嵌的循环语句称为内循环,而包含内循环的循环语句称为外循环。

内循环的循环体仍然可以再包含循环语句,形成多层循环嵌套。外循环体每循环一次,内循环完整执行一遍。不管是外循环还是内循环都可以用 while、do-while、for 三种语句来实现。

【例 4-12】 随机生成 n 道 20 以内的加法测试题。由计算机对测试者输入的计算结果进行评判,每个题目有三次答题机会。

循环嵌套

```c
#include <stdio.h>
#include <stdlib.h>
#include <time.h>
int main(void)
{
    int n, a, b, result, t;
    int i, count;
    printf("测试题数:");
    scanf("%d", &n);
    srand(time(NULL));
    count = 0;
    i = 0;
    while(i < n)                    /*外循环,产生n道题目进行测试*/
    {
        a = rand() % 20;
        b = rand() % 20;
        printf("%d+%d=", a, b);
        t = 0;
        while(t < 3)                /*内循环,每道题目有3次答题机会*/
        {
            scanf("%d", &result);
            if(a + b == result)
            {
                printf("正确!\n");
                count ++ ;
                break;              /*如果回答正确,则退出内循环*/
            }
            else
                printf("错误!\n");
            t ++ ;
        }
        i ++ ;
    }
```

```
        printf("答对了%d题", count);
        return 0;
    }
```

【运行示例】

```
测试题数:3↙
11 + 17 = 18↙
错误!
27↙
错误!
28↙
正确!
16 + 2 = 18↙
正确!
13 + 9 = 23↙
错误!
12↙
错误!
19↙
错误!
答对了2题
```

【程序说明】

内、外循环均用 while 语句实现,外循环的循环体重复执行 n 次,处理 n 道练习题。内循环的循环体最多执行 3 次,如果内循环中的 if 语句条件成立,则直接跳出内循环。

注意,在多层嵌套的循环结构中,break 语句只能跳出直接包含它的那一层循环。

4.4 程序示例

【例 4-13】 根据邮件的重量和用户是否选择加急计算邮费。计算规则:重量在 1000 克以内(包括 1000 克),基本费 8 元。超过 1000 克的部分,每 500 克加收超重费 4 元,不足 500 克部分按 500 克计算;如果用户选择加急,多收 5 元。

【程序】

```c
#include <stdio.h>
int main(void)
{
    int wt, cost, extra;
    char choice;
```

```
    scanf("%d %c", &wt, &choice);
    cost = 8;                                //基本费8元
    if(wt > 1000)                            //超出1000克部分计费
    {
        extra = wt - 1000;
        cost += extra / 500 * 4;
        if(extra % 500 !=0) cost += 4;       //超重不足500克,按500克计算
    }
    if(choice == 'y') cost += 5;             //加急费用
    printf("%d", cost);
    return 0;
}
```

【运行示例1】

<u>1700 y</u>↙
21

【运行示例2】

<u>700 n</u>↙
8

【程序说明】

先将 cost 赋值为基本费用8元,如果邮件重量超过1000克,计算增加超重费。如果加急,再增加5元,依次处理。

在计算超重费时,题意要求"不足500克部分按500克计算"。表达式 extra / 500 进行整除运算,仅保留整数部分。如果 extra % 500 !=0 为真,说明有不足500克的超重部分,因此需要额外再加上4元。

【例 4-14】 将一个百分制成绩转换为五分制成绩,转换规则是:

大于等于90分为 A;

小于90分且大于等于80分为 B;

小于80分且大于等于70分为 C;

小于70分且大于等于60分为 D;

小于60分为 E。

【程序】

```
#include <stdio.h>
int main(void)
{
    double score;
    char degree;
    scanf("%lf", &score);
```

```
switch((int)score / 10)
{
    case 9:
    case 10:
        degree = 'A';
        break;
    case 8:
        degree = 'B';
        break;
    case 7:
        degree = 'C';
        break;
    case 6:
        degree = 'D';
        break;
    default:
        degree = 'E';
}
printf("%c", degree);
return 0;
}
```

【运行示例 1】

95 ↙
A

【运行示例 2】

51 ↙
E

【程序说明】

本例有五个分支,用 switch 语句实现更加清晰。switch 后括号内不可以是浮点型表达式,为此需要对 score 进行 int 类型强制。

"case 9"分支没有对应的语句序列,也没有 break 语句,因而会执行"case 10"分支对应的语句序列。

"default"是最后一个分支,其末尾的 break 语句可以省略。如果不将"default"作为最后一个分支,那么对应的语句序列最后也需加上 break 语句。

【例 4-15】 输入日期,求解该天是本年度的第几天。

【程序】

```c
#include <stdio.h>
int main(void)
{
    int y, m, d, sum;
    scanf("%d%d%d", &y, &m, &d);
    sum = d;
    switch(m-1)    //根据(m-1)值进入对应的分支,累加1~(m-1)月的天数总和
    {
        case 11:
            sum += 30;
        case 10:
            sum += 31;
        case 9:
            sum += 30;
        case 8:
            sum += 31;
        case 7:
            sum += 31;
        case 6:
            sum += 30;
        case 5:
            sum += 31;
        case 4:
            sum += 30;
        case 3:
            sum += 31;
        case 2:            //根据判断y年是否闰年,确定2月份的天数
            if(y % 400 == 0 || (y % 4 == 0 && y % 100 !=0))
                sum += 29;
            else
                sum += 28;
        case 1:
            sum += 31;
    }
    printf("%d", sum);
    return 0;
}
```

【运行示例】

```
2021 10 8↙
281
```

【程序说明】

要计算 y 年 m 月 d 日是本年度第几天,可用 1 月至 m－1 月所有天数总和,再加上 d。本例用 switch 语句计算总和,从 11 至 1 按常量值降序依次排列 11 个分支,每个分支中的语句实现对应月份的天数累加,每个分支都没有 break 语句。这样根据 m－1 值跳转至对应的分支,累加 m－1 月的天数后,会继续依次执行其后的所有分支,累加 m－1 月至 1 月的所有天数。

从本例可以看出,在特定情况下,不用 break 语句可以实现一些功能。当然,很多的应用中,break 语句是不能缺省的。

【例 4-16】 输入一个整数,求解它是几位数。

【程序】

```
#include <stdio.h>
int main(void)
{
    int n, k = 0;
    scanf("%d", &n);
    do
    {
        n /= 10;
        k ++ ;
    }
    while(n !=0);
    printf("%d", k);
    return 0;
}
```

【运行示例 1】

```
78863↙
5
```

【运行示例 2】

```
0↙
1
```

【程序说明】

求解整数 n 的位数,可以将其对 10 进行整除运算,若干次后 n 值变为 0,次数即是所求位数。例如 n＝781 时,经过 3 次整除 n 值变为 0,即 781→78→7→0。

本例用 do-while 循环结构,先整除 10 并计数,再判断 n 是否为 0,这样当 n 输入值为 0时,输出的位数是 1。如果直接将 do-while 循环替换为如下的 while 循环,则程序不够合理。当 n 为 0 时,while 循环一次都不执行,k 值仍为 0。

```
while(n !=0)
{
    n / = 10;
    k ++ ;
}
```

【例 4-17】 先输入 *n* 的值(正整数),再输入 *n* 个学生成绩,求其中的最高分。

【程序】

```
# include <stdio.h>
int main(void)
{
    int i, n, x, max;
    scanf(" % d", &n);
    max = 0;
    for(i = 0; i < n; i ++ )
    {
        scanf(" % d", &x);
        if(x > max)
        {
            max = x;
        }
    }
    printf("max = % d", max);
    return 0;
}
```

【运行示例】

```
5 78 62 97 89 84 ↙
max = 97
```

【程序说明】

用变量 max 存放最大值。成绩均为非负整数,因而 max 可赋初始值 0。循环 n 次,每次读入一个成绩 x,并与 max 比较,如果 x 大于 max,就修改 max 为 x。循环结束,max 就是所有成绩中的最大者。

如果输入的 n 个一般整数而非成绩,max 初值设为 0 就有问题。例如输入的 n 个整数均为负数,没有机会替换初值 0,这样循环结束后,max 值为 0,并非 n 个数中的最大者。因此,更好的方法是先读入第 1 个数作为 max 的初值,然后循环 n−1 次,读入、处理后面的 n−1

个整数,程序如下:

```
# include <stdio.h>
int main(void)
{
    int i, n, x, max;
    scanf("%d", &n);
    scanf("%d", &x);
    max = x;
    for(i = 1; i < n; i ++)
    {
        scanf("%d", &x);
        if(x > max)
        {
            max = x;
        }
    }
    printf("max = %d", max);
    return 0;
}
```

【例 4-18】 给定两个正整数,求它们的最大公约数。

【程序】

```
# include <stdio.h>
int main(void)
{
    int a, b, r;
    scanf("%d%d", &a, &b);
    while(r = a % b)            //利用欧几里得算法求最大公约数
    {
        a = b;
        b = r;
    }
    printf("%d", b);
    return 0;
}
```

【运行示例】

```
36 48 ↙
12
```

【程序说明】

本例用欧几里得算法(又称辗转相除法)求解两个正整数的最大公约数,算法原理是:

若 a%b 不为 0,则 a 和 b 的最大公约数即为 b 和 a%b 的最大公约数,否则两者的最大公约数为 b。

【例 4-19】 韩信点名。相传韩信才智过人,从不直接清点自己军队的人数,只要让士兵先后以三人一排、五人一排、七人一排地变换队形,而他每次只掠一眼队伍的排尾就知道总人数了。输入 3 个非负整数 a、b、c,表示每种队形排尾的人数($0 \leqslant a < 3, 0 \leqslant b < 5, 0 \leqslant c < 7$),输出总人数的最小值(或报告无解)。已知总人数不超过 10000。

【程序 A】

```c
#include <stdio.h>
int main(void)
{
    int a, b, c, num, ans = -1;
    scanf("%d%d%d", &a, &b, &c);
    num = 1;
    while(num <= 10000)
    {
        if(num % 3 == a && num % 5 == b && num % 7 == c)
        {
            ans = num;
            break;
        }
        num ++ ;
    }
    if(ans == -1) printf("No answer");
    else printf("%d", ans);
    return 0;
}
```

【运行示例】

<u>1 3 5</u>↙
103

【程序说明】

num 用于存放总人数,num 满足下列关系:

```
num % 3 == a && num % 5 == b&&num % 7 == c
```

穷举法是解决此类问题的常用方法,算法思路是逐一枚举 num 的全部可能值,检查是否满足上述关系式。直接的枚举方式是从 1 到 10000,逐一枚举,如上面程序所示。程序中自小到大枚举,找到第一个满足关系的值,即用 break 语句退出循环,这样可以按题意要求输出总人数的最小值。

可以利用题目中的信息对程序 A 稍作优化。总人数 num 除以 7,余数为 c,因而可以对 num 进行如下方式枚举:

$$c, c+7, c+14, c+21, \cdots$$

程序 B,num 同样小于等于10000,枚举的数据量只要原来的 1/7,可以更快地找到解。

【程序 B】

```c
#include <stdio.h>
int main(void)
{
    int a, b, c, num, ans = -1;
    scanf("%d%d%d", &a, &b, &c);
    num = (c == 0? 7:c);
    while(num <= 1000)
    {
        if(num % 3 == a && num % 5 == b)
        {
            ans = num;
            break;
        }
        num += 7;
    }
    if(ans == -1) printf("No answer");
    else printf("%d", ans);
    return 0;
}
```

【例 4-20】 输出斐波那契数列的前 10 项。

斐波那契数列的前两项都是1,从第 3 项开始的各项都是其前两项之和。

【程序】

```c
#include <stdio.h>
int main(void)
{
    int x1, x2, i, t;
    x1 = x2 = 1;
    printf("%d %d", x1,x2);     //输出前两项
    for(i=3; i<=10; i++)        //从第 3 项开始,迭代求解每一项
    {
```

```
        t = x1 + x2;
        x1 = x2;
        x2 = t;
        printf(" % d", t);
    }
    return 0;
}
```

【运行示例】

1 1 2 3 5 8 13 21 34 55

【程序说明】

本例程序采用迭代方法,迭代是指从某个值开始,不断地由上一步的结果计算出下一步的结果。

程序中用 x1、x2 存放数列的相邻前后两项,循环中由 x1、x2 计算得到新项 t = x1 + x2,并输出,然后更新 x1 和 x2,为计算下一个新项做准备。

【例 4-21】 输入一个正整数,判断该数是否为素数。所谓素数是指只能被 1 和本身整除的正整数。

【问题分析】

可通过检查 m 有没有 1 和自身以外的因子,来判断 m 是否为素数。数学上可以证明,如果在区间 $[2, \sqrt{m}]$ 之间找不到因子,那么 m 确定没有 1 和自身以外的因子,m 为素数,否则 m 不是素数。

【程序】

```
#include <stdio.h>
#include <math.h>
int main(void)
{
    int m, i, k, flag = 1;
    scanf(" % d", &m);
    k = sqrt(m);
    for(i = 2; i <= k; i ++)
    {
        if(m % i == 0)            //若 i 为 m 的因子,改变 flag 的值,结束循环
        {
            flag = 0;
            break;
        }
    }
    if(flag && m !=1)             //变量 flag 为 1,表示 m 无其他因子
```

```
        printf("Yes");
    else
        printf("No");
    return 0;
}
```

【运行示例 1】

35 ↙
No

【运行示例 2】

13 ↙
Yes

【程序说明】

循环前,将变量 flag 初始化为 1,先假定没有因子。for 循环在区间 $[2,\sqrt{m}]$ 上枚举 i,如果 i 是 m 的因子,将 flag 赋值为 0,并用 break 语句终止循环。

循环结束时,如果 flag 非 0,则表示 m 没有 1 和自身以外的因子。需要注意的是,1 没有 1 和自身以外的因子,但 1 不是素数。

【例 4-22】 输入一个实数 x,计算并输出下列表达式的值,累加的最后一项绝对值不小于 10^{-8}。

$$1+x+\frac{x^2}{2!}+\frac{x^3}{3!}+\frac{x^4}{4!}+\cdots$$

【问题分析】

对于逐项累加求和问题,分析累加项的前项和后项之间的递推关系,进而利用前项来计算后项,可以显著减少计算量。本题表达式中存在这样的关系:如果前项为 t,则后项为 $t*x/i$,其中 t 的初始值为 1,i 值从 1 开始逐一递增。

【程序】

```
#include <stdio.h>
#include <math.h>
int main(void)
{
    double s = 0, x, t;
    int i = 1;
    scanf("%lf", &x);
    t = 1;
    while(fabs(t)>=1e-8)
    {
        s = s + t;
```

```
        t = t * x / i ++;
    }
    printf("%.8f", s);
    return 0;
}
```

【运行示例】

2.5 ✓
12.18249396

【程序说明】

题目中没有指定累加项数,而是提出了精度要求,给出了最后一项值的要求。因而循环的条件 fabs(t) >= 1e-8。每次循环,先将满足条件的一项累加到 s 中,再利用递推关系式计算新项 t,而后将 i ++ 。

【例 4-23】 输入整数 $n(1 \leqslant n \leqslant 9)$,输出九九乘法口诀表的前 n 行。

【程序】

```
# include <stdio.h>
int main(void)
{
    int i, j, n;
    scanf("%d", &n);
    for(i = 1; i <= n; i ++)/* 外层循环 */
    {
        for(j = 1; j <= i; j ++)      /* 内层循环 */
        {
            printf("%d * %d = %-4d", j, i, i * j);
        }
        printf("\n");
    }
    return 0;
}
```

【运行示例】

5 ✓
1 * 1 = 1
1 * 2 = 2   2 * 2 = 4
1 * 3 = 3   2 * 3 = 6   3 * 3 = 9
1 * 4 = 4   2 * 4 = 8   3 * 4 = 12   4 * 4 = 16
1 * 5 = 5   2 * 5 = 10   3 * 5 = 15   4 * 5 = 20   5 * 5 = 25

【程序说明】

程序使用二重嵌套循环结构,外层循环的循环体包含一个内循环语句,以及一个输出换行的 printf 语句。外层循环的循环体重复执行 n 次,每执行一次,内层循环体重复执行 i 次,输出 i 个算式。

【例 4-24】 给定一个正整数 n,在小于 n 的正整数中,找出最大的素数。

【问题分析】

从 $n-1$ 开始,从大到小找素数,找到的第一个素数就是要求的最大素数。因而可从 $n-1 \sim 2$,枚举整数 m,判断 m 是否为素数,如果是素数,则终止循环。算法思路可以表示为:

```
for(m = n - 1; m > 1; m -- )
{
    if(m 是素数) break;
}
```

【程序】

```c
#include <stdio.h>
#include <math.h>
int main(void)
{
    int m, i, n, k, flag = 0;
    scanf("%d", &n);
    for(m = n - 1; m > 1; m -- )
    {
        k = sqrt(m);
        flag = 1;
        for(i = 2; i <= k; i ++ )
        {
            if(m % i == 0)
            {
                flag = 0;
                break;
            }
        }
        if(flag) break;
    }
    if(flag) printf("%d", m);
    else printf("没有比%d小的素数",n);
    return 0;
}
```

【运行示例】

100↙
97

【程序说明】

变量 flag 表示是否有要找的素数,开始寻找前 flag 先赋值为 0,先假定没有。外层 for 循环从 n−1 到 2,从大到小枚举整数 m,循环体中判断 m 是否为素数。为此,内层 for 循环在 $[2,\sqrt{m}]$ 范围内寻找 m 的约数,开始前将 flag 赋值为 1,先假定 m 是素数(没有约数),然后开始重复执行循环体,如果某个 i 值是 m 的约数,则将 flag 赋值为 0,并执行 break 语句跳出内层循环。如果每个 i 的值都不是 m 的约数,则 flag 保持原有值 1,这样内层 for 语句执行结束后,如果 flag 为 1,则 m 是素数,要找的最大素数已经得到,因而执行 break 语句跳出外层循环,相反如果此时 flag 为 0,表示当前 m 的值不是素数,则需向下继续寻找。

程序中两次出现 break 语句,执行内层循环的 break 语句跳出内层循环,执行外层循环的 break 语句跳出外层循环。

【例 **4-25**】 BP 神经网络的神经元的实现:输入 N 个实数作为神经元的输入信号,经神经元处理后产生一个实数作为神经元的输出。

【问题分析】

BP(back propagation)神经网络是 1986 年由 Rumelhart 和 McClelland 为首的科学家提出的概念,是一种按照误差逆向传播算法训练的多层前馈神经网络,是应用最广泛的神经网络模型之一。BP 神经网络模拟人的思维,是一个非线性动力学系统。虽然单个神经元的结构极其简单,功能有限,但大量神经元构成的网络系统所能实现的行为却是极其丰富多彩的。神经元模型结构如图 4-7 所示。

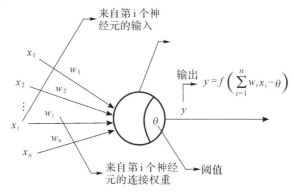

图 4-7 人工神经元模型结构

【程序】

```
# include <stdio.h>
# include <stdlib.h>
# include <time.h>
# include <math.h>
```

```
#define N 5
int main(void)
{
    double x,w;                //输入信号值 x,权重 w
    double sum = 0.0;          //总输入值
    double y;                  //输出信号值
    int i;
    //取当前时间作为随机数的种子
    srand(time(NULL));
    //输入 N 个输入信号值,并随机生成权重值
    for(i = 0;i <N;i + +)
    {
        scanf(" % lf",&x);
        w = 2.0 * rand()/RAND_MAX - 1.0;     //生成一个[-1,1]权重值
        sum + = w * x;
    }
    //用 Sigmoid 激活函数对输入总和进行计算处理,得到输出值
    y = 1.0/(1.0 + exp( - sum));
    printf("y = % .6f\n",y);
    return 0;
}
```

【运行示例】

输入:3.5 1.2 2.8 0 - 0.23
输出:y = 0.911073

【程序说明】

先设定一个神经元有 N 个输入信号,输入 N 个神经元的输入信号值,每个输入信号的权重随机生成,其值为[-1,1]。先计算输入的加权累加值,设定神经元的阈值为 0,激励函数为 Sigmoid 函数,再计算神经元的输出。time(NULL)函数返回当前时间,以它为随机数种子,可以让每次运行产生不同的随机数序列。Sigmoid 函数是一个典型的激活函数,函数公式为 Sigmoid(x)=1/(1+exp(-x)),是个非线性函数,其输出值范围在[-1,1]之间。神经元的输入经加权计算,再经激活函数计算输出,使得神经元的输出不是输入值的线性组合。由于神经元输入信号的权重是随机生成的,因而每次运行的输出是变化的。

习题 4

一、判断题

1.else 总是与其上面最近的且尚未配对的 if 配对。　　　　　　　　　(　)
2.每个 switch 语句,都必须包含 default。　　　　　　　　　　　　(　)

3. switch 语句中多个 case 标号可以共用一组语句。 （　　）

4. 在嵌套循环结构中,break 语句执行只向外跳一层。 （　　）

5. continue 语句只能出现在循环体中。 （　　）

6. do-while 循环的循环体至少会执行一次。 （　　）

判断题

7. 某些循环结构,只能用 for 语句实现。 （　　）

8. "for(表达式 1;表达式 2;表达式 3) 循环体"中的表达式 1 只会计算一次。

（　　）

9. for、while、do-while 三种循环结构可以互相嵌套。 （　　）

单选题

二、单选题

1. 设整型变量 x、y、z 的值分别为 3、2、1,则下列程序段的输出是(　　)。

```
if(x > y) x = y;
if(x > z) x = z;
printf(" % d % d % d\n", x, y, z);
```

A.1 2 1　　　　　B.1 1 1　　　　　C.3 2 1　　　　　D.1 2 3

2. 运行以下程序段时,若有输出数据,x 满足的条件是(　　)。

```
if(x <= 3);
else if(x !=10)
printf(" % d\n", x);
```

A. 不等于 10 的整数　　　　　B. 大于 3 且不等于 10 的整数

C. 大于 3 且等于 10 的整数　　　　　D. 小于 3 的整数

3. 若有 int x = 65,执行下列程序段后,输出(　　)。

```
switch(x / 10)
{
    case 7:
    case 6:printf("@");
    case 5:printf("♯");break;
    default:printf("％");
}
```

A. @　　　　　B. @♯　　　　　C. @♯％　　　　　D. @％

4. 执行下列程序段后,s 的值为(　　)。

```
int i,s = 0;
for(i = 1;i<10;i +=2)
    s += i + 1;
```

A. 数 1~9 的累加和　　　　　B. 数 1~9 中的奇数之和

C. 数 1~10 的累加和　　　　　D. 数 1~10 中的偶数之和

5. 执行下列程序段后,s 的值为(　　　)。

```
int i = 0, s = 0;
while(i ++<6)
    s += i;
```

A. 15　　　　　　　　B. 16　　　　　　　　C. 21　　　　　　　　D. 22

6. 执行以下程序段后,b 的值为(　　　)。

```
int a = 1, b = 10;
do
    b -= a ++ ;
while(b --<0);
```

A. - 1　　　　　　　　B. - 2　　　　　　　　C. 8　　　　　　　　D. 9

7. 对于以下程序段,以下说法正确的是(　　　)。

```
x = - 1;
do
    x = x * x;
while(! x);
```

A. 循环体将执行一次　　　　　　　　B. 循环体将执行两次
C. 系统将提示有语法错误　　　　　　D. 循环体将执行无限次

8. 若 i 初始值为 0,以下 while 循环的循环次数是(　　　)。

```
while(i<10)
{
    if(i<1) continue;
    if(i == 5) break;
    i ++ ;
}
```

A. 1　　　　　　　　　　　　　　　B. 6
C. 10　　　　　　　　　　　　　　D. 无数次(死循环)

三、程序填空题

1. 以下程序判断一个数是不是水仙花数。其中水仙花数是指一个三位正整数,其各位数立方和等于其本身。有多组测试数据,每组测试数据包含一个整数 $n(100 \leqslant n < 1000)$,输入 0 表示程序输入结束。

程序填空题

```
# include <stdio.h>
int main ( )
{
    int k;
```

```
    int a, b, c;
    scanf("%d", &k);
    while (   ①   )
    {
        a = k / 100;
        b = k / 10 % 10;
        c = k % 10;
        if (   ②   )
            printf("Yes\n");
        else
            printf("No\n");
        ③   ;
    }
    return 0;
}
```

2.以下程序计算交错序列 $1 + 2/3 + 3/5 + 4/7 + 5/9 + 6/11 + \cdots$ 的前 20 项之和。

```
#include <stdio.h>
int main(void)
{
    float sum, a , b  ;
    sum = 0.0 ;
    a = 1;
    b = 1;
    while (   ①   )
    {
        sum += a / b;
        ②   ;
        ③   ;
    }
    printf("sum = %f\n", sum);
    return 0;
}
```

3.以下程序计算表达式 $1 + 2! + 3! + 4! + 5! + \cdots + 10!$ 的值。

```
#include <stdio.h>
int main(void)
{
    int sum, t, i;
    ①   ;
```

```
    t = 1;
    for(i = 1; i <= 10; i ++)
    {
        ___②___;
        sum += t;
    }
    printf("sum = % d", sum);
    return 0;
}
```

四、程序设计题

1.为鼓励居民节约用水,自来水公司采取按用水量阶梯式计价的办法,居民应交水费y(元)与月用水量x(吨)相关:当x不超过15吨时,$y = \frac{4}{3}x$;超过后,$y = 2.5x - 17.5$。请编写程序实现水费的计算。

程序设计题

2.杭州市出租车收费标准如下:起步里程(3公里)以内(含3公里)收费10元,超过3公里的部分每公里收费2元,总路程超过起步里程10公里以上的部分再加收50%,即每公里3元。用if语句编写程序,输入行驶里程(整数),计算并输出乘客应支付的车费,对结果进行四舍五入,精确到元。

3.读入两个实数和一个操作符(仅限于 + − ＊ /),求该表达式的值。若除数为0,输出"The divisor is 0."(用switch语句实现)。

4.华氏和摄氏温度的转换公式为$C = 5/9 \times (F - 32)$。式中,C表示摄氏温度,F表示华氏温度。用while语句编写程序,在华氏$0 \sim 300$℉范围内,每隔10℉输出一个华氏温度对应的摄氏温度值。

5.利用$\frac{\pi}{4} = 1 - \frac{1}{3} + \frac{1}{5} - \frac{1}{7} + \cdots$,用while语句编写程序,计算并输出$\pi$的近似值,直到最后一项的绝对值小于$10^{-8}$为止。

6.用do-while语句编写程序,输入一个非负整数n,输出它的位数及其各位数字之和。

7.关羽千里走单骑去寻找兄长,需要连过10关。先输入关羽的武力,再输入10关守将的武力。如果关羽武力强于守将武力,则能够通过该关;如果守将武力强于或等于关羽,则无法通过该关;编写程序,判断关羽能否找到兄长。第一行1个实数,表示关羽的武力。接下来10行,每行一个实数,分别表示10关守将的武力。如果关羽成功过10关,则输出GOOD;否则输出一个整数,表示关羽在哪一关失败。

8.本题要求对任意给定的正整数n,求方程$x^2 + y^2 = n$的全部正整数解,其中$x \leqslant y$。每组解占1行,两数之间以1个空格分隔,按x的递增顺序输出。如果没有解,则输出No Solution。

9.阿福有一个口袋,可以用来装各个素数。他从2开始,依次判断各个自然数是不是素数,如果是素数就把这个数字装入口袋。口袋的承载量就是包里所有数字之和,但口袋的承载量有限。假设口袋的承载量是L,表示只能装得下总和不超过L的素数。现给出一个正整数L,请问口袋里能装下几个素数?

CHAPTER 5

第 5 章

数　组

本章要点：

◇　一维数组的定义和初始化，以及一维数组元素的引用；

◇　一维数组的应用：查找和排序；

◇　二维数组的定义和初始化，以及二维数组元素的引用；

◇　二维数组的应用。

5.1　引　例

前面介绍了 C 语言的基本数据类型（整型、实型、字符型等），存储的都是单一数据。C 语言还提供构造数据类型（数组和结构），可以存储复合数据。

数组，把相同数据类型的若干个变量按一定顺序排列，并用一个名字命名，然后用相应的编号来表示每个变量，这个名字称为数组名，编号称为下标。组成数组的各个变量称为数组的元素，可用数组名和下标表示。

首先看一个例题 5-1，初步了解为什么要使用数组？什么场合下可使用数组？数组怎么存储一批数据？

第 4 章讨论过"摘苹果"问题，程序代码中可以定义一个变量，用该变量依次存储每一个苹果的高度，运用循环结构解决该问题。现在把该问题改为：

【例 5-1】 阿福家有一棵苹果树，每到秋天树上就会结出 10 个苹果。苹果成熟时，阿福就跑去摘苹果。现在已知 10 个苹果的高度，以及阿福能摘到苹果的最大高度，请统计阿福能摘到的苹果的数目。

【问题分析】

先输入 10 个苹果的高度，然后输入阿福能摘到苹果的最大高度。由于统计能摘苹果个数时，阿福身高需跟每一个苹果的高度相比较，而苹果高度先输入，所以需要把 10 个苹果的高度都存储下来。使用数组存储多个同类型的数据，会给程序编写带来方便。

【程序】

```
#include <stdio.h>
int main(void)
{
```

```
    int apple[10], height, i, count = 0;//定义数组 apple,存储 10 个苹果的高度
    printf("输入 10 个苹果的高度:\n");
    for(i = 0; i<10; i ++)
    {
        scanf("%d", &apple[i]);//循环输入 10 个苹果的高度,依次存入数组 apple
    }
    printf("输入阿福的身高:");
    scanf("%d", &height);              //输入阿福的身高
    for(i = 0; i<10; i ++)                  //循环,统计可摘苹果数目
    {
        if(height >= apple[i])           //比较阿福的身高和每个苹果的高度
            count ++;
    }
    printf("可摘到苹果:%d 个\n", count);
    return 0;
}
```

【运行示例】

输入 10 个苹果的高度:
120 186 165 140 126 139 175 198 200 131 ✓
输入阿福的身高:140 ✓
可摘到苹果:5 个

【程序说明】

程序定义一个数组 apple,有 10 个元素,用于存储 10 个苹果的高度,循环输入每个高度依次存入 apple 数组的 10 个元素中。接着输入阿福身高值后,把存储的 10 个苹果高度依次与阿福身高作比较,就可以统计能摘到的苹果个数了。

5.2 一维数组

存储一个学生的成绩,可以使用基本数据类型定义一个变量:

```
float   score;
```

如果有 100 个学生的成绩要存储呢? 如果还是使用原来的定义方式,那就要定义 100 个实型变量:score1, score2,…,score100。

逐一定义这么多个变量,随之而来处理这 100 个成绩数据十分烦琐,也不方便以循环方式批量处理数据。

再比如例 5-1 中提到的,需要存储多个苹果的高度值以供后续使用。

上述问题所涉及的数据具有以下特点:需存储一批数据,这些数据都具有相同的属性,

这些数据都必须能够存储以供后续程序使用。所以 C 语言提供了一种数据类型来处理这类问题:数组。

前面章节介绍的数据类型:整型、实型、字符型,都属于基本数据类型,而数组是一种复合数据类型,是由基本类型组合成的构造类型。数组是一批同类型数据的有序集合,集合里的每一个数据称之为元素,每个元素都可以当作一个单独的变量使用。

5.2.1　一维数组的定义与初始化

1. 一维数组的定义

数组使用之前要先进行定义。定义数组的时候要明确数组名、数组元素的数据类型以及元素个数(数组长度),其定义形式如下:

一 维 数 组 的
定义与初始化

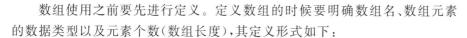
数据类型　数组名[数组长度];

上述提到的 100 个学生的成绩数据,就可以定义为:

```
float  score[100];
```

其中 float 表示数组中的每个元素的类型;score 是数组名,必须是合法的标识符;数组名后面加[ ],[ ]里面的数据表示这个数组包含的元素个数,也称为数组的长度。

数组的长度一般是整型常量表达式。比如:

```
int a[10];              //定义有 10 个整型元素的数组 a
double d[30];           //定义有 30 个双精度实型元素的数组 d
char c[1000];           //定义有 1000 个字符型元素的数组 c
```

程序中也可以使用宏定义的方式定义数组的长度,比如:

```
#define N 100
int a[N];
```

C89 标准规定数组长度必须是定长,也就是定义数组时[ ]中必须是大于 0 的整型常量;C99 标准中,数组的长度可以是变量表达式。比如:

```
int n;
scanf("%d", &n);        //输入变量 n 的值
int a[n];               //用输入的 n 值,定义数组的长度
```

数组定义后,系统根据数据类型和数组长度分配一块连续的内存存储空间,内存大小是每个数组元素的字节数乘以元素个数。并对数组元素进行编号,也就是下标,数组元素的引用形式为:

```
数组名[下标表达式]
```

下标表达式是非负整数,数组元素下标从 0 开始,所以一个长度为 n 的数组,下标的取值范围是[0, n-1]。

比如,定义了一个数组:

```
float score[5];
```

该数组有 5 个元素：score[0]、score[1]、score[2]、score[3]、score[4]。

下标可以是一个整型表达式，如 score[i]、score[i+1]。

可以使用 sizeof 运算符来计算数组所占内存的字节数，用法是：

```
sizeof(数组名);
```

比如，一个 float 类型数据内存分配占 4 个字节，用 sizeof(score)计算，可得出 score 数组占了 20 个字节的内存空间，连续存放 5 个元素，如图 5-1 所示：

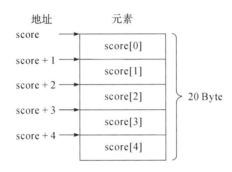

图 5-1 数组 score 元素存储

其中，数组名 score 表示这块连续内存的首地址。由于数组空间一旦分配之后，在执行过程中其位置和大小是不会改变的，所以数组名是一个地址常量。数组的首地址也就是数组中第一个元素 score[0]的地址，所以 score 和 &score[0]都表示第一个元素的地址。其他元素的地址可以直接用 & 运算符，比如 &score[i]，还可以用数组名加上元素的下标来表示，比如 score+i 表示元素 score[i]的地址。

2. 一维数组的初始化

和变量一样，函数内定义的数组若没有初始化赋值，则每个元素的值都是不确定的。定义数组时可以对元素进行初始化：

```
数据类型  数组名[数组长度]={初始值列表};
```

{}中是数组元素的初始值列表，每个初始值之间用逗号隔开，比如：

```
float score[5]={1.0,2.0,3.0,4.0,5.0};
```

则系统在为数组 score 分配内存的同时，还为数组的 5 个元素赋了初值，score[0]的初值是 1.0，score[1]的初值是 2.0，…，score[4]的初值是 5.0。

数组初始化时，可从第一个元素开始对数组进行部分初始化，比如：

```
int a[5]={1,2,3};
```

5 个数组元素只给 3 个初始值，则前三个元素获得初始值，其他元素默认初值为 0。也就是，a[0]为 1，a[1]为 2，a[2]为 3，a[3]和 a[4]为 0。

如果数组类型是字符类型的，则未给出初始值的元素默认初值为 '\0'，比如：

```
char ch[5]={'a','b','c'};
```

数组部分初始化的示例如图 5-2 所示。

a[0]	1	ch[0]	'a'
a[1]	2	ch[1]	'b'
a[2]	3	ch[2]	'c'
a[3]	0	ch[3]	'\0'
a[4]	0	ch[4]	'\0'

图 5-2　数组部分初始化

利用部分初始化的特点,可以很容易地把一个数组元素值全部初始化成 0。比如:

```
int a[1000] = { 0 };   //定义数组 a,1000 个元素初始值都为 0
```

数组定义并初始化时,若全部数组元素都赋了初值,则数组长度可以省略,其长度就是初值的个数。比如:

```
float score[] = {1.0,2.0,3.0,4.0,5.0};
```

则数组的长度就是初值的个数 5,上述定义语句等价于:

```
float score[5] = {1.0,2.0,3.0,4.0,5.0};
```

注意:变长数组的长度是在程序执行的时候确定的,在程序编译的时候并没有确定的数组长度,所以变长数组不支持初始化赋值。比如:

```
int n;
scanf("%d", &n);
int a[n] = {1, 2, 3};        //初始化不合法,编译器报错
```

但如下初始化是合法的:

```
#define N 10
int a[N] = {1, 2, 3};        //宏定义 N 是常量,定长数组初始化合法
```

5.2.2　一维数组的应用

定义了一个数组,相当于定义了若干个同类型的变量,每个元素都是一个变量,对数组的操作就是对数组元素变量的操作,比如:

一维数组的应用

```
float score[5];
score[0] = 78.0;                     //第 1 个元素赋值 78.0
score[1] = score[2] + score[3];      //第 3、4 个元素值相加后赋值给第 2 个元素
score[2] = score[2 + 2];             //第 5 个元素值赋值给第 3 个元素
printf("%f",score[1]);               //输出第 2 个元素
```

注意,引用数组元素时,下标的最大值是(数组长度-1),不能超过这个限值。但是 C 语言对数组元素下标是不做越界检查的,也就是如果下标超出了限值,编译的时候并不会报错或警告。但是程序执行的时候如果用到越界的元素值,程序可能会出错。这个问题在使用数组元素的时候要特别注意。

对数组进行数据操作,需要使用循环对数组中每个元素执行操作。比如:

```
float score[5];
int i;
for(i = 0;i<5;i ++ )
    scanf("% f ",&score[i]);        //循环输入 5 个值,依次存入数组 score
for(i = 0;i<5;i ++ )
    printf("% f ",score[i]);        //循环输出数组元素 score[0]~ score[4]
```

【例 5-2】 输入 10 个学生的成绩,求平均分,并统计达到平均分的学生人数。

【问题分析】

如果只需要求平均分,则可以不使用数组,用循环逐个输入成绩进行累加,然后利用累加和计算平均分即可。但要统计达到平均分的学生人数,必须先计算出平均分,然后再把 10 个学生的成绩与平均分比较,所以这 10 个学生的成绩必须都存储起来。为此,定义一个长度为 10 的一维数组 score,每个元素存储一个成绩。

【程序】

```
# include <stdio.h>
int main(void)
{
    float score[10],sum = 0,avg;          //总成绩 sum 清零
    int i,count = 0;
    printf("请输入 10 个学生成绩:\n");
    for(i = 0;i<10;i ++ )                  //循环 10 次,求总成绩 sum
    {
        scanf("% f",&score[i]);            //每次输入一个学生成绩,存储到数组
        sum += score[i];                   //每个成绩累计到 sum 上
    }
    avg = sum/10;                          //计算平均值
    for(i = 0;i<10;i ++ )                  //循环 10 次,统计高于平均分的人数
        if(score[i]>= avg)                 //学生成绩高于平均分
            count ++ ;
    printf("平均分:% .2f\n",avg);
    printf("达到平均分的人数:% d\n",count);
    return 0;
}
```

【运行示例】

> 请输入 10 个学生成绩:
> 87 90 34 67 94 80 68 73 98 85↙
> 平均分:77.60
> 达到平均分的人数:6

【程序说明】

从这里可以看到,定义一个数组存储同类型的一批数据,对每个数组元素进行操作时可以用循环结构,相应的循环变量 i 对应数组元素下标,使得代码结构清晰简单。

5.2.3 查找

一维数组的一个典型应用就是解决查找问题。

查找是指在一组数据中查找某个指定的数据。比如:在这 10 个数"92,23,40,90,82,34,12,98,35,5"中找 90 这个数,或者在同样的这 10 个数中查找 100 这个数,前者可以找到,而后者找不到。

下面介绍两种查找方法:顺序查找和二分查找。

1. 顺序查找

顺序查找,是在一组数据中遍历查找一个指定的数,这一组数据不需要是有序的。查找过程是按照数据序列原有顺序逐个遍历,与要查找的数进行比较,直到找出与之相等的数为止;如果遍历完所有数都没有找到相等的数,那就表示没有找到指定数。

顺序查找

比如:在 10 个数"92,23,40,90,82,34,12,98,35,5"中找 90 这个数,顺序查找的过程如图 5-3 所示。

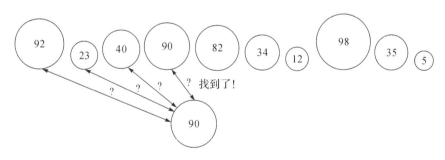

图 5-3　顺序查找

从第一个数 92 开始,与要查找的数 90 比较,若不相等则继续。一直比,到第 4 个,发现两数相等表示找到了,查找结束。

如果换成要查找 100,那么从第一个到最后一个逐一比较,结果都不相等,表示没有找到,查找也结束了。

顺序查找的特点是简单,但是效率比较低,比较的次数较多。比如像上述第 2 种情况,N 个数比较需 N 遍,才得出没有找到的结果。

【例 5-3】 在 10 个学生成绩中顺序查找某个指定的成绩。

【问题分析】

首先用一个一维数组 score 存储 10 个学生的成绩,而待查找的指定成绩用变量 x 存储,然后将 x 的值依次与数组元素 score[0]到 score[9]逐个比较。

【程序】

```c
#include <stdio.h>
int main(void)
{
    int score[10], x, i, flag = 0;        //标识量 flag,标识要查找的数是否存在
    printf("请输入 10 个学生成绩:\n");//提示输入 10 个学生成绩
    for(i = 0; i < 10; i ++ )             //循环输入 10 个学生成绩
        scanf("%d",&score[i]);
    printf("请输入要查找的分数:\n");  //提示输入要查找的成绩
    scanf("%d",&x);                       //输入要查找的成绩
    for(i = 0; i < 10; i ++ )             //逐一顺序比较查找
        if(score[i] == x)                 //找到了
        {
            printf("%d 分找到了:是 score[%d]\n", x, i);
            flag = 1;                     //找到 x,给 flag 赋值 1
            break;                        //退出循环,结束查找
        }
    if(flag == 0)                         //标识量 flag 仍为初值 0,表示没有找到 x
        printf("%d 分没有找到\n", x); //如 x 找到,则不执行该句
    return 0;
}
```

【运行示例 1】

```
请输入 10 个学生成绩:
92 23 40 90 82 34 12 98 35 5✓
请输入要查找的分数:
90✓
90 分找到了:是 score[3]
```

【运行示例 2】

```
请输入 10 个学生成绩:
92 23 40 90 82 34 12 98 35 5✓
请输入要查找的分数:
100✓
100 分没有找到
```

【程序说明】

定义数组 score 存储 10 个学生成绩,按照顺序查找的方法,从第一个成绩开始,从前往后一个一个与待查找的成绩 x 比较,看是否相等。采用循环结构,循环变量 i 从 score 数组的下标 0 开始,到最后一个元素下标 9。每次,score[i] 和 x 比较,如果相等,则表示找到了,输出结论,并用 break 跳出当前循环,查找结束。如果 score[i] 和 x 不相等,则比较下一个数。

另外,程序使用标识量 flag,初始值是 0,当 x 找到后,flag 被赋值 1。如果顺序查找的循环中所有的 score[i] 和 x 都不相等,那表示 x 没有找到。那查找的循环结束后,其循环体 if 结构中语句没有被执行过,flag 还是保持初值 0。则可以用标识量 flag 来判断 x 有没有被找到,如果还是为初值 0,就表示 x 没有被找到。

编程思考:

(1) 这个程序能不能不要标识量 flag 呢? 如果能,那代码怎么修改?

(2) 上述顺序查找的 for 循环中用了 if 结构,用 if - else 结构可以吗? 比如改成:

```
for(i = 0;i<10;i ++ )
    if(score[i] == x)  {
        printf("%d 分找到了:是 score[ %d]\n",x,i);
        break;
    }
    else
        printf("%d 分没有找到\n",x);
```

这样改,程序会有什么问题?

2. 二分查找(折半查找)

二分查找也叫折半查找。二分查找的前提是原数据序列必须已经按顺序(升序或降序)排列好。

假设待查找数据序列是从小到大排列,首先将序列中间位置的数与要查找的数比较,如果两者相等,则查找成功;否则利用当前的中间位置将数列分成前、后两段,如果中间位置的数大于待查找数,则查找范围缩小至序列前半段,否则查找范围缩小至序列后半段。

二分查找

以在 10 个成绩(升序排列)中查找 82 分为例,假设数组 score 存储 10 个成绩,则二分查找的过程为:

(1)首先将待查找序列(score[0] ~ score[9])的第一个元素下标记为 top,最后一个元素下标记为 bottom,中间的元素下标记为 mid,mid 的值为(top + bottom)/2。

(2)第一次查找的时候,top 的值是 0,bottom 的值是 9,则 mid 的值是 4,如图 5-4(a)所示。比较中间元素 score[4] 和待查找的 82 分是否相等;如果不相等,再看关系是小于还是大于。score[4] 的值为 35,要比查找的 82 分小,则待查找数只会出现在后半部分。原来的查找问题就转变成在 score[5] ~ score[9] 中查找 82 分,查找范围减半。新的 top 变成 mid + 1,也就是 5,而 bottom 没有变,还是 9,相应的 mid 变成 7。再进行 score[mid] 与 82 的比较,如图 5-4(b)所示。

(3)重复上面的操作,如图 5-4(c)、5-4(d)所示。

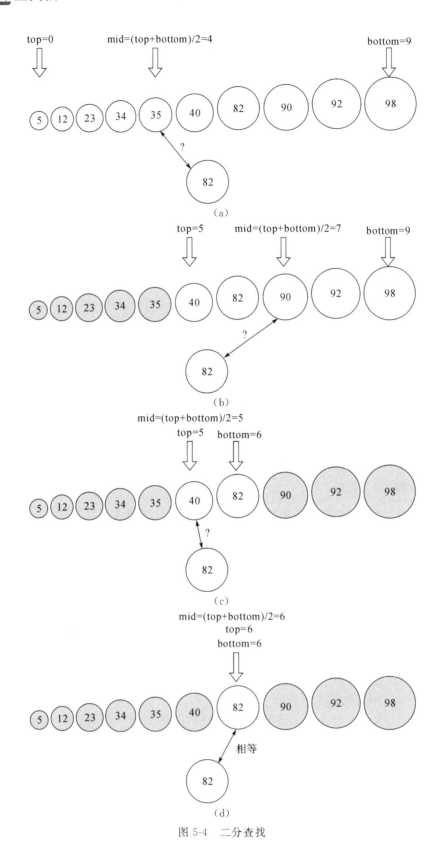

图 5-4 二分查找

（4）最后一共比较了 4 次,就找到了 82 分,而如果使用顺序查找法,则需要比较 7 次才能找到。

再思考另一种情况,如果在这 10 个成绩中查找 100 分。二分查找的过程相同,但 score[mid]都比 100 小,最后,当 top、bottom 和 mid 都指向 9 号成绩,发现还是比 100 小。按照二分查找规则,top 要再增加 1,那这样 top 就大于 bottom,top 超过 bottom 表示查找范围为空,则查找结束,未找到指定的数。这种情况的二分查找一共比较了 4 次,而如果使用顺序查找,要比较 10 次才能得到最后的结果。

【例 5-4】　使用二分查找算法,在 10 个学生成绩（从小到大）中查找指定分数。

【问题分析】

二分查找的流程,如图 5-5 所示。

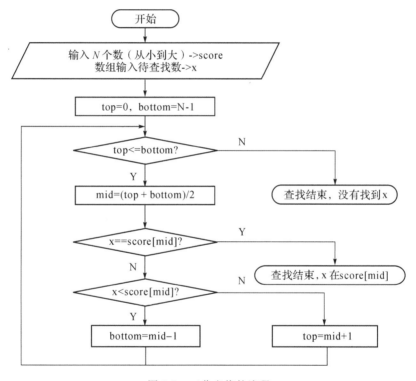

图 5-5　二分查找的流程

【程序】

```c
#include <stdio.h>
#define N 10
int main(void)
{
    int   score[N], x, i;
    int   top, bottom, mid;
    printf("请输入 10 个学生成绩:\n");    //提示输入 10 个学生成绩
    for(i = 0; i<10; i ++ )               //循环输入 10 个学生成绩
```

```
            scanf("%d", &score[i]);
        printf("请输入要查找的分数:\n");       //提示输入要查找的成绩
        scanf("%d", &x);                      //输入要查找的成绩
        top = 0;                              //确定一开始 top 和 bottom 的值
        bottom = N - 1;
        while(top <= bottom)                  //二分查找的过程
        {
            mid = (top + bottom) / 2;         //求查找范围内的中间值的下标
            if(score[mid] == x)               //中间值就是要查找的数
            {
                printf("找到了,%d 是 score[%d]\n", x, mid);
                break;
            }
            else if(score[mid] > x)           //中间值大于 x,查找范围缩小在左半区间
                bottom = mid - 1;
            else                              //中间值小于 x,查找范围缩小在右半区间
                top = mid + 1;
        }
        if(top > bottom)                      //如果 top 大于 bottom,表明没有找到 x
            printf("%d 没有找到。\n", x);
        return 0;
    }
```

【运行示例1】

```
请输入 10 个学生成绩:
5 12 23 34 35 40 82 90 92 98 ↙
请输入要查找的分数:
82 ↙
找到了,82 是 score[6]
```

【运行示例2】

```
请输入 10 个学生成绩:
5 12 23 34 35 40 82 90 92 98 ↙
请输入要查找的分数:
100 ↙
100 没有找到。
```

【编程思考】

如果上述待查找数列是从大到小排列的,那上述程序应该如何修改呢?

5.2.4　排序

一维数组的另一个典型应用就是解决排序问题,排序是指将一组无序的数据,排列成一个有序(升序或降序)序列的过程。比如要把"92,23,40,90,82,34,12,98,35,5"这 10 个数从小到大排序,最后得到排序后的结果是"5,12,23,34,35,40,82,90,92,98"。

排序的过程一般会有两种操作:

(1)比较两个数据元素的大小,通过比较知道哪个数在前,哪个数在后;

(2)数据的交换,按照比较的结果,将数据元素从一个位置交换到另一个位置。

排序的方法有多种,比如冒泡排序、选择排序、插入排序、快速排序、堆排序等,本节主要介绍两种排序方法:冒泡排序和选择排序。

1. 冒泡排序

冒泡排序,依次比较两个相邻的数据元素,如果两数顺序与排序次序不一致,则交换两个元素;重复对未排序的数据进行这样的操作,直到所有相邻的数据元素都不需要交换为止,则排序完成。在这个过程中,一些元素经过交换慢慢移到数列的前端,就像水中的气泡一样"冒"到上面,故称为"冒泡排序"。

冒泡排序

假设 N 个数据元素存储在数组 a 中,以从小到大排序为例,冒泡排序的算法过程是:

(1)第 1 轮冒泡排序:对未排序的 N 个数据元素(a[0]~a[N-1]),比较相邻的两数,如果前面的数大于后面的数,则交换两数。对相邻的每一对数都这样操作,一轮操作结束后,最后一个元素 a[N-1]就是 N 个数中的最大数。

(2)第 2 轮冒泡排序:对剩余的 N-1 个未排序的数据元素(a[0]~a[N-2])进行上述相同操作。这样一轮操作结束后,最后第二个元素 a[N-2]就是 N 个数中的第二大的数。

(3)重复上述过程,参与每一轮冒泡排序的数据元素个数越来越少,经过 N-1 轮操作,只剩下一个元素 a[0]待排序,不再需要比较,则排序结束。

以 8 个学生的成绩从小到大排序为例,假设用一维数组 a 存储成绩数据,来看一下冒泡排序的过程。

第 1 轮冒泡排序:8 个成绩(元素 a[0]~a[7])从前往后,相邻元素两两比较,如果前者较大,则 2 个元素交换,那比较 7 次以后,最大数就调整到数组末尾,如图 5-6 所示。

第 2 轮冒泡排序:经过第 1 轮处理后,最大数已经调整到数组末尾,再对剩下的前 7 个成绩(a[0]~a[6]),按照上述方法进行处理,就可以得到 7 个成绩中的最大数,排在剩下数列的最后一个位置,也就是数组最后第 2 个位置。

重复上述操作,经过第 3,4,…,7 轮,8 个成绩就按从小到大顺序排好了,如图 5-7 所示。

使用循环结构实现上述冒泡排序过程。外层循环为 N-1 轮冒泡排序,内层循环为每一轮排序过程。结构如下:

```
for(i = 0; i<N-1; i ++)  {        //外层循环:共 N-1 轮冒泡排序
    每一轮冒泡排序过程
}
```

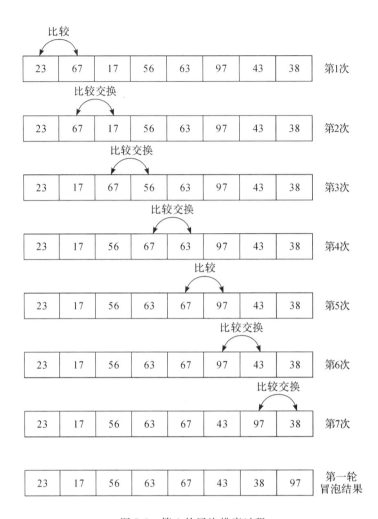

图 5-6　第 1 轮冒泡排序过程

23	67	17	56	63	97	43	38	初始
23	17	56	63	67	43	38	97	第1轮
17	23	56	63	43	38	67	97	第2轮
17	23	56	43	38	63	67	97	第3轮
17	23	43	38	56	63	67	97	第4轮
17	23	38	43	56	63	67	97	第5轮
17	23	38	43	56	63	67	97	第6轮
17	23	38	43	56	63	67	97	第7轮

图 5-7　冒泡排序算法示意图

其中,每一轮冒泡排序过程,是将 N-i 个元素(a[0] ~ a[N-i-1])进行冒泡操作,相邻元素两两比较,如果跟要求的次序不一致,则交换两个元素。若以 j 作为元素下标,相邻两个元素可用 a[j]与a[j+1]表示,j 和 j+1 的范围都在[0,N-1-i]内,则内层循环结构为:

```
for(j = 0; j<N-1-i; j ++)
{
    若 a[j]>a[j+1],
    则交换 a[j]与 a[j+1]
}
```

【例 5-5】　N 个数从小到大排序(冒泡排序)。

【程序】

```
#include <stdio.h>
#define N 8
int main(void)
{
    int a[N], i, j, t;
    printf("输入 %d 个学生成绩:\n",N);
    for(i = 0; i<N; i ++)
        scanf("%d", &a[i]);
    for(i = 0; i<N-1; i ++)                //外层循环:N-1 轮冒泡排序
        for(j = 0; j<N-1-i; j ++)          //内层循环:每一轮冒泡排序
            if(a[j]>a[j+1])                //相邻两数比较
            {
                t = a[j];                  //三行,实现两数 a[j]和 a[j+1]交换
                a[j] = a[j+1];
                a[j+1] = t;
            }
    printf("从小到大排序:\n");
    for(i = 0; i<N; i ++)
        printf("%d ", a[i]);
    return 0;
}
```

【运行示例】

```
输入 8 个学生成绩:
23 67 17 56 63 97 43 38↙
从小到大排序:
17 23 38 43 56 63 67 97
```

【程序说明】

上述二重循环中,注意内层循环变量 j 的循环控制条件是 j<N-1-i,相邻两数 a[j] 与 a[j+1] 比较,j 和 j+1 的范围都在 [0,N-1-i] 内,所以有 j+1≤N-1-i,即 j<N-1-i。

【编程思考】

如果要实现 N 个数从大到小排列,代码应该怎么修改?

如果要实现 N 个数按绝对值从小到大排列,代码应该怎么修改?

2. 选择排序

选择排序是每次在待排序的数据元素中选择一个最小(或最大)数,然后存放到待排序数列的起始位置,经过多次这样的操作,直到待排序的数据元素的个数为零,则排序完成。

选择排序

假设 N 个数据元素存储在数组 a 中,以从小到大排序为例,选择排序的算法过程是:

(1)第 1 轮选择排序:在 N 个未排序的数据元素(a[0] ~ a[N-1])中,通过 N-1 次比较,找出最小数,将它与第一个数 a[0] 交换。这样操作结束后,第一个元素 a[0] 就是 N 个数中的最小数。

(2)第 2 轮选择排序:在剩余的 N-1 个未排序的数据元素(a[1] ~ a[N-1])中找出最小数,将它与 a[1] 交换。这样操作结束后,元素 a[1] 就是 N 个数中的第二小的数,a[0]、a[1] 就按从小到大顺序排好了。

(3)重复上述过程,经过 N-1 轮操作后,a[0] ~ a[N-2] 就按从小到大顺序排好了,只剩下一个元素 a[N-1] 待排序,排在最后,则排序结束。

还是以 8 个学生的成绩从小到大排序为例,用一维数组 a 存储成绩数据,来看一下选择排序的过程。

第 1 轮选择排序:首先要在这 8 个成绩(元素 a[0] ~ a[7])中,找出其中的最小数。先假设第一个元素 a[0] 最小,记录其下标,用 k 表示,k 的值先设为 0;用另一个下标 j 遍历剩下的元素(a[1] ~ a[7]),j 从 1 开始,一直到最后一个元素的下标 7。每次 a[j] 与当前最小数 a[k] 比较,如果 a[j] 比 a[k] 还要小,那么 k 值更新成 j 的值。一轮比较结束后,下标 k 就是最小数的下标。将最小数 a[k] 和第一个元素 a[0] 交换,则最小数就排在了序列的第一个位置,如图 5-8 所示。

第 2 轮选择排序:去掉目前排第一个的最小数 a[0],将剩下待排序的 7 个成绩(元素 a[1] ~ a[7]),再按照上述的方法,得到 7 个数中的最小数 a[k],与待排序元素的第一个 a[1] 交换。

重复上述操作,经过第 3,4,…,7 轮,8 个成绩就按从小到大顺序排好了,如图 5-9 所示。

用循环结构实现上述选择排序过程。外层循环为 N-1 轮选择排序,内层循环为每一轮排序过程。结构如下:

```
for(i = 0; i<N-1; i ++) {      //外层循环:N-1轮选择排序
    ① 找出元素 a[i] ~ a[N-1] 中最小数元素的下标 k;
    ② 交换最小数元素 a[k] 与待排序序列的第一个数 a[i];
}
```

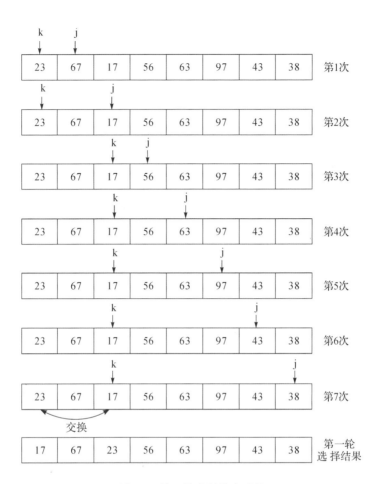

图 5-8　第 1 轮选择排序过程

23	67	17	56	63	97	43	38	初始
17	67	23	56	63	97	43	38	第1轮
17	23	67	56	63	97	43	38	第2轮
17	23	38	56	63	97	43	67	第3轮
17	23	38	43	63	97	56	67	第4轮
17	23	38	43	56	97	63	67	第5轮
17	23	38	43	56	63	97	67	第6轮
17	23	38	43	56	63	67	97	第7轮

图 5-9　选择排序算法示意图

其中,内层循环实现找出 a[i] ~ a[N-1]中最小数元素的下标 k,结构如下:

```
    k = i;              //先假设待排序序列中第一个元素最小,下标 k 为 i
    for( j = i + 1; j < N; j ++ )    //排序序列剩余数 a[j](范围:a[i+1]～a[N-1])
        if( a[j]<a[k] )      //a[j]比当前最小值 a[k]小
          k = j;             //最小值下标 k 更新成 j
```

【例 5-6】 N 个数从小到大排序(选择排序)。

【程序】

```c
# include <stdio.h>
# define N 8
int main(void)
{
    int a[N], i, j, k, t;
    printf("输入 % d 个学生成绩:\n", N);
    for( i = 0; i < N; i ++ )
        scanf("% d", &a[i]);
    for( i = 0; i < N - 1; i ++ )              //外层循环:N-1 轮选择排序
    {
        k = i;                   //先假设待排序序列中第一个元素最小,下标 k 为 i
        for( j = i + 1; j < N; j ++ ) // a[i+1]~a[N-1]中找最小数元素 a[k]
            if( a[j]<a[k] )
                k = j;
        if( k !=i )                          //如果查找到的最小数不是第一个数,则交换
        {
            t = a[k];
            a[k] = a[i];
            a[i] = t;
        }
    }
    printf("从小到大排序:\n");
    for( i = 0; i < N; i ++ )
        printf("% d ", a[i]);
    return 0;
}
```

【运行示例】

```
输入 8 个学生成绩:
23 67 17 56 63 97 43 38↙
从小到大排序:
17 23 38 43 56 63 67 97
```

5.3　二维数组

5.3.1　二维数组的定义与初始化

本小节以常用的二维数组为例说明多维数组的特点及使用。

1. 二维数组的定义

实际生活中,经常会碰到二维数据,比如有一个二维表格,存储三个学生的 4 门功课成绩。数据共有 3 行,每一行是一个学生的 4 门课程成绩:

89	72	63	94
55	65	71	68
95	100	91	92

存储这样的数据,若使用一维数组,就不方便反映它的二维特性,所以引入二维数组来处理这类数据。

二维数组的定义形式:

`数据类型　数组名[行长度][列长度];`

比如上述二维成绩表,有 3 行 4 列,就可以定义如下二维数组:

`int score[3][4];`

其中 score 是数组名,int 表示数组元素的数据类型,3 是第一维长度,表示行数,4 表示每行的列数,行数和列数都用[]括起来。二维数组里存储的元素个数,就是行数乘以列数,score 数组包含 3×4,共 12 个元素。

二维数组中的每一个元素,采用下标来表示,格式如下:

`数组名[行下标表达式][列下标表达式]`

行下标和列下标都是从 0 开始的整数,m 行 n 列的二维数组,其行下标范围[0,m-1],列下标范围[0,n-1]。

二维数组定义后,系统为其在内存中分配一块连续存储空间,内存是一个一维空间,二维数组的元素还是要存储到内存的一维空间里,所以二维数组的元素是逐行依次存放在内存里的。比如定义如下二维数组:

`int score[3][4];`

以每个 int 型数据占 4 个字节为例,其 12 个元素共分配到 12×4 共 48 个字节的连续空间,然后以行序优先的原则依次存储每个元素,如图 5-10 所示。

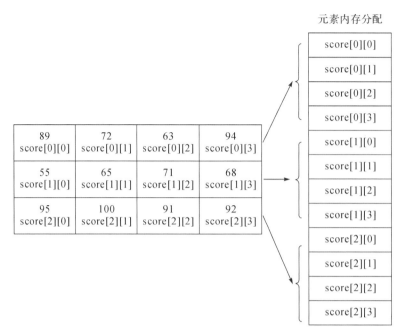

图 5-10　二维数组元素引用及内存存储

二维数组可以这样理解：把每一行看成是一个元素，每个元素又可以看成是一个具有一定长度的一维数组。以 int score[3][4]; 为例，如图 5-11 所示。

图 5-11　二维数组的理解

把 score 看作一个一维数组，由 3 个元素组成：score[0]、score[1]、score[2]。其中每一个元素，又可以看成是一个具有 4 个整型元素的一维数组。比如 score[0]元素，是一个有 4

个元素的数组,数组名可以认为就是 score[0],那它的每一个元素又可以用数组名 score[0] 和下标组成,则有 4 个元素 score[0][0]、score[0][1]、score[0][2]、score[0][3]。那按照一维数组的存储,要依次存储 score[0]、score[1]、score[2]。

2. 二维数组的初始化

二维数组在定义的时候也可以进行初始化赋值,跟一维数组一样,用{ }给出一组初始值。初始化列表可以有 2 种形式:分行初始化和顺序初始化。

分行初始化,初始化格式如下:

数据类型　数组名[行长度][列长度]={ {初始值列表 1},…,{初始值列表 i},… };

每一行的初始值用一组{ }括起来,分别赋值二维数组对应的一行数组元素,比如:

`int a[2][3] = {{1,2,3},{4,5,6}};`

以上语句执行后,二维数组 a 中初始值的情况为:

1	2	3
4	5	6

顺序初始化,初始化格式如下:

数据类型　数组名[行长度][列长度]={ 初始值列表 };

按照内存存储的元素顺序依次将初始值赋值给数组元素,比如:

`int a[2][3] = {1,2,3,4,5,6};`

上述初始化等价于:int a[2][3] = {{1,2,3},{4,5,6}};

二维数组也可以部分初始化,没有给初始值的元素值默认值为 0(字符数组为 '\0')。部分初始化的时候,要注意分行初始化和顺序初始化的区别,比如:

```
int a[2][3] = {{1, 2},{3, 4}};
                //按行初始化,等价于 int a[2][3] = {{1, 2, 0},{3, 4, 0}};
int a[2][3] = {1, 2, 3, 4};
                //顺序初始化,等价于 int a[2][3] = {1,2,3,4,0,0 };
```

同样是给出 4 个初始值,但它们初始化的结果是不一样的。

1	2	0
3	4	0

分行初始化

1	2	3
4	0	0

顺序初始化

另外,二维数组定义的时候,如果有初始化,可以省略第一维长度,根据初始值的个数确定数组的行数。注意,多维数组初始化定义的时候,除第一维长度之外,其他各维长度一定不能省略。

二维数组分行初始化时,根据内层{ }的数量来决定行数,比如:

```
int a[][3] = {{1, 2}, {3, 4}};          //分行初始化,里面有 2 组{ },行数为 2
等价于:int a[2][3] = {{1, 2, 0}, {3, 4, 0}};
```

二维数组顺序初始化时,如果数组全部初始化,那根据初始值个数以及列数,可以确定省略的行数;如果部分初始化,那找满足初始化值个数的最小行数。比如:

```
int  a[][3] = {1, 2, 3, 4, 5, 6};       //全部初始化,每行 3 个元素,行数为 2
等价于:int a[2][3] = {{1, 2, 3, 4, 5, 6}};
int  a[][3] = {1, 2, 3, 4};             //部分初始化,每行 3 个元素,最小行数为 2
等价于:int a[2][3] = {1, 2, 3, 4, 0, 0};
```

5.3.2 二维数组的应用

二维数组的应用

对二维数组进行操作,通常使用二重循环,行下标和列下标作为循环变量,循环对数组中每个元素遍历操作。比如:

```
int a[M][N], i, j;
for(i = 0; i<M; i ++)                    //循环变量 i 对应行下标[0,M−1]
    for(j = 0; j<N; j ++)                //循环变量 j 对应列下标[0,N−1]
        scanf("% d", &a[i][j]);
```

上述二重循环逐行输入每一行的 N 个元素。

【例 5-7】 有 M 个学生,每个学生有 N 门课程,考试结束后,要求统计出哪个学生的哪门课程分数最高,输出最高分,以及最高分对应的学生编号(1~M)及课程编号(1~N)。

【问题分析】

这是一个求最大数的问题。M 个学生 N 门功课,共有 M * N 个数据,怎么找最大数呢?可以把 M * N 个数用二维数组存储,遍历二维数组内的每一个元素,查找最大数。

【程序】

```
# include <stdio.h>
# define M 3
# define N 4
int main(void)
{
    int score[M][N], i, j, max;
    int maxi, maxj;          //maxi 标注学生编号(1~M),maxj 标注课程编号(1~N)
    printf("请输入 % d 个学生的 % d 门课程成绩:\n", M, N);
    for(i = 0; i<M; i ++)              //外循环对应 M 个学生
        for(j = 0; j<N; j ++)              //内层循环对应每个学生的 N 门课程
            scanf("% d", &score[i][j]);
    max = score[0][0];               //先以第一个成绩为最高分 max
    maxi = maxj = 1;                 //同时记录最高分的学生编号 1 和课程编号 1
    for(i = 0; i<M; i ++)            //按行遍历二维数组,比较查找最高分
```

```
        for(j = 0; j < N; j ++ )
            if(max < score[i][j])   //score[i][j]是否比当前最高分 max 高
            {
                max = score[i][j];      //找到新的最高分 score[i][j]
                maxi = i + 1;           //最高分的学生编号更新为 i + 1
                maxj = j + 1;           //最高分的课程编号更新 j + 1
            }
        printf("%d 号同学的第 %d 门课程分数最高,最高分是:%d\n", maxi, maxj, max);
        return 0;
}
```

【运行示例】

请输入 3 个学生的 4 门课程成绩:
89 72 63 94 ↙
55 65 71 68 ↙
95 100 91 92 ↙
3 号同学的第 2 门课程分数最高,最高分是:100

【程序说明】

题目要求:最高分对应的学生编号($1 \sim M$)及课程编号($1 \sim N$),而二维数组行下标和列下标是从 0 开始的,所以求最高分的过程中,学生编号 maxi 和课程编号 maxj 的值都相应地加 1。当然也可以 maxi 和 maxj 也从 0 开始,和 i、j 的值一致,最后输出的时候分别加 1;或者数组定义成 int score[M + 1][N + 1];,然后第 0 行和第 0 列不用,循环下标从 1 开始,则 maxi 和 maxj 的值也和循环变量 i、j 的值一致。

5.4　程序示例

【例 5-8】 用数组求 Fibonacci 数列前 30 项,并每行 6 个输出数列。

【问题分析】

Fibonacci 数列:1,1,2,3,5,8,13,21,34,…,数学上以如下方式定义:

$$\begin{cases} F_1 = 1 & n = 1 \\ F_2 = 1 & n = 2 \\ F_n = F_{n-1} + F_{n-2} & n \geq 3 \end{cases}$$

最前面 2 项是 1,从第 3 项开始每一项都是前 2 项的和。则将该数列的每一个数作为一个数组的元素 F[i],从第 3 个数开始,就可以通过 F[i] = F[i - 1] + F[i - 2] 求解每一个数。

【程序】

```
# include <stdio.h>
int main(void)
```

```
{
    int i;
    int F[30] = {1, 1};               //数列前 2 项赋初值 1,1
    for(i = 2; i < 30; i ++)          //数列第 3 项(下标为 2)开始求解
        F[i] = F[i-2] + F[i-1];       //前 2 项的下标是 i-1 和 i-2
    for(i = 0; i < 30; i ++)
    {
        if(i % 6 == 0)                //每行输出 6 个数
            printf("\n");
        printf("%10d", F[i]);         //使用格式 %10d,使每个数在 10 个域宽内列对齐
    }
    return 0;
}
```

【运行示例】

1	1	2	3	5	8
13	21	34	55	89	144
233	377	610	987	1597	2584
4181	6765	10946	17711	28657	46368
75025	121393	196418	317811	514229	832040

【例 5-9】 输入 10 个整数存储到数组 a,要求把数组 a 中的指定数据 x 删除掉。

【问题分析】

要在数组中删除指定数据 x,删除一个数后,该数后面其他的数需往前存储。删除 x 后,数列的个数是小于等于原数列个数,所以在同个数组空间中,可以用 2 个下标 i 和 j 分别对应原数列和删除 x 后的数列,用下标 i 遍历原数列,将其中的每个非 x 的数,按照新的下标 j 来存储。

【程序】

```
# include <stdio.h>
# define N 10
int main(void)
{
    int a[N], x, i, j;
    printf("请输入 10 个整数:\n");
    for(i = 0; i < N; i ++)              //输入 10 个整数,存储至数组 a
        scanf("%d", &a[i]);
    printf("请输入要删除的 x:\n");
    scanf("%d", &x);                     //输入要删除的指定数据 x
```

```
for(i = 0,j = 0; i<N; i ++ )        //下标 i 对应原数列,j 对应删除 x 后的新数列
    if(a[i] !=x)                     //原数列中的非 x 数据,按照下标 j 存储
    {
        a[j] = a[i];                 //a[i]不是 x,存储至下标 j 对应的元素位置
        j ++ ;                       //下标 j 再 + 1,指向下一个元素位置
    }
printf("删除 x 后的数列为:\n");
for(i = 0; i<j; i ++ )              //删除所有 x 后,j 最终就是新数列的个数
    printf("% d ", a[i]);
return 0;
}
```

【运行示例】

请输入 10 个整数:
3 2 8 7 8 8 9 6 8 1↙
请输入要删除的 x:
8↙
删除 x 后的数列为:
3 2 7 9 6 1

【程序说明】

假设将删除指定数后的数列称为新数列,程序中并没有给新数列重新分配数组空间,而是和原数列在同一个数组里,因为新数列个数少于原数列个数,在遍历原数列过程中,新数列并不会影响后面未遍历的原数列。在同个数组 a 中,使用两个下标 i 和 j 分别对应于原数列和新数列,下标都从 0 开始。i 每次循环加 1,遍历原数列,j 只有遇到非 x 元素,才增加一个。其中,"a[j] = a[i];j ++ ;"这两条语句可以合并成一条语句"a[j ++] = a[i];",功能相同。

【例 5-10】 输入 10 个整数,找出其中的最大值,然后和数列中的第一个数交换位置。

【问题分析】

需要交换最大值和第一个数的位置,所以在找最大值的同时,需要记录最大值的位置(数组元素下标),这样才能实现最大值和第一个元素的交换。

【程序】

```
# include <stdio.h>
int main(void)
{
    int x[10], max, i, maxi;
    printf("请输入 10 个整数:\n");
    for(i = 0; i<10; i ++ )             //输入并存储 10 个数至数组 x
        scanf("% d", &x[i]);
```

145

```
    max = x[0];                    //先记第一个元素 x[0]是最大值 max
    maxi = 0;                      //同时记最大值下标 maxi 为 0
    for(i = 1; i < 10; i ++ )       //遍历数组找最大值
        if( x[i] > max )            //后面有其他数 x[i]比当前的 max 大
        {
            max = x[i];             //max 和 maxi 同时更新
            maxi = i;
        }
    x[maxi] = x[0];                 //最大值和第一个数 x[0]交换
    x[0] = max;
    printf("交换后的数列是:\n");
    for(i = 0; i < 10; i ++ )
        printf(" % d ", x[i]);
    return 0;
}
```

【运行示例】

```
请输入 10 个整数:
2 3 1 4 7 6 10 9 8 0↙
交换后的数列是:
10 3 1 4 7 6 2 9 8 0
```

【程序说明】

程序在找最大值的过程中,其位置(下标 maxi)也要同步更新,特别是最开始先假设 x[0]最大时,maxi 应同时设置其值为下标 0。

上述例子中,maxi 是最大值的下标,所以最大值还可以用 x[maxi]表示,程序还可以修改成:

```
# include <stdio.h>
int main(void)
{
    int  x[10], i, maxi, t;
    maxi = 0;                      //先假设第一个元素是最大值,其下标 maxi 为 0
    printf("请输入 10 个整数:\n");
    for(i = 0; i < 10; i ++ )    //输入 10 个数,同时比较查找有没有新的最大值
    {
        scanf(" % d", &x[i]);       //输入一个数
        if( x[i] > x[maxi] )         //输入的数与当前最大值 x[maxi]比较
            maxi = i;                //最大值下标更新
    }
```

```
        t = x[maxi];                      //最大值 x[maxi]和第一个数 x[0]交换
        x[maxi] = x[0];
        x[0] = t;
        printf("交换后的数列是:\n");
        for(i = 0; i < 10; i ++ )
            printf("%d", x[i]);
        return 0;
    }
```

【程序说明】

原程序中因为要记第一个值为 max,先要输入元素值,才能用 x[0]给 max 赋值,然后再循环查找最大值,所以使用了 2 个一重循环实现输入数据和查找最大值。修改程序后,使用 x[maxi]记录最大值,查找最大值之前只需记录下标 maxi 的值为 0 即可。就可以把原程序中的 2 个循环合并在 1 个循环里,简化了程序。这其实就是选择排序中的一轮选择过程。

【例 5-11】 校门口的树:校门口有一条马路,马路的一侧等距离栽有一排树。假设该马路长度为 L 米($L \leqslant 1000$ 米),每两棵树相邻 1 米。可以把这马路看成一个数轴,马路一端在数轴 0 的位置,另一端在 L 的位置;数轴上的每个整数点,即 $0,1,2,\cdots,L$,都种有一棵树。现在马路上有一些区域要施工,需要把这些区域中的树移走。这些区域用它们两端的起始点和终止点表示,已知这些起始点和终止点都是整数,且区域之间有可能有重合的部分。请计算一下,移走这些树后,马路上还剩下多少棵树?

【问题分析】

因为区域有重合的部分,比如[1,10]和[5,15],所以如果分各个区间统计移走的树会出现重复移走的问题。可以利用一个数组 tree 存储每个整数点状态,元素值设 0 表示树未移走,1 表示树移走了,则数组 tree 的初始化值都是 0,按区间统计将在区间内的元素值置 1。

【程序 1】

```
#include <stdio.h>
#define L 1000
int main ( )
{
    int tree[L + 1] = { 0 };  // tree 存储每个整数点树的状态,初始都为 0,表示未移走
    int len, n, begin, end, i, j;
    int count = 0;          //count 用于统计最后剩下树的数目
    printf("请输入马路长度和施工区间数:");
    scanf("%d%d", &len, &n);    //输入马路实际长度 len,和施工区间数 n
    printf("请输入各个施工区间的起点和终点:\n");
    for(i = 1; i <= n; i ++ )      //循环统计 n 个区间,每个区间内数的状态置 1
    {
        scanf("%d%d", &begin, &end);//输入每个区间的起点和终点
        for(j = begin; j <= end; j ++ ) //区间[begin,end]内每棵树的状态置 1
```

```
            tree[j] = 1;
        }
    for(i = 0; i <= len; i ++)              //统计马路上剩下的树
        if(tree[i] == 0)                    //tree[i]值为 0,表示树还在
            count ++;
    printf("剩下树有:%d 棵\n", count);
    return 0;
}
```

【运行示例】

请输入马路长度和施工区间数:10 3 ↙
请输入各个施工区间的起点和终点:
3 5 ↙
4 7 ↙
2 8 ↙
剩下树有:4 棵

【程序说明】

数组 tree 的下标[0,len]对应马路上各个整数点,对应的元素值为该点上树的状态值(0 或 1)。注意:题目中马路长度 len ≤ 1000,则整数点从 0 开始,最大可能为 1000,所以数组长度可设为 1001,下标范围[0,1000]。以 int tree[L + 1] = { 0 }部分初始化默认值也为 0,为所有元素初始化成 0。而在后续代码中以输入的实际长度 len 进行循环。

【例 5-12】 乘电梯:有一部电梯,每往上一层需要 6 秒钟,每往下一层需要 4 秒,每开一次门需要 5 秒,假设现在电梯内有 $N(0 < N \leq 10)$ 个人,要到达各自的楼层 $Si(1 \leq Si \leq 100)$,请计算完成本趟运行所需要的时间。

假设:

(1)最开始电梯在 0 层,并且完成所有请求后电梯需要回到 0 层;

(2)到同一楼层的人不管有几人,电梯开门的时间总共只需要 5 秒。

【问题分析】

总时间 = 上行时间 + 下行时间 + 开门时间。

上行时间 + 下行时间 = (6 + 4)× 电梯到达的最高层;开门时间 = 5 × 开门次数。

其中,电梯到达的最高层,即求 N 个人到达楼层的最大值。问题难点是求解开门次数,介绍 2 种方法。

方法 1:将 N 个人的楼层数排序,然后通过相邻两数比较,将相同楼层数的开门次数减至只剩一次。同时,排序后还可以得到电梯需要到达的最高层数。

方法 2:将所有的电梯楼层 Si 先都初始化为 0,然后依次将 N 个人需要到达的楼层的状态设置为 1,这样只要计算 Si 中有多少个 1,就可以得到开门次数了。

【程序 1】

```c
#include <stdio.h>
#define N 10
int main(void)
{
    int   a[N], time, n, i, j;
    int   t, count;
    printf("请输入人数:\n");
    scanf("%d", &n);                  //输入人数
    printf("请输入需要到达的楼层数:\n");
    for(i = 0; i < n; i ++)
        scanf("%d", a + i);           //输入每个人要到的层数,存入数组 a
    for(i = 0; i < n - 1; i ++)       //从大到小冒泡排序
        for(j = 0; j < n - 1 - i; j ++)
            if( a[j] < a[j + 1] )
            {
                t = a[j];
                a[j] = a[j + 1];
                a[j + 1] = t;
            }
    time = (6 + 4) * a[0];            //最高层 a[0],计算上行和下行的总时间
    count = n;                        //count 记录开门次数,初始值 n
    for(i = 0; i < n - 1; i ++)       //统计开门次数
        if(a[i + 1] == a[i])          //相邻两数相等的,开门次数 - 1
            count -- ;
    time += 5 * count;                //加上开门时间,计算运行时间
    printf("电梯运行的时间为:%d\n",  time);
    return 0;
}
```

【运行示例】

请输入人数:
5↙
请输入需要到达的楼层数:
3 6 15 5 6 9↙
电梯运行的时间为:170

【程序说明】

输入 5 个人，分别到达的楼层：3，6，15，6，9，最高层 15 层，开门 4 次，所以总时间：$(6+4) * 15 + 5 * 4$，共 170 秒。

【程序 2】

```
#include <stdio.h>
int main(void)
{
    int Si[101] = { 0 };                //Si 记录相应楼层的状态,初始值都是 0
    int i, j, N, time, max = 0;         //max 记录到达的最高楼层,初始值 0
    printf("请输入人数:\n");
    scanf("%d", &N);                    //输入人数
    printf("请输入需要到达的楼层数:\n");
    for(i = 0; i < N; i ++)
    {
        scanf("%d", &j);                //输入每个人要到的层数 j
        Si[j] = 1;                      //相应的楼层状态 Si[j]赋值 1,表示开门
        if( j > max )                   //同时判断最高楼层 max 是否是 j
            max = j;
    }
    time = (6 + 4) * max;               //上行和下行的总时间
    for(i = 1; i <= max; i ++)          //从 1 层到最高层,判断哪层需开门
    {
        if( Si[i] == 1 )                //根据楼层状态 Si[i]判断是否开门
            time += 5;                  //计算开门时间
    }
    printf("电梯运行的时间为:%d\n", time);
    return 0;
}
```

【运行示例】

请输入人数：
6 ↙
请输入需要到达的楼层数：
10 6 30 10 30 24 ↙
电梯运行的时间为：320

【程序说明】

输入 6 个人，分别到达的楼层：10，6，30，10，30，24，最高层 30 层，开门 4 次，所以总时间：$(6+4) * 30 + 5 * 4$，共 320 秒。注意：题目中 Si 的范围是：$1 <= Si <= 100$，所以数组 Si 的

长度是 101,其下标范围[0,100]对应楼层号。

【例 5-13】　进制转换,输入一个十进制正整数,转换成十六进制数输出。

【问题分析】

十进制整数转换成十六进制数,采用"除 16 取余法",即整数不断地除以 16,取每次的余数,直到商为 0 为止。除 16 的余数范围是[0,15],采用字符 '0'~'9'和'A'~'F' 来表示。每次得到的余数可以存入字符数组。注意,最先得到的余数为十六进制的最低位,最后得到的余数是最高位,输出结果十六进制数时得从最高位开始输出。

【程序】

```c
#include <stdio.h>
int main(void)
{
    int d, k, n;                    //d 存储十进制整数
    char s[20];                     //s 数组存储转换后的十六进制数
    printf("输入十进制数:\n");
    scanf("%d", &d);                //输入十进制数
    n = 0;                          //用 n 表示转换十六进制位的下标
    while( d !=0)                   //进制转换到商为 0 时结束
    {
        k = d % 16;                 //除以 16,取余数
        if(k >= 0 && k <= 9)        //数码 0~9
            s[n ++ ] = k + '0';     //整型的 0~9 转换成字符型'0'~'9'
        else                        //超过 10 的,依次用 A~F 字母表示
            s[n ++ ] = k + 'A' - 10;
        d = d / 16;                 //除以 16,得到新的商
    }
    printf("十六进制数:\n");
    for(n -- ; n >= 0; n -- )       //依次输出转换后的每一位数(从高到低)
        printf("%c", s[n]);
    return 0;
}
```

【运行示例】

```
输入十进制数:
1234↙
十六进制数:
4D2
```

【例 5-14】 产生并输出杨辉三角的前七行。

```
1
1    1
1    2    1
1    3    3    1
1    4    6    4    1
1    5   10   10    5    1
1    6   15   20   15    6    1
```

【问题分析】

数学中的矩阵可以使用二维数组存储,该题使用二维数组的一部分(主对角线以下部分)存储杨辉三角形的每一个数,其中,首列和对角线上的值都是 1,其余元素的值可以用上一行的两个元素求解(同列和前一列的两个元素的和)。

【程序】

```c
#include <stdio.h>
#define N 7
int main(void)
{
    int a[N][N], i, j;
    for (i = 0; i<N; i ++)              //首列和对角线上的元素都为 1
    {
        a[i][0] = 1;                    //首列,列下标 0
        a[i][i] = 1;                    //对角线,行下标和列下标相等
    }
    for (i = 2; i<N; i ++)              //其余元素的值:上一行两个元素的和
        for (j = 1; j<i; j ++)          //只用主对角线下面部分的元素,所以 j<i
            a[i][j] = a[i-1][j-1] + a[i-1][j];
    for (i = 0; i<N; i ++)              //按行列对齐输出杨辉三角形的前 7 行
    {
        for (j = 0; j <= i; j ++)
            printf(" %6d", a[i][j]);    //用 %6d 列对齐
        printf("\n");                   //每一行结束后换行,按行输出
    }
    return 0;
}
```

【运行示例】

```
1
1    1
1    2    1
1    3    3    1
1    4    6    4    1
1    5    10   10   5    1
1    6    15   20   15   6    1
```

【程序说明】

在计算除首列和对角线元素值 a[i][j] 时,用的是上一行(行标 i-1)的两个元素,分别是前一列(列标 j-1)和同列(列标 j)的元素,所以 a[i][j] = a[i-1][j-1] + a[i-1][j]。

【例 5-15】 矩阵转置。

【问题分析】

矩阵转置,就是行列互换,以矩阵的主对角线为对称轴,交换两侧的元素,即 a[i][j] 和 a[j][i] 交换。

【程序】

```c
#include <stdio.h>
#define N 5
int main(void)
{
    int a[N][N], temp, i, j;
    printf("输入原矩阵:\n");
    for(i = 0; i<N; i ++)              //二重循环输入原矩阵 N*N 个元素
        for(j = 0; j<N; j ++)
            scanf("%d", &a[i][j]);
    for(i = 0; i<N; i ++)
        for(j = 0;j<i;j ++)   //只要主对角线下方的元素和上方的元素交换,所以 j<i
        {
            temp = a[i][j];            //a[i][j] 和 a[j][i] 交换
            a[i][j] = a[j][i];
            a[j][i] = temp;
        }
    printf("转置后的矩阵:\n");
    for(i = 0; i<N; i ++)
    {
        for(j = 0; j<N; j ++)
            printf("%5d", a[i][j]);            //用 %5d 列对齐
```

```
        printf("\n");                    //每一行结束后换行,按行输出
    }
    return 0;
}
```

【运行示例】

输入原矩阵:

1	2	3	4	5
6	7	8	9	10
11	12	13	14	15
16	17	18	19	20
21	22	23	24	25

转置后的矩阵:

1	6	11	16	21
2	7	12	17	22
3	8	13	18	23
4	9	14	19	24
5	10	15	20	25

【说明】

矩阵转置,就是以主对角线为轴,将两侧的元素交换,其中主对角线元素不变,只要将主对角线下方的元素和上方的元素交换就可以了。所以在实现交换的二重循环中,内层循环的循环变量 j<i,表示只取主对角线下方的元素 a[i][j],其相应的 a[j][i] 就是上方的元素。

思考:如果将 j<i 改成 j<N,输出结果会是什么?

【例 5-16】 输入一个日期,输出这一天是这年中的第几天。

【问题分析】

计算某一日期是该年的第几天,要累加这一日期前所有完整月数的天数,然后再加上当月的天数。可将一年中每个月的天数存入数组,因为闰年的二月份是 29 天,非闰年的二月份是 28 天,所以用二维数组存储,第一行存非闰年的 12 个月的天数,第二行存闰年的 12 个月的天数。

【程序】

```
#include <stdio.h>
int main(void)
{
    int m[][13] = {{0,31,28,31,30,31,30,31,31,30,31,30,31},
                   {0,31,29,31,30,31,30,31,31,30,31,30,31}};
    int year, month, day, j, leap;
    printf("输入日期(年-月-日):\n");
    scanf("%d-%d-%d", &year, &month, &day);//以年-月-日的格式输入日期
```

```
//判断是否是闰年,若是闰年,leap为1,否则为0
leap = (year % 4 == 0&&year % 100 !=0) || (year % 400 == 0);
for(j = 0;j<month;j ++)          //计算是这一年中的第几天
    day += m[leap][j];           //以 leap 作为行下标,取对应月份的天数
printf("是这年中的第 % d 天\n",day);
return 0;
}
```

【运行示例1】

输入日期(年 − 月 − 日):

2017 − 3 − 2✓

是这年中的第 61 天

【运行示例2】

输入日期(年 − 月 − 日):

2016 − 3 − 2✓

是这年中的第 62 天

【例 5-17】　三层 BP 神经网络的正向传播功能的实现:构建一个三层 BP 神经网络,输入 N 个实数作为该网络的输入,经正向传播计算后输出该网络的输出。

【问题分析】

BP 神经网络的拓扑结构如图 5-12 所示,一般包含三层:输入层、隐含层和输出层。它的特点是:各层神经元仅与相邻层神经元之间相互全连接,同层内神经元之间无连接,各层神经元之间无反馈连接,构成具有层次结构的前馈型神经网络系统,能够求解各种非线性问题。一个三层的 BP 神经网络,每层由多个神经元组成,其中输入层、输出层的神经元个数由输入变量和输出变量的个数决定,隐含层神经元的个数一般由经验确定。

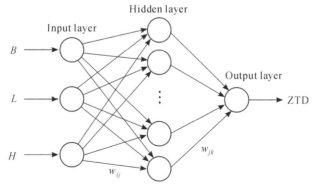

图 5-12　BP 神经网络的拓扑结构

BP 神经网络的算法包括信号的正向传播和误差的反向传播两个过程,即计算误差输出时按从输入到输出的方向进行,而调整权值和阈值则从输出到输入的方向进行。正向传播时,输入信号通过隐含层作用于输出节点,经过非线性变换,产生输出信号。

【程序】

```c
# include <stdio.h>
# include <stdlib.h>
# include <time.h>
# include <math.h>
# define N1 5            //输入层神经元个数
# define N2 20           //隐含层神经元个数
# define N3 1            //输出层神经元个数
int main(void)
{
    double x[N1];            //输入层输入值数组
    double y2[N2];           //隐含层输出值数组
    double y3[N3];           //输出层输出值数组
    double w12[N2][N1];      //输入层到隐含层的权重值
    double w23[N3][N2];      //隐含层到输出层的权重值
    double sum;
    int i,j;

    //随机生成权重二维数组值
    srand(time(NULL));
    for(i = 0;i <N2;i ++)
        for(j = 0;j <N1;j ++)
            w12[i][j] = 2.0 * rand()/RAND_MAX - 1.0;
    for(i = 0;i <N3;i ++)
        for(j = 0;j <N2;j ++)
            w23[i][j] = 2.0 * rand()/RAND_MAX - 1.0;
    for(i = 0;i <N1;i ++)//输入 N1 个输入信号值
        scanf("% lf",&x[i]);
    for(i = 0;i <N2;i ++)//计算隐含层每个神经元的输出
    {
        sum = 0.0;
        for(j = 0;j <N1;j ++)
            sum + = w12[i][j] * x[j];
        y2[i] = 1.0/(1.0 + exp(- sum));
    }
    for(i = 0;i <N3;i ++)//计算输出层每个神经元的输出
    {
        sum = 0.0;
```

```
            for(j = 0;j <N2;j ++ )
                sum + = w23[i][j] * y2[j];
            y3[i] = 1.0/(1.0 + exp( - sum));
            printf("y3[ % d] = % .6f\n",i,y3[i]);
        }
        return 0;
    }
```

【运行示例】

输入:3.5 1.2 2.8 0 - 0.23
输出:y3[0] = 0.761922

【程序说明】

用三个一维数组 x、y2、y3 分别存放输入层的输入、隐含层的输出和输出层的输出,用两个二维数组 w12、w23 分别存放输入层与隐含层之间的权重、隐含层与输出层之间的权重,它们的值随机产生,值范围在[－1,1]之间。整个正向传播需要先计算从输入层到隐含层的输出,再计算隐含层到输出层的输出。由于输入层输入的数据不需要做任何处理,因此输入层的神经元是一种特殊的神经元,不对输入数据做任何处理,其输出和输入相同。w12 是输入层到隐含层的权重,每个隐含层神经元都有所有输入层神经元输出到该神经元的权重,所以该权重二维数组的行列数分别是 N2、N1,同理 w23 权重二维数组的行列数分别是 N3、N2。由于神经元输入信号的权重是随机生成的,因而每次运行的输出是变化的。

🖋 习题 5 --

一、判断题

1.构成一个数组的数据必须具有相同的数据类型。　　　　　　(　　)

2.定义数组之后,根据数组中元素的类型及个数,在内存中分配一段连续存储单元用于存放数组中的各个元素。　　　　　　(　　)

判断题

3.若有定义 int a[3];,则数组名 a 就是数组元素 a[0]的地址,即 &a[0]。

　　　　　　(　　)

4.若一维数组定义时对全部元素初始化赋值,则可以不指定数组长度。(　　)

5.若有定义 float a[6] = {1,2,3};,则数组 a 中含有 3 个元素。(　　)

6.如果想使一个数组中全部元素的值为 1,可以写成 int a[10] = {1 * 10};(　　)

7.若定义 int a[5];,则通过执行语句 scanf(" % d",a);可以输入全部元素的值。

(　　)

8.若有定义 int b[][3] = {1,2,3,4,5,6,7};,表示数组 b 是 3 行 3 列的数组。(　　)

9.若定义二维数组时对全部元素初始化赋值,则行长度和列长度都可以省略。(　　)

10.若定义 int a[5][6];,则 a[5][6]是第 30 个数组元素。(　　)

二、单选题

1.下面对数组定义正确的是(　　)。

A. int b[];

B. int b[n],n = 5;

C. int b[10/2];

D. int b[4.8];

2.下列可以定义一个具有 15 个整型元素的数组的选项是(　　)。

A. double a[15];

B. int a[n]; int n = 15;

C. int a[14];

D. int a[10 + 5];

3.若 float 型变量占用 4 个字节,且有定义 float a[20] = {1.1,2.1,3.1};,则数组 a 在内存中分配的字节数是(　　)。

A. 12　　　　　　B. 20　　　　　　C. 40　　　　　　D. 80

4.能对一维数组正确初始化的语句是(　　)。

A. int a[5] = {1 * 5};

B. int a[5] = {1,,,5};

C. int a[5] = 1;

D. int a[5] = (0,0,0);

5.下列数组定义及赋值,正确的选项是(　　)。

A. int a[5], i = 5; a[i] = 2;

B. int a[5]; a[0] = a[1] = a[2] = 3;

C. double a[5], i = 1; a[i] = 2.3;

D. double a[5]; a[5] = {1,2,3,4,5};

6.下列程序片段的输出结果是(　　)。

```
for(i = 9;i >= 0;i -- )
    a[i] = 10 - i;
printf("%d%d%d",a[2],a[5],a[8]);
```

A. 258　　　　　　B. 741　　　　　　C. 852　　　　　　D. 369

7.下列程序的输出结果是(　　)。

```
#include <stdio.h>
int main(void)
{
    int a[7] = {11,13,14,15,16,17,18}, i = 0,sum = 0;
    while(i<7 &&a[i]%2)
    {
        sum += a[i];
        i ++ ;
    }
    printf("%d", sum);
    return 0;
}
```

A. 14　　　　　　B. 24　　　　　　C. 48　　　　　　D. 56

8.下列对二维数组 a 初始化正确的选项是(　　)。

A. int a[3][2] = {{1,2,3},{4,5,6}};　　B. int a[3][] = {1,2,3,4,5,6};

C. int a[][2] = {1,2,3,4,5};　　　　　D. int a[][] = {1,2,3,4,5,6};

9.已有定义 int a[M][N];,则在 a[i][j]前的元素个数为(　　)。

A.j * M + i　　　　　B.i * N + j　　　　　C.i * N + j − 1　　　　D.i * (N − 1) + j − 1

10.下列程序的输出结果是(　　)。

```
#include <stdio.h>
int main(void)
{
    int a[4][4] = {{1,2,3,4},{2,3,4,5},{3,4,5,6},{4,5,6,7}};
    int i,j,sum = 0;
    for(i = 0;i<4;i ++ )
        for(j = 0;j<4;j ++ )
            if( i + j == 4 )
                sum += a[i][j];
    printf(" % d",sum);
    return 0;
}
```

A. 10　　　　　　B. 15　　　　　　C. 16　　　　　D. 22

程序填空题

三、程序填空题

1.程序功能:将一个数组中的元素按逆序存放。

```
#include <stdio.h>
#define N 10
int main(void)
{
    int a[N], i, t;
    printf("Input the origanal array:\n");
    for(i = 0; i<N; i ++ )
        scanf(" % d", &a[i]);
    for(i = 0; i<  ①  ; i ++ )
    {
        t = a[i];
        a[i] =   ②  ;
        a[N - i - 1] = t;
    }
    printf("The changed array:\n");
    for(i = 0; i<N; i ++ )
```

```
        printf("%d ", a[i]);
    return 0;
}
```

2.程序功能:十个小孩围成一圈分糖果,刚开始他们依次随机抓一把,数了一下分别是:10、2、8、22、16、4、10、6、14、20 块。然后所有的小孩同时将自己手中的糖分一半给左边的小孩;一轮过后糖块数为奇数的人可向老师再要一块。问经过这样几次调整后大家手中的糖的块数都一样多? 每人各有多少块糖?

```
#include <stdio.h>
int main()
{
    int i,count = 0,a[11] = {0, 10, 2, 8, 22, 16, 4, 10, 6, 14, 20};
    while( 1 )
    {
        count ++ ;
        for(i = 1; i <= 10; i ++ )
            a[i-1] = a[i-1] / 2 +    ①    ;
        a[10] = a[10] / 2 + a[0];
        for(i = 1; i <= 10; i ++ )
            if(    ②    )
                a[i] ++ ;
        for(i = 1; i < 10; i ++ )
            if(a[i] !=a[i+1])
                   ③    ;
        if(i == 10)
            break ;
        else
            a[0] = 0;
    }
    printf("count = %d\nnumber = %d\n", count, a[1]) ;
    return 0;
}
```

3.程序功能:输出如下图形。

```
A B B B B B A
C A B B B A D
C C A B A D D
C C C A D D D
C C A E A D D
C A E E E A D
A E E E E E A
```

```
#include <stdio.h>
int main(void)
{
    char a[7][7];
    int i, j;
    for(i = 0; i < 7; i ++)
        for(j = 0; j < 7; j ++)
        {
            if (    ①    )
                a[i][j] = 'A';
            else if (i < j && i + j < 6)
                a[i][j] =    ②    ;
            else if (    ③    )
                a[i][j] = 'C';
            else if (i < j && i + j > 6)
                a[i][j] = 'D';
            else
                a[i][j] =    ④    ;
        }
    for(i = 0; i < 7; i ++)
    {
        for(j = 0; j < 7; j ++)
            printf(" %2c", a[i][j]);
        printf("\n");
    }
    return 0;
}
```

四、程序设计题

1.编写程序,在一个含有 n 个整数的序列中,查找与指定数 x 最接近的数。

程序设计题

2.编写程序,统计数字数码。输入 n 个多位正整数,统计这些整数中出现数字数码 $0 \sim 9$ 的次数,并求出现次数最多的数字。

3.编写程序,在有序数列中插入一个数。有 n 个整数,已经按照从小到大顺序排列好,要求将一个整数 m,插入到该序列中,并使新的序列仍然有序。

4.编写程序,序列去重。有 n 个整数,已经按照从小到大顺序排列好,要求把序列中相同的数删除到只剩一个。

5.编写程序,寻找强者。某游戏中,在一个队伍中寻找强者,如果某人比左右两人的武力值都强,则他就是一个强者。现有一个 n 人组成的队伍,已知每人的武力值,要求找出队伍中所有的强者。

6.编写程序,求解约瑟夫问题。有 n 个人围成一圈,顺时针编号 $1 \sim n$。从第一个人开始顺时针报数(从 1 到 m 报数),凡报到 m 的人退出圈子,求依次退出圈子的编号。

7.编写程序,男生、女生分别排队。有 n 个同学,输入每个人的性别(M 代表男生,F 代表女生)和身高(单位:米),要求将男生从高到矮排队,女生从矮到高排队。

8.编写程序,输入一个 N 阶方阵,求方阵四边各个数据的和。

9.编写程序,输入 2 个矩阵 A 和 B,求矩阵相乘 $A \times B$ 的结果。

10.编写程序,求一个 N 阶方阵中的鞍点。鞍点,是指该元素在该行上最大,在该列上最小。如有鞍点,输出其行下标和列下标;如无鞍点,输出"None"。

CHAPTER 6

第 6 章
函　数

本章要点：

◇　函数及其定义方式；

◇　函数的参数传递和返回值；

◇　局部变量和全局变量；

◇　变量的存储类型；

◇　函数的嵌套调用和递归调用。

6.1　引　例

编写 C 语言程序时，通常可以将相对独立而又经常使用的功能编写成函数。函数是完成某一特定功能的独立程序代码单元，是可以被另一段程序调用的模块。C 语言程序的设计思想是利用函数实现结构化设计，函数是程序的基本实现形式。

1. 标准库函数

C 语言编译系统已经将许多常用的功能以函数的形式实现了，程序员在开发自己的应用程序时可以直接调用这些函数，这些函数称为标准库函数。例如，我们几乎每个程序都要用到的输入函数 scanf 和输出函数 printf 就是标准库函数。库函数放在指定的库文件中，使用这些函数时需要包含对应的头文件。

【例 6-1】　输入三角形三条边的长度，利用海伦公式计算三角形的面积。

【程序】

```
#include <stdio.h>
#include <math.h>
int main(void)
{
    double a,b,c,s,x;
    scanf("%lf%lf%lf",&a,&b,&c);          //输入三角形三条边
    x = (a+b+c)/2;
    s = sqrt(x*(x-a)*(x-b)*(x-c));        //利用海伦公式求面积
    printf("%f",s);
```

```
    return 0;
}
```

【运行示例】

3 4 5 ↙

6.000000

【程序说明】

scanf 和 printf 都是系统库函数,函数的相关声明在头文件 stdio.h 中,所以要把 stdio.h 包含进来。本例在调用 scanf 函数时,向函数传递了四个参数,告诉函数用什么格式以及读入的数据保存到哪个变量所在的内存单元。同样,sqrt 函数也是系统库函数,它是声明在 math.h 这个头文件中,在调用时传递了一个参数,这个参数是表达式 x * (x − a) * (x − b) * (x − c)的计算结果。

2. 自定义函数

除了系统提供的标准库函数,程序员也可以根据需要自己编写函数来完成特定的功能,这就是自定义函数。如图 6-1 所示,平面直角坐标系中有一个四边形 *ABCD*,已知其内部一点 *P* 的坐标,要计算 *P* 点到四边形哪个顶点的距离最大? 这就需要分别计算 *P* 点到四个顶点的距离。

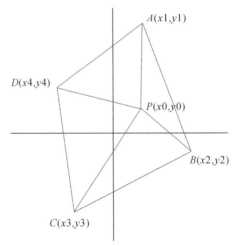

图 6-1　计算平面上两点之间的距离

【例 6-2】　平面直角坐标系中有一个四边形 *ABCD*,及其内部一点 *P*,先输入 *P* 点的坐标,然后依次输入四个顶点 *A*、*B*、*C*、*D* 的坐标,要求计算并输出 *P* 点到这四个顶点的最大距离。

【问题分析】

在这个问题中要四次计算平面上两点之间的距离,可以把计算两点间距离写成函数的形式。将平面上两点的坐标作为函数的输入,在函数内部实现两点之间距离的计算,最后将计算结果作为函数的返回值。这样我们在主函数或其他程序中就可以调用该函数了。

【程序】

```c
#include <stdio.h>
#include <math.h>
int main(void)
{
    double dist (double, double ,double ,double );   //函数声明
    double a, b, m, n, d, ans = -1;
    int i;
    scanf("%lf %lf",&a,&b);                          //输入 P 点的坐标 a,b
    for(i = 0;i < 4;i ++ )
    {
        scanf("%lf %lf",&m,&n);                      //输入各个顶点的坐标 m,n
        d = dist (a,b,m,n);                          //调用函数计算 P 点与该顶点的距离
        ans = d > ans? d:ans;
    }
    printf("%.2f",ans);
    return 0;
}

double dist (double x1, double y1,double x2,double y2)      //函数定义
{
    double d;
    d = sqrt((x1 - x2) * (x1 - x2) + (y1 - y2) * (y1 - y2));
    return d;                                        //函数返回值
}
```

【运行示例】

```
2 3 ↙
3 4 ↙
-3 3 ↙
-3 -3 ↙
3 -4 ↙
7.81
```

【程序说明】

定义 dist 函数实现计算平面上两点之间的距离,四个参数对应两点的坐标(x_1,y_1)和 (x_2,y_2)。主函数中四次调用 dist 函数,传递四个参数 a,b,m,n,其中 a 和 b 是第一个点的坐标。m 和 n 是第二个点的坐标;它们作为实参分别传给对应的形参 x1,y1,x2,y2。dist 函数在计算出两点之间的距离后由 return 语句返回结果,并将结果赋给主函数中的变量 d。

6.2 函数的定义和调用

6.2.1 函数定义

函数的定义总体上分为两个部分,即函数头和函数体。函数头给出函数类型、函数名称和形式参数,这个部分明确了函数在被调用时的规范。函数体则是函数功能的具体实现,它是一个相对独立的程序段。

函数定义的一般形式:

```
类型标识符  函数名(形参列表)
{       数据定义
        语句序列
}
```

（1）类型标识符

类型标识符用来定义函数的类型,这也是函数返回值的类型。在例子 6-2 中,dist 函数的类型为 double 型,它的返回值是双精度浮点型。

函数的返回值是通过 return 语句实现的。

return 语句的一般形式:

```
        return ;
        return 表达式;
```

前者适用于没有数据返回时的情形,后者适用于函数有返回值时的情形。

（2）函数名

函数名应为合法的用户标识符,需要遵守标识符的命名规则,一般应体现函数主要功能。在例子 6-2 中,函数名为 dist。

（3）形参列表

形参列表中可以包含 0 个或若干个形参变量,简称形参。多个形参之间用逗号隔开,每个形参有各自的类型。形参用于将函数外部的数据传入函数内部。

【例 6-3】 实现计算简单阶乘的函数,并在主函数中调用该函数计算 k 的阶乘。

函数的定义和调用

【程序】

```
#include <stdio.h>
int fact(int n)
{
    int i,f = 1;
    for(i = 1;i <= n;i ++)
```

```
        f = f * i;
    return f;
}
int main()
{
    int fact(int );              //函数声明
    int k,s;
    scanf(" % d",&k);
    s = fact(k);
    printf(" % d",s);
    return 0;
}
```

【运行示例】

4↙
24

【程序说明】

在例 6-3 中,函数 fact 只有一个形参。主函数在调用函数 fact 之前先读入变量 k 的值,然后用 k 作为实参调用函数 fact,在调用前只能看到主函数里局部变量 k 的值,如图 6-2(a)所示,在调用了函数 fact 后,主函数 main 里的局部变量 k 变成不可见,而函数 fact 内的形参变量 n 从实参 k 处获得了值,如图 6-2(b)所示。

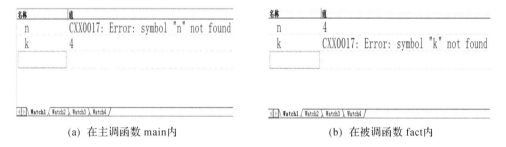

(a) 在主调函数 main 内　　　　　　(b) 在被调函数 fact 内

图 6-2　函数参数的数据传递

每个函数都是一个相对独立的功能模块,形参是函数接收外部数据的接口。主调函数在调用函数前需要先准备好数据,然后用实参将数据拷贝给形参,实现数据从函数外部向函数内部的传递。而函数内部函数体的具体实现则类似于一个黑盒子,独立于主调函数,也不受主调函数的影响,C 语言中的函数体现了结构化程序设计的思想。

6.2.2　函数声明

函数声明的目的是告诉编译系统有关被调用函数的函数类型、函数名、函数参数个数及类型等信息,从而使编译系统能够顺利地进行语法检查。

函数声明的一般形式:

```
类型标识符   函数名(类型   形参变量,类型   形参变量,…);
或
类型标识符   函数名(类型,类型,…);
```

也就是说,在函数声明中,形参名可以省略,但形参类型不能省略。

对函数的声明也可以专门写到一个文件中,再利用♯include 包含到程序里。♯include 命令通常写在程序起始位置,它同样起到向编译系统提供被调用函数信息的作用。比如,我们最常用的输入函数 scanf 和输出函数 printf 的函数声明在 stdio. h 这个头文件中,所以必须要把这个头文件用♯include 包含进来。

此外,当函数的调用在函数的定义之后,此时可以不需要函数的声明。在例 6-3 中,主函数 main 里的第一条语句 int fact(int);就是对函数 fact 的声明,这里这条语句可省略,因为函数 fact 的定义在其被调用前。

6.2.3　函数调用

函数可以在主程序或其他函数中被调用。如果函数 A 调用了函数 B,那么函数 A 是主调函数,函数 B 称为被调函数。除了主函数 main,其他所有函数必须通过函数调用的形式被执行。

函数调用的一般形式:

```
函数名(实参列表);
```

实参变量的个数必须与形参变量的个数相同;实参变量的类型必须与形参变量的类型依次逐个相一致。否则,当参数个数不相同时,编译系统会报错;当参数类型不一致时,编译系统按照类型转换原则,自动将实参的类型转换为形参类型。

函数的调用过程:

(1)建立形参变量;

(2)将实参的值传给形参变量,使形参变量获得数据;(无形参的函数忽略此步骤)

(3)主调函数暂停执行,保存主调函数程序状态信息;

(4)进入被调函数,开始执行被调函数的语句;

(5)被调函数执行完毕或内部遇到 return 或 exit 语句时,停止被调函数的执行;

(6)返回主调函数,恢复第(3)步保存的主调函数程序状态,必要时将返回值赋给相应的变量,然后从暂停点继续执行主调函数。

6.3　函数参数和返回值

函数参数与
参数传递

6.3.1　函数参数

函数的参数用于接收来自主调函数的数据,称为形参。形参属于局部变量,在本函数的范围内可以被访问。图 6-3 是例 6-2 中实参将数据传递给形参的示意图,可见数据的传递是单向的。也就是说,实参把数值传递给形参,但形参的数值改变不会影响到实参。不管实参和形参的名字相同或不相同,实参和形参都是两组相互完全独立的变量,它们有各自完全独立的存储空间。

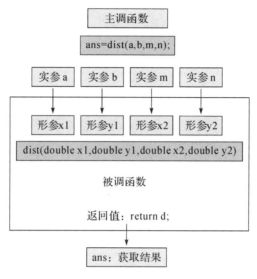

图 6-3　函数的实参和形参数据传递过程

6.3.2　函数的返回值

函数的返回值是被调函数执行完成后传递给主调函数的结果。函数可以有返回值,也可以没有返回值。没有返回值时,在定义函数时指定函数的类型为 void。有返回值时,在定义函数时函数的类型与返回值类型一致。

函数的返回值通过被调用函数结束前的 return 语句来实现。没有返回值时,return 后面没有返回值;有返回值时,在 return 语句后带返回值,可以用圆括号或不用圆括号。

return 语句的一般形式:

```
return ;
return 表达式;
return (表达式);
```

return 语句返回值的类型应与定义函数时指定的返回值类型一致,否则以定义时的类型为准自动对 return 语句返回的数据进行类型转换。

一个函数内可以有多条 return 语句,但只要有其中一条被执行,就退出了函数,其他的 return 语句就不会被执行了。

【例 6-4】　输入一个字符,如果是小写字母就将其转换为大写字母,否则原样输出。

函数类型与返回值

【程序】

```
#include <stdio.h>
char MyToUpper(char ch);
int main(void)
```

```
{
    char cinput, coutput;
    scanf("%c",& cinput);
    coutput = MyToUpper(cinput);
    printf("%c", coutput);
    return 0;
}

char MyToUpper(char ch)
{
    char ans;
    ans = ch>='a' &&ch<='z'? ch - 32:ch;
    return ans;
}
```

【运行示例】

```
a↙
A
```

【程序说明】

图 6-4 详细说明了函数的调用过程。图中的序号说明了语句的执行次序。在图中第 3 步开始函数的调用,在主函数中的实参 cinput 的值复制到被调函数 MyToUpper 的形参 ch 中。在被调函数遇到 return 语句,则返回到主调函数处继续执行。

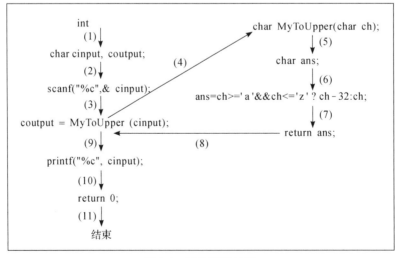

图 6-4　函数调用过程

6.4　变量作用域与存储类型

C语言程序由若干个函数组成,变量可以定义在函数体内部或外部,不同位置定义的变量其作用的范围不同。

6.4.1　全局变量与局部变量

根据变量定义位置的不同,变量可以分为全局变量和局部变量。

1. 全局变量

在函数体外定义的变量是全局变量,其作用范围是从变量定义位置到本文件结束。即全局变量可以被程序中的所有函数引用。不同于局部变量,全局变量被定义后,未被初始化的变量会由系统自动赋初值0。

2. 局部变量

在函数体内定义的变量为局部变量,其作用范围是所定义的函数体内。局部变量只在本函数内部被引用,一旦离开这个函数就不能引用该变量。在复合语句内定义的变量也是局部变量,它的作用范围就只局限在该复合语句内部,离开该复合语句就不能引用该变量。注意,函数的形参也是局部变量。在主函数 main 内声明的变量也是局部变量,只能在 main 函数中使用,其他被调用的函数不能使用 main 函数中声明的局部变量,同样 main 函数也不能使用其他函数中声明的局部变量。也就是说,main 函数没有特殊性,在变量作用范围方面与其他函数同等对待。

3. 全局变量与局部变量同名

程序由多个函数组成,这就经常出现同名的变量。实际上,在不同的函数中使用相同的变量名,并不会产生任何歧义,它们表示不同的数据,分配不同的内存,互不干扰,具体的使用取决于变量所声明的位置以及当前变量访问所处的位置。

当全局变量和局部变量同名,且有作用域重合时,在该部分作用域内,全局变量被屏蔽,而使用局部变量。

【例 6-5】　同名的全局变量和局部变量。

【程序】

```
#include <stdio.h>
int n = 1;                      //①:全局变量 n
void flocal()
{
    int n = 2;                  //②:函数 flocal 里的局部变量 n
    printf("flocal n:%d\n", n);
}
void fglobal()
```

```
{
    printf("fglobal n:%d\n", n);
}
void fmain(int n)                //③:函数 fmain 里的局部变量形参 n
{
    printf("fmain n:%d\n", n);
}
int main()
{
    int n = 3;                   //④:主函数 main 里的局部变量 n
    flocal();
    fglobal();
    fmain(n);
    {
        int n = 4;               //⑤:复合语句块里的局部变量 n
        printf("block n:%d\n", n);
    }
    printf("main n:%d\n", n);
    return 0;
}
```

【运行示例】

```
flocal n:2
fglobal n:1
fmain n:3
block n:4
main n:3
```

【程序说明】

在本例中,有四处分别声明了整型变量 n 并进行初始化。在语句①处声明的 n = 1 是全局变量,在所有函数中可见,在②处声明的 n = 2 是局部变量,只在 flocal 函数内可见。此时在 flocal 函数内既有全局变量 n = 1 又有局部变量 n = 2,那么到底取谁的值呢? 实际上这种情况下,局部变量屏蔽了全局变量,所以输出的是 n = 2 这个局部变量的值;在 fglobal 函数中,只有全局变量 n = 1 可见;在 fmain 函数中,形参 n 是局部变量,它的值来源于实参,也就是 main 函数调用时传递局部变量实参 n = 3,在 fmain 函数内,全局变量 n = 1 也被屏蔽了。在④声明的局部变量 n = 3 的作用范围是主函数 main,全局变量 n = 1 被 main 函数内的局部变量 n = 3 屏蔽。在⑤处,语句块内声明了局部变量 n = 4,此时全局变量 n = 1 以及 main 函数的局部变量 n = 3 都被其屏蔽,所以语句块内输出 block n:4。离开语句块后,在 main 函数内输出局部变量 n = 3 的值。

6.4.2　变量的生命周期与变量的存储类型

1. 变量的生命周期

在 C 语言程序中,变量是有生命周期的,变量所在的内存空间有一个分配、占用、回收的过程,这个过程称为变量的生命周期。

变量的生命周期取决于变量的存储类型。变量的存储类型有 auto(自动型)、static(静态型)、extern(外部型)以及 register(寄存器型)等。

需要特别注意区分变量类型、变量存储类型以及变量作用域等概念。变量类型是变量所保存的数据的类型,可以是整型变量、字符型变量等;变量存储类型是变量内存单元分配、回收的管理方式;变量作用域可看作变量的访问权限,在哪个函数、哪个程序范围可以访问到这个变量。

2. 变量的存储类型

变量的存储类型在定义声明变量的同时可以直接指定,其语法形式为:

> **存储类型标识符　变量类型标识符　变量名列表;**

变量类型标识符就是 int、char 等数据类型,存储类型标识符有 auto(自动型)、static(静态型)、extern(外部型)以及 register(寄存器型)等四种类型。

(1) auto(自动型)

如果变量声明时不指定存储类型标识符,那么默认的变量存储类型就是自动型。它的生命周期是从定义该变量的函数被调用开始到函数调用结束,auto 自动型变量的生命周期不会超过创建它的那个函数。也就是说,程序每次进入被调用的函数,自动型变量就被分配内存单元,函数调用结束,内存单元就被回收,该内存单元的数据也随之失效。

从自动型变量的内存分配、回收方式不难发现,自动型变量都定义在函数(或复合语句)内部,或者说只有局部变量才可以定义为自动型变量。

(2) static(静态型)

在变量类型标识符之前用 static 标识符可以声明静态型变量,静态型变量在程序运行前被创建,当程序运行结束时才会被销毁,因此其生命周期超过了创建它的函数。如果用户未对静态型变量初始化,系统会将静态型变量自动赋初值 0。

【例 6-6】　静态型变量和自动型变量的区别。

【程序】

```
#include <stdio.h>
void autofun(void)
{
    int a = 4;
    a ++ ;
    printf("auto a = % d", a);
}
```

```
    void staticfun (void)
    {
        static int a = 4;
        a ++ ;
        printf("static a = % d ", a);
    }
    int main (void)
    {
        for (int i = 4; i >= 0; i --)
        {
            staticfun();
            autofun();
            printf("\n");
        }
        return 0;
    }
```

【运行示例】

```
static a = 5   auto a = 5
static a = 6   auto a = 5
static a = 7   auto a = 5
static a = 8   auto a = 5
static a = 9   auto a = 5
```

【程序说明】

本例中两个函数 autofun 和 staticfun 几乎完全相同,唯一的区别是内部定义的变量 a 分别是自动型和静态型。在 staticfun 函数中定义的局部变量 a 是静态型变量,只在程序执行前初始化一次。后续对 staticfun 函数的调用执行 a ++ 自增操作,所以在 main 函数里五次调用 staticfun 函数输出的 a 的值是一直增加的;而在 autofun 函数中定义的局部变量 a 是普通的自动型变量,每次函数调用结束后就被释放,再次调用时重新分配空间,所以对 autofun 函数的每次调用都会对局部变量 int a 进行初始化,所以在 main 函数里五次调用 autofun 函数输出 a 的值是不变的。

(3) extern(外部型)

当程序包含多个文件,有些变量要跨越多个文件使用,此时就可以使用 extern(外部型)变量。例如,有一个变量 a 在两个文件中都要用到它的值,此时不能分别在两个文件中各自定义一个外部变量 a,否则在程序连接时会出现"重复定义"的错误。正确的做法是:在其中某一个文件中定义全局变量 a,在另一个文件中用 extern 对 a 做"外部变量声明"。

【例 6-7】　外部变量示例。

【程序】

```
//第一个源程序文件 cfile1.c:
#include <stdio.h>
int a;                        //全局变量 a
int main(){
    int power(int);           //函数声明
    int a = 4;                //局部变量 a
    int x,y;
    x = a * 3;
    printf("a * 3 = %d\n",x);
    y = power(3);
    printf("power(3) = %d\n",y);
    return 0;
}


//第二个源程序文件 cfile2.c:

extern int a;            //a 为外部变量,也即文件 cfile1.c 中的全局变量 a
int power(int n)
{
    return (a * n);
}
```

【运行示例】

```
a * 3 = 12
power(3) = 0
```

【程序说明】

本例中,程序包含了两个文件 cfile1.c 和 cfile2.c,其中 cfile1.c 中定义了全局变量 a,没有初始化赋值,所以系统默认赋初值 0。该全局变量 a 在 cfile1.c 中是有效的,但由于 main 函数中定义了同名局部变量 a,所以在计算 x＝a＊3 时使用的是局部变量 a＝4。在 cfile2.c 中要使用 cfile1.c 中的全局变量 a,所以用 extern 进行外部变量声明,所以 power 函数中的返回值使用的是全局变量 a 的 0 值。

（4）register（寄存器型）

对于频繁被读写的变量可将其定义为寄存器型变量,从而减少内存访问时间。这种变量存放在 CPU 内的寄存器中,直接从寄存器读写比访问 CPU 外的内存要快得多,从而提高程序执行效率。寄存器型变量的说明符是 register,使用格式为:

```
register 变量类型　变量名;
```

例如:register int i;

寄存器型变量用于加速 C 语言程序执行速度,但加速的前提条件是计算机 CPU 中有"空闲"的寄存器可用,否则声明的寄存器型变量仍会以普通自动型变量的方式处理。寄存器型变量属于动态存储方式,凡需要采用静态存储方式的变量都不能定义为寄存器型变量,寄存器型变量也不能进行 & 取地址操作。

6.5 嵌套调用与递归调用

嵌套调用与
递归调用

6.5.1 嵌套调用

在一个被调用函数中又调用了其他函数,就是函数的嵌套调用。比如,如果函数 A 调用了函数 B,函数 B 又调用函数 C,这就是嵌套调用。这样的嵌套调用甚至可以一直逐层进行下去,只要内存足够,并没有调用层数的限制。函数返回时也是逐层原路返回。

【例 6-8】 输入 m、n,求组合数,要求定义两个函数:fact(int) 计算阶乘,cb(int,int) 计算组合数。

【程序】

```c
#include <stdio.h>
double fact(int k)
{
    double f = 1;
    int i;
    for (i = 2;i <= k;i ++)  f *= i;
    return f;
}
double cb(int m, int n)
{
    double s = 0;
    s = 1.0 * fact(m)/fact(n)/fact(m - n);
    return s;
}
int main()
{
    int a,b;
    scanf("%d%d",&a,&b);
    printf("%.0f",cb(a,b));
    return 0;
}
```

【运行示例 1】

<u>12 2</u> ↙
66

【运行示例 2】

<u>13 4</u> ↙
715

【程序说明】

本例中,fact 函数计算阶乘,cb 函数计算组合数,在主函数中调用了 cb 函数,而 cb 函数又调用了 fact 函数,这样的调用形式就是嵌套调用。

6.5.2　递归调用

通常主调函数和被调函数是不相同的,但从函数调用过程及参数传递的机制来分析,主调函数调用自身也是可以的。这样的特殊调用形式就是函数的递归调用。

下面以阶乘的计算为例来说明函数的递归调用。可以将阶乘的定义修改一下,改为下面的递归形式:

$$fact(n) = \begin{cases} 1 & n = 1 \text{ 或 } n = 0 \\ n * fact(n-1) & n > 1 \end{cases}$$

从上式可以看到 n 的阶乘是由 n 乘以 n−1 的阶乘计算得来的,这就是递归形式的阶乘定义,用程序来实现这种形式的阶乘计算就是使用函数的递归调用。

【例 6-9】　输入 n,用递归形式计算 $n!$ 后输出。

【程序】

```c
#include <stdio.h>
int fact(int k)
{
    if(k == 1 || k == 0)
        return 1;
    else
        return k * fact(k-1);
}


int main()
{
    int m;
    scanf("%d",&m);
    printf("%d",fact(m));
    return 0;
}
```

【运行示例 1】

3 ↙
6

【运行示例 2】

4 ↙
24

【程序说明】

本例中,fact 函数计算阶乘,是用递归的形式实现的。图 6-5 给出了运行示例 2 的 fact 函数递归调用过程,主函数以 m 为实参调用 fact 函数,将 4 传递给实参 k,并转入第 1 次函数调用流程,执行到语句 return k * fact(k - 1)时,以 k - 1 为实参调用 fact 函数,转入第 2 次调用流程。注意第 1 次调用中的 k 与第 2 次调用中的 k 是相互独立的变量。第 2 次调用执行会启动第 3 次调用,第 3 次调用又会启动第 4 次调用。在第 4 次调用流程中,没有调用自身,而是执行 return 1 返回 1,由此回到第 3 次调用,第 3 次调用的表达式 k * fact(k - 1)也就计算完成,因而返回 2 并回到第 2 次调用,以此类推,最终 fact(m)值为 24。

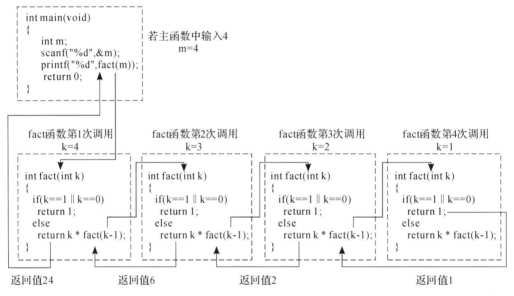

图 6-5　fact 函数递归调用过程

【例 6-10】　Hanno 塔问题是非常经典的递归问题。Hanno 塔问题:有 n 个大小各不相同的圆盘,按其大小分别从 1 到 n 进行了编号,同时有三个柱子分别标记了 A、B、C,可以用于放置圆盘。初始状态为这 n 个圆盘按照从大到小的次序全部放置在柱子 A 上。要求将所用的圆盘从柱子 A 移动到柱子 C,每次只能移动一个圆盘,且移动的过程中不能将(序号)大的圆盘放置在(序号)小的圆盘之上,移动过程中可以用 B 柱子作为过渡。

【问题分析】

求 Hanno 塔的移动过程,要求在主函数输入一个正整数 n(表示圆盘数目)以及代表三个柱子字母,输出每次移动圆盘的过程以及总的移动次数。

【程序】

```c
#include <stdio.h>
int cnt = 0;
void move(char a, char b);
void Hanno(int n,char a, char b, char c);
int main()
{
    int n;
    char a,b,c;
    scanf("%d %c %c %c",&n,&a,&b,&c);
    Hanno(n,a,b,c);
    printf("%d",cnt);
    return 0;
}


void Hanno(int n,char a, char b, char c)
{
    if(n == 1)              //a柱子上只有一个圆盘,直接移到c柱上
        move(a,c);
    else
    {
        Hanno(n-1,a,c,b);   //先将n-1个圆盘从a柱移到b柱,可用c柱过渡
        move(a,c);          //a柱上剩下的1个圆盘直接移到c柱上
        Hanno(n-1,b,a,c);   //再将n-1个圆盘从b柱移到c柱,可用a柱过渡
    }
    return;
}
void move(char a, char b)
{
    printf("%c -->%c\n",a,b);
    cnt++;
    return;
}
```

【程序运行】

```
3 A B C↙
A --> C
A --> B
C --> B
```

```
A --> C
B --> A
B --> C
A --> C
7
```

【程序说明】

本例中核心的是 Hanno 函数,该函数有四个形参,其中形参 n 代表目前需要移动的圆盘数目。三个字符型的形参 a、b、c 代表了三个柱子,分别表示圆盘原来所处柱子、用于过渡的柱子以及圆盘将会移动过去的目标柱子。

真正执行移动圆盘这个动作的是函数 void move(char a,char b),它将一个圆盘从第一个形参代表的柱子移动到第二个形参所代表的柱子。

题目要求统计总的移动次数,可以设置全局变量来实现,在每次真正移动圆盘的时候对计数器进行自增操作。

6.6 程序示例

【例 6-11】 编写函数,判断一个正整数 a 是否为完数(完数:一个数除自己本身以外的所有的因子之和等于该数本身,如 6 和 28 就是完数,因为 $6 = 1 + 2 + 3$;$28 = 1 + 2 + 4 + 7 + 14$)。

【程序】

```c
#include <stdio.h>
int IsWanshu(int n)
{
    int i,sum = 0;
    for(i = 1;i<n;i ++ )
    {
        if(n % i == 0) sum += i;
    }
    if(sum == n)
        return 1;
    else
        return 0;

}
int main(void)
{
    int x,ans;
    scanf(" % d",&x);
```

```
        ans = IsWanshu(x);
        if (ans == 1)
            printf("%d是完数",x);
        else
            printf("%d不是完数",x);
        return 0;
    }
```

【运行示例 1】

28 ↙
28 是完数

【运行示例 2】

27 ↙
27 不是完数

【程序说明】

本例调用了 IsWanshu 函数来判断一个整数 x 是否是完数,在 IsWanshu 函数内用循环遍历参数 n 可能的全部因子进行累加,最后得出是否是完数的结果,并在 return 语句中返回结果到主调函数。

【例 6-12】 字符加密。

对输入的英文字母进行加密。规则如下:

1. 将 26 个英文字母按顺时针方向排成一个圆环。

2. 对英文字母 ch,加密操作取决于密钥。密钥是一个整数 k。

(1)若密钥 $k \geqslant 0$,则从明文字母开始按顺时针方向走 $|k|$ 步得到密文字母。

(2)若密钥 $k < 0$,则从明文字母开始按逆时针方向走 $|k|$ 步得到密文字母。

(3)若输入的字母不是英文大写或小写字母,则无论密钥是什么,均原样输出。

3. 现在知道了加密后的密文 secret,请你编写函数,完成解密功能。

【程序】

```
# include <stdio.h>
char decode(char secret, int key);
int main()
{
    char plainchar, cipherchar;
    int k;
    scanf("%c%d", &cipherchar, &k);
    plainchar = decode(cipherchar,k);
    printf("%c\n", plainchar);
    return 0;
}
```

```
char decode(char cipher, int k)
{
    char plain = cipher;
    if (cipher >='a' && cipher <='z')
        plain = ((cipher - 'a'- k) % 26 + 26) % 26 + 'a';
    else if (cipher >='A' && cipher <='Z')
        plain = ((cipher - 'A' - k) % 26 + 26) % 26 + 'A';
    return plain;
}
```

【运行示例 1】

d - 30 ↙
h

【运行示例 2】

D 30 ↙
Z

【程序说明】

字母加密是对字母的 ASCII 码进行变换操作,编程时经常将字符与 'a' 或 'A' 进行相减获得该字母在英文字母里的位置信息,即第几个英文字母,第一次取余计算"(cipher - 'a' - k) % 26"可获得密文字母与明文字母的绝对位置差值,此位置仍有可能为负值,所以加 26 后再次进行取余运算可以确保取得正值,从而实现解密运算。

【例 6-13】 静态型局部变量和自动型局部变量。

```
# include <stdio.h>
int  funA()
{
    static int s = 1;                // 静态型局部变量
    s += 2;
    return s;
}
int  funB()
{
    int s = 1;                       // 自动型局部变量
    s += 2;
    return s;
}
int main()
{
    printf("funA_1 = %d  ",funA());
```

```
        printf("funA_2 = % d\n",funA( ));
        printf("funB_1 = % d   ",funB( ));
        printf("funB_2 = % d\n",funB( ));
        return 0;
    }
```

【运行示例】

```
    funA_1 = 3  funA_2 = 5
    funB_1 = 3  funB_2 = 3
```

【程序说明】

本例示范了静态型变量的使用,在 funA 函数中的变量 s 是一个静态型变量,虽然它是一个局部变量,只能在 funA 函数中被访问,但程序离开 funA 函数后,该变量的内存空间并没有被释放,其值是继续被保留的,在下一次调用 funA 函数时其值仍然有效。而 funB 函数由于内部的变量 s 是自动型局部变量,funB 函数返回后该变量的内存被释放,再次调用 funB 函数时重新为变量 s 分配内存,所以在两次调用 funB 函数之间局部变量 s 没有任何延续性。

【例 6-14】　全局变量和局部变量。

```
# include <stdio.h>
# include <math.h>
double   add = 100, mult = 200;           // 全局变量
void func(double x,double y)
{
    double add;                           // 局部变量
    add = x + y;                          // 引用局部变量 add
    mult = x * y;                         // 引用全局变量 mult
    printf("in func:add = % .2f   ",add); // 引用局部变量 add
    printf("in func:mult = % .2f\n",mult);// 引用全局变量 mult

}
int main(void)
{
    double a,b;
    scanf("% lf % lf",&a,&b);
    func(a,b);
    printf("in main:add = % .2f   ",add);  // 引用全局变量 add
    printf("in main:mult = % .2f\n",mult);  // 引用全局变量 mult
    return 0;

}
```

【运行示例 1】

```
222 2 ↙
in func:add = 224.00   in func:mult = 444.00
in main:add = 100.00   in main:mult = 444.00
```

【运行示例 2】

```
33 44 ↙
in func:add = 77.00   in func:mult = 1452.00
in main:add = 100.00   in main:mult = 1452.00
```

【程序说明】

当局部变量和全部变量同名时,使用局部变量,此时全局变量被屏蔽。本例声明了全局变量 add,但在 fun 函数内部有局部变量 add,此时全局变量 add 被屏蔽,语句"add = x + y;"执行后将 x + y 之和赋给局部变量 add,全局变量 add 的值保持不变;而语句"mult = x * y;"执行后将 x * y 之积赋给全局变量 mult。所以在 main 函数中的输出出现了差异。

【例 6-15】 身份证校验码。身份证的最后一位是根据前 17 位数字计算出来的检验码。计算方法是:

(1)将身份证号码前 17 位数分别乘以不同的系数。从第 1 位到第 17 位的系数分别为:7、9、10、5、8、4、2、1、6、3、7、9、10、5、8、4、2。

(2)将乘积之和除以 11,余数可能为 0、1、2、3、4、5、6、7、8、9、10。则根据余数,分别对应身份证最后一位的号码为 1、0、X、9、8、7、6、5、4、3、2。

编写程序,输入身份证号码前 17 位,输出对应的检验码。

【程序】

```c
#include <stdio.h>
#include <math.h>
int xs[17] = {7,9,10,5,8,4,2,1,6,3,7,9,10,5,8,4,2};
char hm[11] = {'1','0','X','9','8','7','6','5','4','3','2'};
char GetJym(char a[])
{
    int sum = 0,i,index;
    sum = 0;
    for(i = 0;i<17;i ++)
    {
        sum += xs[i] * (a[i] - '0');
    }
    index = sum % 11;
    return hm[index];
}
int main(void)
```

```
{
    char sfz[18];
    char jym;
    scanf("%s",sfz);                    //输入身份证前17位
    jym = GetJym(sfz);
    printf("%c",jym);
    return 0;
}
```

【运行示例1】

34052419800101001✓
X

【运行示例2】

33010619990101001✓
3

【程序说明】

身份证前17位是一个字符串,用字符数组名作函数参数的形式为"char a[]"(数组做函数的参数将在第7章详细介绍)。GetJym函数计算校验码,并将校验码以字符的形式返回到主函数。

【例6-16】　输入两个正整数,编写函数,用欧几里得算法求解最大公约数后输出。

【程序】

```
# include <stdio.h>
int gcd(int a,int b)
{
    return b == 0? a:gcd(b,a%b);
}
int main(void)
{
    int a,b,ans;
    scanf("%d%d",&a,&b);
    ans = gcd(a,b);
    printf("%d和%d的最大公约数是:%d",a,b,ans);
    return 0;
}
```

【运行示例1】

22 33✓
22和33的最大公约数是:11

【运行示例 2】

105 70 ↙

105 和 70 的最大公约数是:35

【程序说明】

用欧几里得算法求解最大公约数问题,欧几里得算法也可以用递归形式来实现:

$$\begin{cases} ①gcd(p,q) = gcd(q,p\ \%\ q) & q\ !=0 \\ ②gcd(p,q) = p & q = 0 \end{cases}$$

本题示例程序采用的是递归调用的方法实现的 gcd 函数。

【例 6-17】 用格里高利公式求 π 的近似值。17 世纪,英国人格里高利(James Gregory)用下式计算 π 值,这就是格里高利公式。

$$\frac{\pi}{4} = 1 - \frac{1}{3} + \frac{1}{5} - \frac{1}{7} + \frac{1}{9} - \frac{1}{11} + \cdots$$

```c
#include <stdio.h>
#include <math.h>
double GregoryPI(double e);
int main(void)
{
    double e;
    double pi;
    scanf("%lf",&e);
    pi = GregoryPI(e);
    printf("pi = %.10f\n", pi * 4);
    return 0;
}
double GregoryPI(double e)
{
    int flag, t;
    double item, pi;
    flag = 1;
    t = 1;
    item = 1.0;
    pi = 0;
    while(fabs (item) >= e)
    {
        item = flag * 1.0 / t;
        pi = pi + item;
        flag = - flag;
        t = t + 2;
```

```
        }
    return pi;
}
```

【运行示例 1】

0.001 ↙
pi = 3.1435886596

【运行示例 2】

0.00001 ↙
pi = 3.1416126532

【程序说明】

本例利用格里高利公式求 π 的近似值,精确到指定的精度 e。

本题没有直接给出循环次数,而是提出了精度要求。精度要求实际上给出了循环的结束条件。在循环执行时,每次计算一个 item 项并累加到 pi,一旦计算出的 item 项的绝对值小于给定的精度 e,则循环终止。其中,flag 用于计算每项的符号。

【例 6-18】 用二分法求方程 cosx = 0 在区间(a,b)的近似解。

【程序】

```
#include <stdio.h>
#include <math.h>
double erfen(double a,double b)
{
    double mid;
    do
    {
        mid = (a + b)/2;
        if(cos(mid) * cos(a)> 0)
            a = mid;
        else
            b = mid;
    }while(fabs(cos(mid))>= 1e - 7) &&fabs (a - b)>= 1e - 7);
    return mid;
}
int main(void)
{
    double a,b;
    double alpha;
    do
    {
```

```
        scanf("%lf%lf",&a,&b);
    }
    while(cos(a)*cos(b)>0);          //保证区间(a,b)两端是异号
    alpha = erfen(a,b);
    printf("%.2f\n",alpha);
    return 0;
}
```

【运行示例1】

```
0 3.14↙
1.57
```

【运行示例2】

```
2 5↙
4.71
```

【程序说明】

在区间(a,b)上求方程 f(x)＝0 近似解(精度设为 e,本题中 e 取值为 1e－7)的二分算法流程如下：

①求区间(a,b)的中点 mid。

②计算 f(mid),并按如下三种情况进行相应处理。如果|f(mid)|<e,则 mid 就是方程的近似解;如果 f(a)f(mid)<0,则 b＝mid;如果 f(b)f(mid)<0,则 a＝mid。

③如果|a－b|<e,则 mid 为近似解,否则转至①。

---- ✏ **习题 6** ---

一、判断题

1.C 程序的执行从 main 函数开始,所以 main 函数必须放在程序最前面。
（　　）

2.一个函数可以没有参数和返回值。（　　）

判断题

3.main 函数中定义的变量是全局变量。（　　）

4.函数的返回语句 return (a,b);可以返回 2 个值 a 和 b。（　　）

5.静态变量在定义变量时,在类型名前加 static,未被初始化的静态变量由系统自动赋值 0。（　　）

6.局部变量只能在本函数中引用。在同一个程序中,全局变量可以和函数内的局部变量同名,此时在该函数内,全局变量不起作用。（　　）

7.函数的递归调用是通过将待解决的问题分解成比原问题规模要小的类似问题,然后用原问题的解决方法来进行求解。（　　）

8.函数在调用时,实参和形参的变量名不能相同。（　　）

9.函数需要先定义后使用。（　　）

10.函数传值调用时,将实参的值复制给形参变量,此后形参的值的改变不会影响到

实参。 ( )

11. main 函数是程序开始执行的入口地址,因此只能有一个 main 函数,而且必须有一个 main 函数。 ( )

二、单选题

1. 以下叙述中正确的是( )。

A. 构成 C 程序的基本单位是函数

B. 可以在一个函数中定义另一个函数

C. main()函数必须放在其他函数之前

D. 所有被调用的函数一定要在调用之前进行定义

2. 关于函数的说法,不正确是( )。

A. 函数调用结束后,必须返回一个值

B. 函数中定义的变量,只能在该函数内使用

C. 函数定义时可以没有形参

D. 函数中可以没有 return 语句,也可以有多条 return 语句

3. 关于函数的返回值,下列说法正确的是( )。

A. 函数可以有多条 return 语句   B. 函数一定要有 return 语句

C. return (a,b);可以返回 2 个值   D. return 语句中,return 后必须加返回的值

4. C 语言中函数的返回值类型,由下面哪个选项决定( )。

A. 调用函数时的实参类型   B. 定义函数时的形参类型

C. 被调用函数 return 返回值的类型   D. 定义函数时的函数类型

5. 如果在函数中定义一个变量,有关该变量作用域正确的是( )。

A. 只在该函数中有效   B. 在该文件中有效

C. 在本程序中有效   D. 为非法变量

6. 若函数声明为:void func(float x, char ch);则对函数 func 的调用正确的是( )。

A. func(5.6, "a");   B. func(5.6, 'a', 'b')

C. f = func(5.6, 'a')   D. func(5.6, 65)

7. f 函数定义如下:

```
int f(int x)
{
    static int k = 0;
    x += k -- ;
    return x;
}
```

则,f(f(3))的值是( )。

A. 2   B. 3   C. 4   D. 5

8. 关于函数,下列说法正确的是( )。

A. 函数的定义一定在函数调用之前

B. 在主函数里定义的变量就是全局变量

C. 函数调用:func(func(5));属于递归调用

D. 函数 int func(int a，int b) 有两个形参,都是传值调用

9.以下程序运行后的输出结果是( )。

```
#include <stdio.h>
int func(int x,int y)
{
    return(x + y);
}
int main (void)
{
    int a = 1,b = 2,c = 3;
    printf("%d",func(func(a + b,c),a - c));
    return 0;
}
```

A. 1   B. 4

C. 6   D. 编译错误

程序填空题

三、程序填空题

1.自己编写函数 mypow(a,n)计算 a 的 n 次方,其中 a 是双精度浮点数,n 是正整数。

```
#include <stdio.h>
double mypower(double a,int n)
{
    int i;
    double ret = 1;
    for(i = 0;i < n;i ++ )
        ___①___ ;
    return ret;
}
int main(void)
{
    int n;
    double a,y;
    scanf("%lf %d",&a,&n);
    y = ___②___ ;
    printf("%.2f\n",y);
}
```

2.圆周率 pi 可以利用以下公式进行计算:pi/4 = 1 - 1/3 + 1/5 - 1/7 + 1/9 - 1/11 + …自

已编写计算圆周率的函数 mypi(n)，其中 n 是精确到小数点后第几位的意思。

```c
#include <stdio.h>
#include <math.h>
double mypi(int n)
{
    int i = 1,sign = 1;
    double pi = 0,e;
    e = 1.0/i;
    while(   ①   )
    {
        pi + = e * sign;
        sign * = -1;
        i + = 2;
        ②   ;
    }
    return pi * 4;
}
int main(void)
{
    int n;
    double pi;
    scanf("%d",&n);
    pi = mypi(n);
    printf("%.20f\n",pi);
    return 0;
}
```

3.通过函数的递归调用计算阶乘。

```c
#include <stdio.h>
long fact(int n)
{
    long f;
    if(n>1)
        f =   ①   ;
    else
        f = 1;
    return (f);
}
int main(void)
```

```
{
    int n;
    long y;
    scanf("%d",&n);
    y = ___②___ ;
    printf("%d != %ld\n",n, ___③___ );
}
```

4.用程序来做一个插入有序队列的动作,使得插入一个后来者后,队伍仍旧保持有序。假定有 $n(n \leq 100)$ 个浮点数,已经按照从小到大的顺序排好,要求输入一个数,把它插入到数列中,使数列仍然有序,并输出新的数列。题目保证输入的数列都是有序的。

【输入】输入 n 以及 n 个有序的浮点数,以及即将插队的数。

【输出】输出插队后的数组。

```
#include <stdio.h>
void insert(double x);
double a[101];
int n;
int main(void)
{
    int i,flag1 = 1;
    double x,t;
    scanf("%d",&n);
    for(i = 0;i < n;i ++ )
    {
        scanf("%lf",&a[i]);
    }
    scanf("%lf",&x);
    ___①___ ;
    for(i = 0;i <=n;i ++ )
        printf("%.2f ",a[i]);
    return 0;
}
void insert(double x)
{
    int flag = 1,i;
    for( ___②___ )
    {
        if(x <a[i])
            a[i + 1] = a[i];
```

```
        else
        {
            a[i + 1] = x; flag = 0;
            break;
        }
    }
    if(flag) a[0] = x;
}
```

5. 将输入的十进制正整数 $n(n>0)$ 通过函数 DtoH 转换为十六进制数,并输出转换后的十六进制结果。例如:输入十进制数 123,将输出十六进制 7B。

【输入】正整数 $n(n>0)$。

【输出】n 的十六进制形式。

```
# include <stdio.h>
char str[100];
int DtoH(int n)
{
    int i = 0,k;
    while(n != 0)
    {
        k = n % 16;
        if(k <10)
            str[i] = '0' + k;
        else
            str[i] = 'A' + k - 10;
        ____①____ ;
        i ++ ;
    }
    return i;
}

int main(void)
{
    int n,i,len;
    scanf(" % d",&n);
    len = DtoH(n)     ;
    for( ___②___ )
        printf(" % c",str[i]);
    return 0;
}
```

四、程序设计题

程序设计题

1. 在主函数中输入一个百分制成绩，编写函数，将成绩转换成相应的五分制成绩，并在主函数中输出五分制成绩。

2. 在主函数中输入学生人数 $n(n \leq 100)$ 和 n 个学生的成绩，编写函数计算平均分，并在主函数中输出平均分。

3. 在主函数中输入 10 个学生的成绩，编写函数求解最高分，并在主函数中输出最高分。

4. 编写一个函数，求两个正整数的最小公倍数。

5. 编写一个函数，判断一个整数是否是素数。素数指的是除了 1 和自身，没有其他因子的整数，最小的素数是 2。

6. 编写一个函数，判断输入的字符是否为大写字母，并在主函数里调用该函数。

7. 在主函数中输出 $1! + 2! + 3! + \cdots + 10!$ 的值。要求将计算阶乘的功能写成函数形式。

8. 数列的第 1、2 项为 1，此后各项为前两项之和。设计编写递归函数，求数列中任何一项的值。

9. 输入两个正整数表示一个整数区间，输出区间内所有的亲和数。亲和数是这样一对正整数 a 和 b，a 的所有真因子的和等于 b，而 b 的所有真因子的和等于 a。例如，284 和 220 是一对亲和数，这是因为：

$$1 + 2 + 4 + 5 + 10 + 11 + 20 + 22 + 44 + 55 + 110 = 284$$
$$1 + 2 + 4 + 71 + 142 = 220$$

10. 给定年份、月份，输出对应的月历。下面的蔡勒（Zeller）公式可以计算 1582 年 9 月 3 日之后任一天是星期几。

$$w = \left(\left[\frac{c}{4} \right] - 2c + y + \left[\frac{y}{4} \right] + \left[\frac{13 \times (m+1)}{5} \right] + d - 1 \right) \text{MOD } 7$$

其中 [] 代表取整，MOD 表示取余，w、c、y、m、d 分别表示星期、世纪（年份前两位）、年、月、日。另外在蔡勒公式中，某年的 1、2 月要看作上一年的 13、14 月来计算，比如 2003 年 1 月 1 日要看作 2002 年的 13 月 1 日来计算。

【分析】程序中除了 main 函数以外，可定义 getDays、getWeek、print 等三个方法。getDays 函数返回指定年月包含的天数，其中用 switch 语句实现多分支，每个 case 分支对应一个月份。getWeek 函数返回指定年月的第一天是星期几。print 函数用于输出。

CHAPTER 7

第 7 章
指 针

本章要点:

◇　指针变量的定义、初始化、取址与间接访问运算;

◇　以指针方式处理一维数组和二维数组;

◇　指针作为函数的参数,指针作为函数的返回值;

◇　函数指针的使用方法;

◇　动态内存分配,一维数组和二维数组的动态分配。

7.1 引 例

指针是 C 语言的精髓和灵魂,是 C 语言中最具魅力和最富活力的部分。指针可用来灵活、高效地处理许多棘手的编程问题。首先看一个例子,初步了解为什么引入指针? 什么场合需要使用指针?

【例 7-1】 输入三个整数 a、b、c(a 不为 0),输出一元二次方程 $ax^2 + bx + c = 0$ 的根。

【问题分析】

定义函数以求解方程的根,可使程序结构更清晰,可读性更好。一元二次方程可能有两个实数根,也就是说求根函数可能需要向调用者传递两个数据。函数一般可通过返回值向调用者传递数据,但只能返回一个数据。指针可用来解决类似的问题。

主函数将用来存放方程根的变量的指针传递给 root 函数,root 函数就可以通过指针将方程的根巧妙地写入主函数的对应变量中。

【程序】

```
# include <stdio.h>
# include <math.h>
int root(int a, int b, int c, double * p1, double * p2)
{
    int delta = b * b - 4 * a * c;
    int flag = 0;
    if(delta >= 0)
```

```
        {
            * p1 = ( − b + sqrt(delta)) / 2 / a;
            * p2 = ( − b − sqrt(delta)) / 2 / a;
            flag = 1;
        }
        return flag;
    }
int main(void)
{
    double   x1, x2;
    int a, b, c;
    scanf("% d % d % d", &a, &b, &c);
    if(root(a, b, c, &x1, &x2))
    {
        printf("% .2f % .2f", x1, x2);
    }
    else
    {
        printf("No");
    }
    return 0;
}
```

【运行示例】

1 5 6↙
− 2.00 − 3.00

【程序说明】

主函数中 x1、x2 用于存放方程的根,调用函数时将 x1 和 x2 的指针 &x1 和 &x2 传递给 root 函数中的指针变量 p1 和 p2。root 函数可通过 p1 和 p2 将方程的根写入主函数中的变量 x1 和 x2 中。

7.2 指针与指针变量

指针与指针变量

7.2.1 地址与指针

指针是地址的一种形象说法。那什么是地址呢?程序在内存中运行,内存的每个字节就像宾馆的房间一样,都有一个编号,这个编号就是地址。

程序中的每个变量都在内存中占有一定的存储空间,用于存储变量的值。运算符 & 可以获取变量的地址,其实之前在调用 scanf 函数时,一直在使用这个运算符。

【例 7-2】 输出变量的地址。

【程序】

```
# include <stdio.h>
int main(void)
{
    int a = 8;
    double b = 9.6;
    b = a + b;
    printf("a = % d, b = % .1f\n", a, b);
    printf("变量a地址:% d\n", &a);
    printf("变量b地址:% d\n", &b);
    return 0;
}
```

【运行示例】

```
a = 8, b = 17.6
变量 a 地址: 2752268
变量 b 地址: 2752256
```

【程序说明】

程序中定义一个变量,这个变量会分配到一段内存空间。分配到的内存空间大小与这个变量的类型有关。整型变量 a 分配到 4 个字节;b 是双精度浮点型,分配到 8 个字节。变量的地址就是变量所占有的一段内存空间的起始地址,也就是第一个字节的地址。如图 7-1 所示,变量 b 占了 8 个字节, b 的地址是其中第一个字节的地址,也就是 2752256。

需要说明的是,不同的运行环境下,变量分配的空间往往是不同的,例 7-2 的程序运行输出的地址在不同的计算机上往往是不同的。

变量名、变量值、变量地址是变量的三个要素。通过变量名来访问变量是最自然的方式,比如:b = a + b,取 a 和 b 值相加之后,再存放到 b 中。其实还有另外一种方式来访问变量,就是通过指针来访问变量。

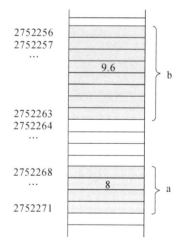

图 7-1 变量及其地址

7.2.2 指针变量

在尝试通过指针访问变量之前,先来看看什么是指针变量,如何定义指针变量?

1. 指针变量的定义

指针变量是用来存放指针的变量,指针变量用来存储指针,也就是存储某个变量的地址。像整型、浮点型和字符型变量一样,使用前必须先定义指针变量。定义指针变量的基本形式是:

```
类型标识符 * 指针变量名;
```

这里的星号(*)是定义指针变量所必需的指针声明符。

类型标识符是 int、double、char 等标识符,表示指针变量要指向的变量的数据类型,一般称为指针变量的基类型。

下面是一些指针定义的例子:

```
int * p;               /* 定义指针变量 p,可指向 int 型变量 */
char * cp              /* 定义指针变量 cp,可指向 char 型变量 */
double * dp1, * dp2;   /* 定义指针变量 dp1 和 dp2,可指向 double 型变量 */
```

【例 7-3】 通过变量的指针,访问变量。

【程序】

```c
# include <stdio.h>
int main(void)
{
    int a = 8;
    double b = 9.6;
    int * p1 = &a;
    double * p2 = &b;
    * p2 = * p1 + * p2;
    printf("%.1f", * p2);
    return 0;
}
```

【运行示例】

```
17.6
```

【程序说明】

程序中,p1 是整型指针变量,可以存放整型变量的地址。比如这里 a 是一个整型变量,因此可以把变量 a 的地址赋值给 p1。p2 的类型是 double 型指针,double 变量 b 的地址就可以赋给 p2。于是,p1 指向 int 型变量 a,p2 指向 double 型变量 b。

如图 7-2 所示,用于存放指针的变量 p1 和 p2 在内存中也需要占有 4 个字节的内存空间。

需要注意的是,指针变量一般只能指向其定义所指定的基类型的变量。如果把 a 的地址赋值给 p2,或把 b 的地址赋值给 p1,就会因类型不兼容,引起编译器警告(warning)。

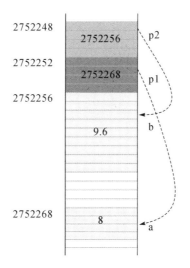

図 7-2　变量 a、b 和指针变量 p1、p2 在内存中的存储

2.间接访问运算符

在例 7-3 程序中,借助间接访问运算符 ＊,通过 p1 和 p2 对变量 a 和 b 进行了操作。

＊p1 表示是 p1 所指向的变量,也就是变量 a;＊p2 表示是 p2 所指向的变量,也就是变量 b。以下两条语句功能是完全相同的,前者通过指针间接访问变量,后者通过变量名直接访问变量。

```
＊p2 = ＊p1 + ＊p2；
b = a + b；
```

关于指针变量的定义、初始化,需要注意以下一些问题:

(1) 如果要用一条语句定义两个 int 型指针变量 p 和 q,正确的写法是:

```
int ＊p, ＊q；
```

如果写成:

```
int ＊p, q；
```

则表示 p 是指针变量,而 q 是整型变量。

(2)语句 int ＊p1 = &a;定义了指针变量 p1,并将 p1 的值初始化为变量 a 的地址,如果先定义再赋值,则对应如下两条语句:

```
int ＊p1；
p1 = &a；
```

(3)在指针变量没有被初始化的情况下,不应修改指针变量所指向变量的值。例如以下的语句中,q 指向的内存区域可能存放了有用的数据、甚至重要的程序,修改这样的区域可能会导致程序运行出现严重错误。

```
int ＊q；
＊q = 0；
```

例 7-3 程序只是为了说明变量定义，以及间接访问方式的用法，显然不能体现指针的优势。在后面的章节将逐步展现指针的强大功能。

7.3 指针与数组

7.3.1 一维数组元素指针

1. 数组名是指针常量

数组中的每个元素都在内存中占用存储单元，且每个存储单元占据的存储空间大小都是相同的。数组名代表数组元素的首地址，可以将其直接赋值给相同数据类型的指针变量。

指针与一维数组

如果定义：int a[10];，则数组 a 有 a[0]，a[1]，⋯，a[9]等 10 个元素，如图 7-3 所示，在内存中就会分配到可存放 10 个整数的连续内存空间。而数组名 a 是首元素 a[0]的指针，它指向 a[0]。因此数组的第一个元素 a[0]，就有 ＊a 这样的指针表示法。

称数组名是指针常量的原因是，一旦数组定义后，其分配的内存空间就固定不变，a 的值是无法修改的。

指针可以进行加、减以及比较等运算。虽然从语法角度看，对参与运算的指针没有特别要求，但实际上指针指向数组元素时，这些运算才有意义。

2. 指针的加法运算

指针加 1 运算得到新的指针，即向后移动一个元素的位置，新指针指向下一个元素。例如，a 指向 a[0]，那么 a+1 指向 a[1]，整型元素占 4 个字节，因此 a 和 a +1 数值上相差 4。

指针加 k，就是向后移动 k 个元素的位置。例如 a 指向 a[0]，a+k 向后移动 k 个元素位置，指向 a[k]，因此 a+k 和 &a[k]功能上是等价的，＊(a+k)和 a[k] 也是等价的。

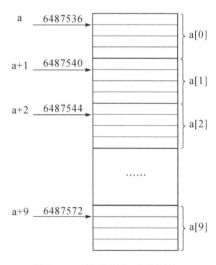

图 7-3　一维数组的元素指针

3. 指针的减法运算

指针减 1 运算，将指针向前移动一个元素的位置，得到的新指针指向前一个元素。指针减 k，即将指针前移 k 个元素的位置。

例如，在上述数组定义的基础上，再定义整型指针：

```
int * p = a + 9;
```

这样 p 指向 a[9]，那么 p−1 指向 a[8]，p−3 指向 a[6]。

两个指针相减，结果为两个指针之间的距离，用元素个数来度量。例如，设 p 指向 a[1]，q 指向 a[6]，那么 q−p 的值为 5。

4. 指针的比较运算

两个指针用关系运算符(>,<,>=,<=,!=,==)可以进行比较,结果取决于指针间的相对位置关系。一般来说,两个指针指向同一个数组的元素时,比较运算才有意义。

7.3.2　指针方式的一维数组处理

通过指针操作一维数组,在程序设计中,是经常可见的。

【例 7-4】　采用指针方式,对一维数组求和。

【程序】

```c
#include <stdio.h>
int main(void)
{
    int a[10];
    int * p;
    int i, sum = 0;
    for(i = 0; i < 10; i ++ )
    {
        scanf("% d", &a[i]);
    }
    for(p = a; p < a + 10; p ++ )
    {
        sum += * p;
    }
    printf("sum = % d", sum);
    return 0;
}
```

【运行示例】

```
3 12 9 14 6 - 29 2 1 8↙
sum = 62
```

【程序说明】

第一个 for 循环,用来输入 10 个整数,将其存放到数组中。表达式 &a[i] 表示 a[i] 的地址,也可以写成 a + i。

第二个 for 循环通过指针 p 向后移动,依次指向每一个数组元素,再用 * p 取出相应元素的值进行处理,计算数组所有元素的和。具体来说,p 是整型指针变量,首先被赋初值 a,这样 p 指向 a[0]。循环体中将 * p 的值累加到 sum 中, * p 就是 p 指向的变量,那么第 1 次加的是 a[0]。每次循环后 p ++ ,就是让 p 加 1 指向下一个数组元素,所以第二次循环累加 a[1],第三次循环累加 a[2],第十次循环累加 a[9]。

循环条件是 p < a + 10,a + 9 指向数组最后一个元素 a[9],当 p 等于 a + 10 的时候,不再

指向数组元素,循环终止。

用于求和的 for 循环也可以写作:

```
int * p = a;
while(p<a + 10)
{
    sum += * p ++ ;            // * p ++ 等价于 * ( p ++ )
}
```

其中,语句 sum += * p ++ 等价于 sum += * (p ++),实现下列两个语句的操作:

```
sum += * p;
p ++ ;                         //将 p 加 1,p 指向下一个元素
```

而语句 sum += * p ++ 与 sum += (* p) ++ 是不一样的,后者实现下面两个语句的操作:

```
sum += * p;
( * p) ++ ;                    //将 p 指向的变量自增 1
```

7.3.3 二维数组元素指针与行指针

本小节以一个 3 行 4 列的二维整型数组为例,介绍二维数组中的指针。数组 a 的定义如下:

指针与二维数组

```
int a[3][4];
```

二维数组逻辑上是二维表格,a 包含 3 行 4 列 12 个元素,每个元素均可通过行下标和列下标引用,如图 7-4(a)所示。而数组元素 a[i][j]的指针,常见表示方式为 &a[i][j]。

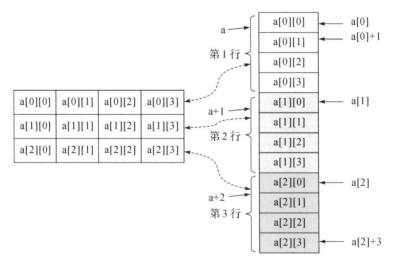

(a)数组的逻辑结构　　　　(b)数组的存储方式

图 7-4　二维数组的逻辑结构与存储方式

如图 7-4(b)所示,a 数组的各个元素在内存中按行优先的次序连续存放:排在前面的是第一行的 4 个元素,然后是第二行、第三行的各 4 个元素。

二维数组的数组名同样是一个指针常量,但 a 并不是首元素 a[0][0] 的指针,只有一维数组的数组名是首元素的地址或指针。

实际上,二维数组 a 可以看作具有 3 个"大元素"的一维数组,三个"大元素"分别对应二维数组的 3 行。这样 a 成为一维数组的数组名,指向第一个"大元素",也就是第一行。a + 1、a + 2 分别指向第二行和第三行。a、a + 1、a + 2 一般称为行指针。 * a、* (a + 1)、* (a + 2) 分别表示三个"大元素",也就是三行。 * a、* (a + 1)、* (a + 2) 另一种完全等价的表示方法是 a[0]、a[1]、a[2]。因此,也可以说 a、a + 1、a + 2 分别指向 a[0]、a[1]、a[2]。

a[0]、a[1]、a[2] 其实可看作 3 个一维整型数组。例如,一维数组 a[0] 的 4 个元素是 a[0][0]、a[0][1]、a[0][2]、a[0][3]。作为这个一维数组的数组名,a[0] 指向第一个整型元素 a[0][0]。

行指针 a、a + 1、a + 2 分别指向二维数组的一行,也可以说分别指向 3 个一维数组,这些一维数组有 4 个 int 型元素。

需要注意的是,a 和 a[0] 都是指针,但两者是不同类型的指针。a 是行指针,指向是整个一行,a + 1 则指向下一行。a[0] 是元素指针,指向是整型元素 a[0][0],a[0] + 1 则指向下一个整型元素 a[0][1]。a[1] 指向元素 a[1][0],a[2] + 3 指向元素 a[2][3]。

可归纳为:a[i] 指向 a[i][0],a[i] + j 指向 a[i][j]。

因此,元素 a[i][j] 的指针可以有三种等价表示方法,即 &a[i][j]、a[i] + j、* (a + i) + j。相应的元素 a[i][j] 也有三种表示方法,即 a[i][j]、* (a[i] + j)、* (* (a + i) + j)。

7.3.4 指针方式的二维数组处理

本小节通过一个简单示例,介绍程序中如何以指针方式处理二维数组。

【例 7-5】 输入一个 3 行 4 列二维数组,再计算、输出各行元素的和。

【程序】

```c
#include <stdio.h>
int main(void)
{
    int a[3][4];
    int ( * p)[4];
    int i, j, sum;
    for(i = 0; i < 3; i ++)
    {
        for(j = 0; j < 4; j ++)
        {
            scanf("%d", &a[i][j]);
        }
    }
    for(p = a; p < a + 3; p ++)
```

```
    {
        sum = 0;
        for(j = 0; j < 4; j ++ )
        {
            sum += *( *p + j);
        }
        printf("%d\n", sum);
    }
    return 0;
}
```

【运行示例】

```
81 92 78 75 ↙
98 91 88 71 ↙
68 72 90 76 ↙
326
348
306
```

【程序说明】

程序中的语句 int（＊p)[4];包含了丰富的信息。语句定义了一个行指针变量 p,p 存放的指针可指向二维数组的某一行,这一行必须有 4 个 int 型元素。

行指针变量的定义取决于与之关联的二维数组。如果二维数组定义为:

```
double b[5][6];
```

则与 b 关联的行指针变量应定义为:

```
double (*p)[6];
```

注意,＊p 两边的一对括号不能省略。如果定义 double ＊p[6],则表示 p 为指针数组,该数组有 6 个元素,每个元素存放一个 double 型指针,有关内容会在后续章节进一步介绍。

在循环结构 for(p = a;p<a + 3;p ++)中,首先将行指针变量 p 赋值为数组首行指针,循环体处理一行后,通过 p ++ 将指针后移一行,如此循环直到 p 指针越过数组。

循环过程中的 p 值是变化的,依次处理每一行,＊p 表示数组中的某一行,是该行首元素的地址,即列下标为 0 的元素地址。＊(＊p + j)表示该行列下标为 j 的元素,也可写成 p[0][j]。

7.4　指针与函数

7.4.1　指针作为函数参数

先回顾一下函数参数传递的基本特征,即实参变量的值可以传递给形参
变量,但修改形参变量的值,不会影响实参变量。

指针作为
函数参数

【例 7-6】　函数参数传递的基本特征。

【程序】

```
# include <stdio.h>
void swap(int x, int y)
{
    int t;
    t = x;
    x = y;
    y = t;
}
int main(void)
{
    int a = 1, b = 3;
    swap(a, b);
    printf("%d,%d", a, b);
    return 0;
}
```

【运行示例】

1,3

【程序说明】

程序中主函数将 a 和 b 的值分别传递给 swap 函数的两个形参变量,这样 x 和 y 的值就
变成 1 和 3。函数中的语句执行,互换 x 和 y 的值。主函数中 a 和 b 的值没有发生变化。

实参变量的值可以传递给形参变量,但修改形参变量的值,不会影响实参变量。也就是
说,这里我们不可以通过形参 x 和 y 来修改 a 和 b 的值。

指针提供了解决方法,如果把某个变量的指针作为实参传递给函数形参变量,那么函数
就可以通过指针修改它指向的变量。

【例 7-7】　指针作为函数参数。

【程序】

```
# include <stdio.h>
void swap(int * x, int * y)
{
    int t = * x;
    * x = * y;
    * y = t;
}
int main(void)
{
    int a = 1, b = 3;
    swap(&a, &b);
    printf(" % d, % d", a, b);
    return 0;
}
```

【运行示例】

```
3,1
```

【程序说明】

程序中,swap 函数的形参被定义为整型指针变量,这样 x 和 y 可以指向整型变量。

如图 7-5 所示,main 函数中的函数调用语句,把 a 和 b 的指针作为实参传递给形参变量 x 和 y。这样,swap 函数中的指针变量 x 和 y,就指向了主函数中定义的变量 a 和变量 b,swap 函数就可以利用指针 x 和 y,通过 * 运算符,间接修改主函数中变量 a 和变量 b 的值, * x 就是变量 a, * y 就是变量 b。

这个程序非常简单,但体现了指针的一个应用。调用函数的时候,可以将主函数中定义的变量的地址,传递给被调用函数中的指针变量,而后

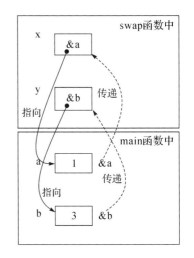

图 7-5　函数间参数传递及指针指向关系

在被调函数中可以通过 * 运算符,间接修改指针所指向的变量,也就是主函数中定义的局部变量。

例 7-1 程序采用了同样的方法。为了让 root 函数把求得的两个根传递给主函数,在 root 函数中定义两个形参变量:double 指针变量 p1 和 p2,主函数则把 x1 和 x2 的地址传递给 p1 和 p2,然后 root 函数将根赋值给 * p1 和 * p2,也就是主函数中的 x1 和 x2。

用于输入的 scanf 函数也是采用这样的方法,调用时把变量地址传递给 scanf 函数,告知输入的数据将存放在哪里。

7.4.2　数组名作为函数参数

不论是一维数组还是二维数组,数组名都表示指针。将数组名作为参数传递给函数,函数就可以通过指针访问主调函数中定义的数组。数组名作为函数参数是指针的一个常见应用,为函数间传递数组提供了便利。更重要的是,形式和效果上是传递数组,但本质上传递的只是数组的起始位置,是一种非常高效的传递方式。

1. 向函数传递一维数组元素指针

【例 7-8】 使用函数的选择法排序。

【程序】

```c
#include <stdio.h>
void sort(int * p, int n)
{
    int i, j, t, k;
    for(i = 0; i < n - 1; i ++)
    {
        k = i;
        for(j = i + 1; j < n; j ++)
        {
            if(p[j] < p[k])
            {
                k = j;
            }
        }
        t = p[k];
        p[k] = p[i];
        p[i] = t;
    }
}
int main(void)
{
    int i;
    int a[10];
    for(i = 0; i < 10; i ++)
    {
        scanf("% d", &a[i]);
    }
    sort(a, 10);
    for(i = 0; i < 10; i ++)
```

```
    {
        printf("%d", a[i]);
    }
    return 0;
}
```

【运行示例】

```
76 83 67 98 63 81 73 84 95 66↙
63 66 67 73 76 81 83 84 95 98
```

【程序说明】

sort 函数实现选择排序算法，函数的形式参数有两个，前者用于接收数组首元素地址，后者用于接收数组长度。有了这两方面的数据，sort 函数就可以直接访问主函数中的数组元素，既可以读取元素值，也可以修改元素值。

函数形式参数还有另外一种常见的定义方式，即

```
void sort (int p[], int n)
```

p 的定义接近于数组，但并不会分配新的内存空间，无须在[]中指定数组长度。这种接近于数组的定义方式，与例 7-8 程序中采用的定义方式本质上没有差别，都是指针变量，都用于传递数组的起始位置。

定义了这样两个参数，会使得 sort 函数具有一定的灵活性，例如调用 sort(a,5)可以仅对数组 a 的前 5 个元素排序，sort(a+2,6)则对 a[2]开始的 6 个元素进行排序。

2. 向函数传递二维数组的行指针

向函数传递二维数组，可以通过传递行指针及其二维数组的行、列数。

【例 7-9】 输入一个二维数组，再按行列格式输出。

【程序】

```
#include <stdio.h>
#define MAXN 10
void input(int (*a)[MAXN], int n, int m)
{
    for(int i = 0; i < n; i ++ )
    {
        for(int j = 0; j < m; j ++ )
        {
            scanf("%d", *(a+i)+j);
        }
    }
}
void output(int a[][MAXN], int n, int m)
```

```
{
    for(int i = 0; i < n; i ++)
    {
        for(int j = 0; j < m; j ++)
        {
            printf(" % 4d", a[i][j]);
        }
        printf("\n");
    }
}
int main(void)
{
    int a[MAXN][MAXN];
    int n, m;
    scanf(" % d % d", &n, &m);
    input(a, n, m);
    output(a, n, m);
    return 0;
}
```

【运行示例】

```
3 4
2 7 6 3
-9 2 4 8
3 6 -8 -9
    2   7   6   3
   -9   2   4   8
    3   6  -8  -9
```

【程序说明】

主函数定义了一个二维数组,包含的行列数均为 MAXN。实际输入的数组包含的行、列数是在程序运行时输入得到的,输入的 n 和 m 的最大值为 MAXN。

input 函数用于输入 n 行、m 列的二维数组。函数有三个形式参数:a 为行指针,n 和 m 分别表示实际要输入的二维数组包含的行、列数。这里需要注意行指针的定义,尽管实际 m 可能小于 MAXN,但行指针指向的一行包含 MAXN 个元素,因而参数 a 必须定义为:

```
int ( * a)[MAXN]
```

output 函数用于输出 n 行、m 列的二维数组,参数形式与 input 函数略有区别。在前面章节中已经介绍,两种定义方式本质上都是行指针变量。函数间传递的仅是数组的起始位置,而不是全部数据。

7.4.3　指针作为函数返回值

函数的参数可以是指针,函数也可以返回指针。本小节初步介绍相关的概念和方法,在字符串一章中会有更多的应用。

定义返回指针的函数,形式一般为:

```
类型标识符 *函数名(形式参数列表)
{
    函数体
}
```

函数名前的星号(*)表示函数返回指针,类型标识符表示指针指向的数据的类型。

【例 7-10】　找出数组的最大元素,将其与首元素交换。

【程序】

```
#include <stdio.h>
int *findmax(int *b, int n)
{
    int *p, *q = b;
    for(p = b; p < b + n; p ++)
    {
        if(*p > *q)
        {
            q = p;
        }
    }
    return q;
}
void swap(int *p, int *q)
{
    int tmp = *p;
    *p = *q;
    *q = tmp;
}
int main(void)
{
    int a[10];
    int *p;
    int i;
    for(i = 0; i < 10; i ++)
    {
```

```
        scanf("%d", &a[i]);
    }
    p = findmax(a, 10);
    swap(a, p);
    for(i = 0; i < 10; i ++)
    {
        printf("%d ", a[i]);
    }
    return 0;
}
```

【运行示例】

76 83 67 98 63 81 73 84 95 66 ↙
98 83 67 76 63 81 73 84 95 66

【程序说明】

程序中,找数组中最大元素的程序段被定义为 findmax 函数,函数的返回值类型为 int 指针,返回的指针指向最大元素。

调用语句 p = findmax(a,10)执行后,p 为指向 a 数组中最大元素的指针。有了最大元素的指针,再调用语句 swap(a,p)将 a 指向的元素 a[0]与 p 指向的最大元素交换。

7.4.4 函数指针

数组名表示数组第一个元素的地址,指向数组第一个元素。类似地,函数名同样表示地址。程序由一个或者多个函数构成,每个函数包含若干条语句,编译以后对应一组指令。程序执行的时候,系统会为函数分配一段连续的内存空间,用于存放函数的指令序列。函数名即为函数第一条指令的地址(指针),或者叫入口地址。而调用函数实际上是根据这个指针,转去访问、执行函数中的指令。

定义函数指针变量的一般形式为:

类型标识符(∗指针变量名)(形式参数列表);

指针变量可用来存放一类函数的指针,类型标识符是这类函数的返回值类型,形式参数列表是这类函数所具有的形参列表。

【例 7-11】 函数指针的定义和使用。

【程序】

```
#include <stdio.h>
#include <math.h>
int main(void)
{
    double(∗p1)(double);
    double(∗p2)(double, double);
```

```
        p1 = sqrt;
        double y1 = p1(6);
        p2 = pow;
        double y2 = p2(7.5, 3.2);
        printf("y1 = % f,y2 = % f\n", y1, y2);
        return 0;
    }
```

【运行示例】

```
    y1 = 2.449490,y2 = 631.242226
```

【程序说明】

程序中 p1 被定义为函数指针变量,p1 可以存放一类函数的入口地址。该类函数须满足两个条件,一是函数的返回值类型是 double,二是函数有一个 double 类型的形参。sqrt 函数符合这两个条件,因此可将 sqrt 函数的函数名赋值给 p1,也就可以通过函数指针 p1 来调用平方根函数。

p2 也被定义为函数指针变量,可以存放另一类函数的入口地址。函数必须具备两个条件:一是函数的返回值类型是 double,二是函数有两个 double 类型形参。pow 函数符合这两个条件,因此可将 pow 函数的函数名赋值给 p2,也就可以通过函数指针 p2 来调用指数函数。

这个例子只是为了说明函数指针的基本用法,不能体现函数指针的优势。下面来看另一个例子。

【例 7-12】 二分法求解方程 $x^4 + 3x - 7 = 0$ 的近似根。

【问题分析】

令 $f(x) = x^4 + 3x - 7$。如图 7-6 所示,对于区间 $[a,b]$ 上连续且 $f(a) * f(b) < 0$ 的函数 $f(x)$,为了得到 $f(x)$ 的零点,可以通过不断把 $f(x)$ 的零点所在的区间一分为二,如果 $f(a) * f(c) < 0$,那么区间 $[a,c]$ 有根;如果 $f(b) * (c) < 0$,那么区间 $[c,b]$ 有根。通过使区间的两个端点逐步逼近零点,进而得到零点近似值,这种方法称为二分法。

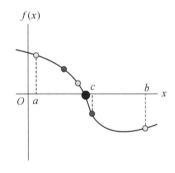

图 7-6 二分法求根

【程序】

```
    # include <stdio.h>
    # include <math.h>
    double f(double x)
    {
        return x * x * x * x + 3 * x - 7;
    }
    double root(double a, double b, double eps, double( * pf)(double))
    {
```

```
        double c;
        do
        {
            c = (a + b) / 2;
            if(fabs(pf(c)) < eps)
                break;
            else
                if(pf(a) * pf(c) < 0)
                    b = c;
                else
                    a = c;
        } while(fabs(b - a) > eps);
        return c;
    }
    int main(void)
    {
        double x1, x2;
        x1 = root(0, 3, 1e - 6, f);
        printf("x1 = % .6f\n", x1);
        x2 = root(2, 4, 1e - 4, sin);
        printf("x2 = % .4f\n", x2);
        return 0;
    }
```

【运行示例】

```
x1 = 1.320331
x2 = 3.1416
```

【程序说明】

root 函数用二分法求解方程 f(x) = 0 的根。root 函数有 4 个形参:a、b 为方程根所在的区间;eps 为求根所要求的精度,值为接近于 0 的正数:形参 pf 是一个函数指针变量,可以指向有一个 double 形参,返回值也是 double 的函数。

有了 pf 这个形参,root 函数更加灵活、通用。主函数第 1 次以 f 作为实参调用 root 函数,f 函数的指令地址传递给函数指针变量 pf,这样 pf 指向函数 f,那么这里通过 pf 调用的是 f 函数,求解的方程是 $x^4 + 3x - 7 = 0$。主函数第 2 次以 sin 作为实参调用 root 函数,sin 函数的入口地址传递给函数指针变量 pf,这样 pf 指向 sin 函数,那么这里通过 pf 调用的是 sin 函数,求解的方程是 $\sin(x) = 0$。

通过给 root 函数传递不同的函数入口地址,root 函数就可以求解不同的方程,这体现了函数指针所带来的灵活性和通用性。

7.5　指针与动态内存分配

在前面章节中使用的数组，都是在定义时给出数组的长度。然而在某些情况下，定义数组时无法给出确定的长度，例如要处理的数据个数是程序运行时输入的。通常的解决办法是先定义一个尽量大的数组，以避免输入的数据个数超过数组的容量。这样做的缺点是要么定义太大造成内存的浪费，要么不能满足实际需求。

C99标准下，在函数中定义的数组允许以变量方式给出长度，例如：

```
int n;
scanf("%d",&n);
int a[n];
```

这种办法仍然有局限性，数组的长度不能定义很大。对于上述问题，动态内存分配提供了较好的解决方案。

7.5.1　动态分配相关的系统函数

1. malloc 函数

malloc 函数可用于分配若干字节的内存空间。若系统不能提供足够的内存单元，函数返回空指针 NULL，否则返回分配到的内存空间起始地址。函数 malloc 相应的头文件是 stdlib.h，函数原型如下：

```
void * malloc(unsigned int size);
```

size 表示申请空间的大小，也就是字节数。函数返回一个 void 指针，但没有确定指针所指向的数据类型，因此一般在调用时将返回值强制转换为需要的指针类型，例如：

```
int * a;
a = (int * )malloc(n * sizeof(int));
```

这里用(int *)将 void 指针强制转换为 int 型指针，再赋值给 int 型指针变量 a。

sizeof(int)的值表示当前系统中 int 类型所占内存的字节数。n * sizeof(int)则表示 n 个整数所需的内存字节数。

一旦申请成功，就建立了一个一维数组，a 指向了该数组。数组的使用方法和前面介绍的静态分配的数组是完全相同的。

2. free 函数

free 函数用于释放向系统动态申请的内存空间。函数原型为：

```
void free(void * p);
```

函数无返回值，参数 p 是动态申请内存空间的起始地址，即将之前分配的 p 指向的内存返还给系统，以便由系统重新支配。

7.5.2　一维数组的动态分配

【例 7-13】　将输入的 n 个整数存入数组,输出这些数的平均值,再输出所有大于平均值的数。

【程序】

```
# include <stdio.h>
# include <stdlib.h>              / * 动态分配函数相关的头文件 * /
int main(void)
{
    int i, n;
    int * a;
    double aver = 0;
    scanf(" % d", &n);
    a = (int *)malloc(n * sizeof(int));
    if(a == NULL)
    {
        printf("No enough memory !\n");
        exit(1);
    }
    for(i = 0; i < n; i ++ )
    {
        scanf(" % d", &a[i]);
        aver += a[i];
    }
    aver / = n;
    printf(" % .2f\n", aver);
    for(i = 0; i < n; i ++ )
    {
        if(a[i] > aver)
        {
            printf(" % d ", a[i]);
        }
    }

    free(a);
    return 0;
}
```

【运行示例】

```
10 ↙
76 83 67 98 63 81 73 84 95 66 ↙
78.60
83 98 81 84 95
```

【程序说明】

程序中的语句 a = (int *)malloc(n * sizeof(int))申请分配存放 n 个整数的内存空间。分配成功后,程序即可使用这些内存空间,a 为这段连续内存空间的起始地址,这就相当于建立了一个长度为 n 的一维 int 数组。

需要注意两个问题。其一,由于内存是有限的,动态分配可能会失败,因此有必要检查 malloc 函数的返回值是否为 NULL。如果为 NULL,则用 exit(1)终止程序执行。其二,需用 free()释放不再使用的动态分配的内存。

7.5.3 二维数组的动态分配

【例 7-14】 编程输入一个正整数 N,输出杨辉三角的前 N 行。用二维数组实现,先把各个数值存储到数组中,再输出。

【程序】

```c
#include <stdio.h>
#include <stdlib.h>
int main(void)
{
    int n, i, j;
    scanf("%d", &n);
    int ( * a)[n];
    a = (int ( * )[n])malloc(n * n * sizeof(int));
    if(a == NULL)
    {
        printf("No enough memory !\n");
        exit(1);
    }
    for(i = 0; i<n; i ++ )
    {
        for(j = 0; j<n; j ++ )
        {
            a[i][j] = 0;
        }
    }
```

```
        a[0][0] = 1;
        for(i = 1; i < n; i ++ )
        {
            a[i][0] = 1;
            for(j = 1; j < n; j ++ )
            {
                a[i][j] = a[i - 1][j - 1] + a[i - 1][j];
            }
        }
        for(i = 0; i < n; i ++ )
        {
            for(j = 0; j <= i; j ++ )
            {
                printf("% d ", a[i][j]);
            }
            printf("\n");
        }

        free(a);
        return 0;
}
```

【运行示例】

6↙
1
1 1
1 2 1
1 3 3 1
1 4 6 4 1
1 5 10 10 5 1

【程序说明】

程序中先定义行指针变量 a,再用语句:

a = (int (*)[n])malloc(n * n * sizeof(int));

申请存放 n * n 个 int 型数据的存储单元,将首地址赋值给 a。赋值前需将 malloc 函数返回的 void 指针强制转换为行指针。如果 a 不是空指针 NULL,那么 n 行 n 列 int 型二维数组 a 已经申请成功。这个数组的使用方法与前面介绍的静态分配数组几乎是完全相同的。特殊之处还是可以找到:其一,a 是指针变量,而非指针常量,可以为 a 重新分配新的二维数组;其二,如果分配的二维数组不再使用,应该用 free 函数释放内存资源。

7.6 程序示例

【例7-15】 读入 n 个整数 $(n<100)$，求这 n 个数中的最大值和最小值。

【程序】

```c
#include <stdio.h>
void find(int * a, int n, int * p1, int * p2)
{
    * p1 = * p2 = a[0];
    for(int i = 0; i < n; i ++)
    {
        if(a[i] > * p1)
            * p1 = a[i];
        else if(a[i] < * p2)
            * p2 = a[i];
    }
}
int main(void)
{
    int a[100];
    int n, max, min;
    scanf(" % d", &n);
    for(int i = 0; i < n; i ++)
    {
        scanf(" % d", a + i);
    }
    find(a, n, &max, &min);
    printf("max = % d\nmin = % d", max, min);
return 0;
}
```

【运行示例】

```
6 ↙
89 72 65 91 73 84 ↙
max = 91
min = 65
```

【程序说明】

定义 find 函数求取数组的最大值和最小值。主函数向 find 函数传递数组元素首地址 a 和数组长度 n,find 函数根据这些数据访问主函数中定义的数组。主函数还将变量 max 和 min 的地址传递给 find 函数的形参 p1 和 p2,find 函数将求得的数组 a 最大和最小值存入 * p1 和 * p2,也就是 max 和 min。

【例 7-16】 输入数组的 n 个整型元素,将其中指定数据 x 删除后输出。要求用函数实现:删除任意数组中的任意指定数据。输入包含 3 行,第 1 行是整数 $n(n \leqslant 100)$,第 2 行包含 n 个整数,第 3 行是要删除的整数 x。

【程序】

```
# include <stdio.h>
int del(int * , int, int);
int main(void)
{
    int n, i, x;
    int a[100];
    scanf("% d", &n);
    for(i = 0; i < n; i ++ )
        scanf("% d", a + i);
    scanf("% d", &x);
    n = del(a, n, x);
    for(i = 0; i < n; i ++ )
        printf("% d ", a[i]);
    return 0;
}
int del(int * pa, int n, int k)
{
    int * p = pa, * q;
    for(q = pa; q < pa + n; q ++ )
        if( * q !=k)
            * p ++ = * q;
    return p - pa;
}
```

【运行示例】

8 ↙
9 5 6 9 9 8 9 9
9 ↙
5 6 8

【程序说明】

主函数向 del 函数传递数组(首地址、元素个数)以及待删除数据,del 函数返回删除后剩余元素的个数。del 函数中的 p 指向用于存放保留数据的元素,q 用来遍历数组元素。循环前 p 和 q 均指向数组首元素。循环中 q 指针不断向后移动,逐一遍历访问数组元素。如果 q 指向的元素与 x 不相等,表明数据需要保留,则存入 p 指向的元素位置,而后 p 后移,以准备后续存入新的数据。循环结束以后,p 指向位置的前面已存放了全部保留的数据,p − pa 即为剩余元素的个数。

【例 7-17】 给定 n 个整数的序列($1 \leqslant n \leqslant 1000$),要求对其重新排序。排序要求:奇数在前,偶数在后;奇数按从大到小排序;偶数按从小到大排序。

【问题分析】

在读入数据的时候,可先将数据分开存入数组,奇数从前往后放,偶数从后往前放。而后分而治之,分别对奇数和偶数进行排序。

【程序】

```c
# include <stdio.h>
void swap(int * , int * );
void bubbleSort(int * , int, int);
int main(void)
{
    int i, x, n1, n2, n;
    int a[1000];
    scanf("%d", &n);
    n1 = 0;
    n2 = n - 1;
    for(i = 0; i < n; i ++ )
    {
        scanf("%d", &x);
        if(x % 2 == 1)
            a[n1 ++ ] = x;
        else
            a[n2 -- ] = x;
    }
    bubbleSort(a, n1, 1);
    bubbleSort(a + n1, n - n1, - 1);
    for(i = 0; i < n; i ++ )
        printf("%d", a[i]);
    return 0;
}
void swap(int * x, int * y)
```

```
{
    int t = * x;
    * x = * y;
    * y = t;
}
void bubbleSort(int * a, int n, int flag)
{
    int i, j;
    for(i = 1; i < n; i ++)
        for(j = 0; j < n - i; j ++)
        {
            if((a[j] - a[j + 1]) * flag < 0)
                swap(&a[j], &a[j + 1]);
        }
}
```

【运行示例】

8↙
73 65 72 98 26 69 78 60↙
73 69 65 26 60 72 78 98

【程序说明】

bubbleSort 函数定义了形参 flag,以灵活处理两次不同方式的排序:

对奇数排序时,flag 传入 1,if 条件表达式"(a[j] - a[j + 1]) * flag < 0"等价于"a[j] < a[j + 1]",这样前小后大时交换元素,从而实现奇数从大到小排序。

对偶数排序时,flag 传入 - 1,if 条件表达式"(a[j] - a[j + 1]) * flag < 0"等价于"a[j] > a[j + 1]",这样前大后小时交换元素,从而实现偶数从小到大排序。

【例 7-18】 有 6 个同学参加 3 门课程的考核,依次输入 3 门课程所有同学的成绩,计算、输出各门课程的最高分。要求用函数实现。

【程序】

```
# include <stdio.h>
# define CNUM 3
# define SNUM 6
void findmax(int ( * )[SNUM], int * , int, int);
int main(void)
{
    int a[CNUM][SNUM], max[CNUM], i, j;
    for(i = 0; i < CNUM; i ++)
        for(j = 0; j < SNUM; j ++)
            scanf(" % d", &a[i][j]);
```

```
    findmax(a, max, CNUM, SNUM);
    for(i = 0; i < CNUM; i ++)
        printf("%d", max[i]);
    return 0;
}
void findmax(int ( * p)[SNUM], int * pmax, int m, int n)
{
    int i, j;
    for(i = 0; i < m; i ++)
    {
        * pmax = p[i][0];
        for(j = 1; j < n; j ++)
        {
            if(p[i][j] > * pmax)
            {
                * pmax = p[i][j];
            }
        }
        pmax ++ ;
    }
}
```

【运行示例】

```
78 91 76 85 57 89 ↙
56 68 89 72 76 64 ↙
98 72 61 99 72 56 ↙
91 89 99
```

【程序说明】

findmax 函数定义了四个形式参数。p 是行指针变量,用于传递二维数组的首行地址。其中[]内必须是常量表达式,表示 p 所指向行的长度。常量表达式的值与要传递的二维数组行的长度值一致。m、n 分别为二维数组的行数与列数。* pmax 为存放各门课程最高分的数组的首地址,这个数组的长度显然也是 m。

----- 习题 7 ---

一、判断题

1. 地址运算符"&"可作用于变量和数组元素,分别获得变量和数组元素的地址。　　　　　　　　　　　　　　　　　　　　　　　　(　　)

2. 如有定义 int * p;指针变量 p 只能指向 int 类型变量。　　(　　)

判断题

3. 指针可以加常数、减常数;相同类型的指针可以相加、相减。　　　　　　　(　　　)

4. 指针类型的数据也有常量,例如数组名就是指针类型常量。　　　　　　　　(　　　)

5. 如果函数的返回类型是指针,则可以返回函数内部任意变量的地址。　　　　(　　　)

6. 指针、数组名、函数名都是地址。　　　　　　　　　　　　　　　　　　　　(　　　)

7. 将数组名作为函数传入的实参,则形参接收到的是数组中全部元素的值。　　(　　　)

8. 已知 int ＊p;则 p ++ 使 p 向后移动了一个字节。　　　　　　　　　　　(　　　)

9. 使用 malloc 函数动态申请的内存空间在使用完之后,应及时调用 free 函数释放内存空间。　　　　　　　　　　　　　　　　　　　　　　　　　　　　　　　(　　　)

二、单选题

单选题

1. 若有定义 int a，＊p;,下列赋值表达式正确的是(　　　)。

A. ＊p = a
B. ＊p = &a
C. p = ＊a
D. p = &a

2. 若有定义 int k = 2，＊ptr1 = &k，＊ptr2 = &k;,下列赋值语句错误的是(　　　)。

A. k = ＊ptr1 + ＊ptr2;
B. ptr2 = k;
C. ptr1 = ptr2;
D. k = ＊ptr1 ＊ (＊ptr2);

3. 若有下面的语句说明,则表达式 ＊(p + 3) 的值是(　　　)。

```
int a[] = {2,3,4,5,6,7};
int ＊p = a;
```

A. 3
B. 4
C. 5
D. 6

4. 若有定义 int a[] = {1,2,3,4}，＊p = a+1;,则 p[1] 的值是(　　　)。

A. 1
B. 2
C. 3
D. 4

5. 若变量已正确定义,并且指针 p 已经指向某个变量 x,则(＊p) ++ 相当于(　　　)。

A. p ++
B. x ++
C. ＊(p ++)
D. &x ++

6. 下列程序段的输出是(　　　)。

```
int c[] = {1, 3, 5};
int ＊k = c+1;
printf("%d", ＊++k);
```

A. 3
B. 4
C. 5
D. 6

7. 执行如下语句段,输出为(　　　)。

```
int a[] = {1,2,3,4}，＊p = a;
int c = ＊p ++;
printf("%d %d", c, ＊p);
```

A. 2　2
B. 1　2
C. 2　3
D. 3　3

8. 如有定义 int (＊p)[10];,则 p 是(　　　)。

A. 指向含有 10 个整型元素的一维数组的指针

B. 含有 10 个整型元素的数组名

C. 指向整型变量的地址

D. 含有 10 个整型指针元素的数组名

三、程序填空题

1. 以下程序运行时，输入实数，分别输出整数部分和小数部分。

```c
#include <stdio.h>
void split(float x, int *pi, float *pf)
{
        ①   ;
        ②   ;
}

int main(void)
{
    float x, frac;
    int inter;
    scanf("%f", &x);
    split(   ③   );
    printf("整数部分是 %d\n", inter);
    printf("小数部分是 %f\n", frac);
    return 0;
}
```

2. 以下程序从数组的元素中找出最小值并输出。

```c
#include <stdio.h>
int find_min(int *p, int n)
{
    int min, *q;
    min = *p;
    for(q = p;   ①   ; q ++)
        if(min > *q) min =   ②   ;
    return min;
}
int main(void)
{
    int i, min, a[6];
    for(i = 0; i < 6; i ++)
        scanf("%d", a + i);
    min = find_min(   ③   );
    printf("%d\n", min);
```

```
        return 0;
    }
```

3.输入 10 个成绩(正整数),以下程序查找最高分并输出。

```
# include <stdio.h>
int * GetMax(int * score, int n)
{
    int i, temp, pos = 0;
    temp = score[0];
    for(i = 0 ; i < n; i ++ )
    {
        if(score[i] > temp)
        {
            temp = score[i];
            pos = i;
        }
    }
    return _____①_____;
}
int main(void)
{
    int i, score[10], * p;
    for(i = 0; i < 10; i ++ )
        scanf("% d", &score[i]);
    p = _____②_____;
    printf("% d\n", * p);
    return 0;
}
```

4.以下程序运行时,输入正整数 *n*,再输入 *n* 个整数,将这 *n* 个整数逆序输出。

```
# include <stdio.h>
# include <stdlib.h>
int main(void)
{
    int * a;
    int i, n;
    scanf("% d", &n);
    a = _____①_____;
    if(a == NULL) exit(1);
```

```
    for(i = 0; i < n; i ++ )
        scanf("%d", a + i);
    for(i = n - 1; i >= 0; i -- )
        printf("%d", *(  ②  ));
      ③  ;
    return 0;
}
```

5. 输入任意 m 行 n 列矩阵（其中 $0<m<20$，$0<n<20$），找出该矩阵每一行上的最大值，并将每行最大值打印出来。

```
#include <stdio.h>
#define N 20
void max_row(int (*p)[N], int m, int n, int *max);
int main(void)
{
    int i, j, Matrix[N][N];
    int m, n ,max[N];
    scanf("%d%d", &m, &n);
    for (i = 0; i < m; i ++ )
    {
        for (j = 0; j < n; j ++ )
            scanf("%d", &Matrix[i][j]);
    }
    max_row(  ①  );
    for (i = 0; i < m; i ++ )
        printf("The max in line %d is: %d\n", i + 1, *(max + i));
    return 0;
}
void max_row(int (*p)[N], int m, int n, int *max){
    for (int i = 0; i < m; i ++ , p ++ , max ++ )
    {
          ②  ;
        for (int j = 0; j < n; j ++ )
        {
            if (  ③  )   *max = *(*p + j);
        }
    }
}
```

四、程序设计题

程序设计题

1.编写一个函数,计算两个整数的和与差,并以指针方法传递给主函数。

2.编写函数 find 实现功能:求出数组中最大数和次最大数(不可改变数组元素存储次序)。

3.输入 10 个整数,将其中最小的数与第 1 个数对换,把最大的数与最后一个数对换。要求编写三个函数:(1)输入 10 个数存入数组;(2)进行相应处理;(3)输出 10 个数。

4.输入 n 个整数的序列($1 \leqslant n \leqslant 10000$),要求对其重新排序。排序要求:正数在前,负数在后;正数按从大到小排序;负数按从小到大排序;用函数实现选择排序算法。

5.输入一个 $m \times n$ 矩阵,编写函数计算各行元素之和,并在主函数中输出函数中计算得到的每行元素的和。

6.输入 n 个学生的成绩,要求:(1)动态分配一维数组存放学生成绩;(2)编写函数,计算学生的平均成绩和最高成绩。

CHAPTER 8

第 8 章

字符串

本章要点：

◇ 字符串、字符数组与字符指针；

◇ 字符串的输入/输出；

◇ 复制、连接、比较等常用的字符串处理函数；

◇ 向函数传递字符串，从函数返回一个字符串指针；

◇ 利用二维字符数组、指针数组处理多字符串问题。

8.1 引 例

字符串(character string)是一个字符序列，是用一对双引号("")括起来的一串字符。C语言没有专门的字符串类型，字符串都被存储在 char 类型的数组中，因此可以把前面章节学到的数组和指针的知识应用于字符串。由于字符串十分常用，所以 C 语言提供了许多专门用于处理字符串的函数。本章将从介绍字符串的表示及存储开始，介绍如何在程序中输入和输出字符串、如何操作字符串以及如何创建自定义的字符串函数。下面先看一个典型的例题，初步了解字符串的常规处理方式。

【例 8-1】 判断回文串。输入一个以回车符结束的字符串(最多 80 个字符)，判断是否为回文串。回文串是指正读和反读都一样的字符串。如"abcba"是回文串，"abcdba"不是回文串。

【问题分析】

C 语言中字符串的存储和处理可以用字符数组来实现，数组长度取字符个数上限值加 1。从键盘逐个输入字符，以回车符 '\n' 作为输入的结束符。

【程序】

```c
#include <stdio.h>
int main(void)
{
    int i, k;
    char str[81];    //数组用于存储最多 80 个字符的字符串
    printf("Input a string:");
```

```
        k = 0;
        while((str[k] = getchar()) != '\n')        //逐个输入字符
            k ++ ;
        str[k] = '\0';                             //存入结束标志'\0'

        k -- ;                                     //k是字符串尾字符的下标
        i = 0;                                     //i是字符串首字符的下标
        for( ;i<k; i ++ , k -- )
            if(str[i] != str[k])                   // 若字符不相等,则提前结束循环
                break;
        if(i >= k)                                 //判断 for 循环是否正常结束
            printf(" % s is a plalindrome.\n", str);
        else
            printf(" % s is not a plalindrome.\n", str);
        return 0;
    }
```

【运行示例】

```
Input a string:abcba↙
abcba is a plalindrome.
```

【程序说明】

程序首先输入一个字符串,存入字符数组 str,然后处理该字符串。在判断是否为回文串时,定义了 i 和 k 两个下标,分别对应字符串的首尾字符,随着它们从字符串两端同时向中间移动,逐对判断两个字符是否相等。

8.2　字符串与字符数组

8.2.1　字符串

字符串是由一对双引号括起来的字符序列,如"hello"、"ABC_12"、"C 语言程序设计"等。无论双引号内是否包含字符,包含多少个字符,都代表一个字符串,如""表示空字符串。C 语言中,双引号是字符串的标识,单引号则是单个字符的标识。例如,"a"表示一个字符串常量,而'a'则是一个字符常量。

字符串中可以包含转义字符,例如,printf 函数的格式字符串会经常用到换行符:

```
printf("Hello world !\n");
```

如果字符串的内容包含双引号,则需要在这个双引号前面加上一个反斜杠(\)表示转义,如:

```
printf("\"I'm OK.\"he said.");                // 输出"I'm OK." he said.
```

为便于确定字符串的长度,C 编译器会自动在字符串的末尾添加一个 '\0' 字符作为结束标志。该字符是 ASCII 码值为 0 的字符(即空字符),它在字符串中不必显式地写出来,但会和字符串的有效字符一起被存储在内存中。因此,字符串实际上是由一对双引号括起来的并以 '\0' 作为结束标志的字符序列。

一个字符串的长度指的是该字符串的有效字符的个数,即结束标志 '\0' 之前的字符个数(不包含 '\0')。例如,字符串"hello"的长度是 5。

8.2.2 字符数组

在 C 语言中,字符串存储在一维字符数组中。每个单元存储一个字符,并要在最后一个有效字符的后面存入空字符 '\0',它也占一个字节的内存,表示字符串的结束。

字符数组和
字符串

例如,用字符数组 str 存储字符串"hello",可以采用以下的数组初始化形式:

```
char str[6] = "hello";
```

也可以采用逐个元素的数组初始化形式:

```
char str[6] = {'h', 'e', 'l', 'l', 'o', '\0'};
```

要注意最后的空字符 '\0'。没有这个空字符,数组 str 就不代表一个字符串。字符数组 str 的存储结构,如图 8-1 所示。

| h | e | l | l | o | \0 |

图 8-1　字符数组 str 的存储结构

在声明字符数组的大小时,要确保数组元素的个数至少比字符串长度多 1(为了容纳空字符),这样才能保证数组中存放的是一个字符串。如上例,字符串"hello"的长度是 5,数组 str 的长度至少要声明为 6。当然,也可以指定更大的数组长度,所有未被使用的元素都被自动初始化为 '\0'(值为 0),如图 8-2 所示,例如:

```
#define N 10
char str[N] = "hello";
```

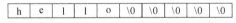

| h | e | l | l | o | \0 | \0 | \0 | \0 | \0 |

图 8-2　字符数组 str 的部分初始化

声明更大长度的字符数组,并不会给字符串的后期处理带来任何变化。当程序遍历字符数组时,通过查找空字符 '\0' 来确定字符串在何处结束。一旦遍历到第一个 '\0',就意味着该字符串已经处理完毕。

如果省略对数组长度的声明,例如:

```
char str[] = "hello";
```

那么编译器会自动按照字符串中的有效字符个数来计算数组的大小。字符串"hello"的有效字符是 5 个,程序一旦编译之后,数组 str 的长度就自动确定为 6 了。

无论以哪一种方式初始化字符数组,都要留有足够的存储空间,以便存储字符串的结束标志 '\0'。只有存储了空字符 '\0',该字符数组才能代表一个字符串。例如,要避免以下两种错误的初始化方式:

```
char s1[5] = "hello";//错误,未给空字符 '\0' 留空间
char s2[] = {'h', 'e', 'l', 'l', 'o'}; //错误,初始化列表未带 '\0'
```

第一种错误由于数组长度不够,没有给空字符 '\0' 预留位置,因此编译器不会试图存储空字符,使得字符数组 s1 无法作为字符串使用。第二种错误是初始化列表中缺少 '\0',编译器自动根据初始值的个数来计算数组 s2 的大小,数组 s2 的长度确定为 5,同样无法作为字符串使用。

总结一下,在本质上 C 语言把字符串作为字符数组来处理。当编译器在程序中遇到长度为 n 的字符串时,它会为字符串分配长度为 n + 1 的内存空间。这块内存空间用来存储字符串中的有效字符,以及末尾的结束标志 '\0'。

8.2.3 字符指针

字符指针是指向字符型数据的指针变量。每个字符串在内存中都占一段连续的存储空间,只要将首地址赋值给字符指针,就可以利用该指针去访问字符串了。带双引号的字符串常量本身代表的是存放它的常量存储区的首地址,是一个地址常量。例如:

指针与字符串

```
char *p = "hello";
```

与

```
char *p; p = "hello"; //将保存在常量存储区中的字符串"hello"的首地址赋值给 p
```

是等价的,都表示定义一个字符指针变量 p,并用字符串"hello"在常量存储区中的首地址为其初始化。注意,这里的赋值操作并不是复制字符串的内容,而是将首地址赋值给指针变量 p,使 p 指向字符串的第一个字符 'h',如图 8-3 所示。此时,*p 或 p[0] 就代表首字符 'h',*(p+5) 或 p[5] 就代表字符 '\0'。

图 8-3　字符指针

字符串常量被视为指向该字符串存储位置的指针。C 语言允许对指针取下标,因此也可以对字符串常量取下标。例如,以下函数可以很方便地把 0 ~ 15 的整数转换成对应的十六进制字符形式:

```
char hex_char( int digit )
{
    return "0123456789ABCDEF"[digit];
}
```

上例中的字符串常量"hello"保存在内存的常量存储区,这段存储区只可读不可写,所以不能对 p 指向的存储单元进行写操作。例如,执行以下操作:

```
*p = 'H';                    //错误,试图修改字符串常量会导致未定义的行为
```

可能会导致程序崩溃或运行不稳定。如果希望可以修改字符串,那么就要建立字符数组来存储字符串。可以先将字符串保存在字符数组中,再让指针指向它,例如:

```
char str[] = "hello";        // 初始化字符数组来存储字符串
char *p = str;               // 将首地址 str 赋给字符指针 p,令 p 指向首字符
```

这时,p 指向的字符串才是可以修改的。执行以下语句:

```
*p = 'H';                    // 正确,等价于 str[0] = 'H';
```

将指针 p 所指向的字符串中的第一个字符修改为 'H'。执行后数组 str 中的字符串内容变为"Hello"。

字符数组和字符指针变量在使用上有相似的地方,但在含义上有着很大的差异。比如,这里定义了一个字符数组 str 和一个字符指针变量 sp:

```
char str[] = "hello";
char *sp = "hello";
```

首先,数组名 str 是地址常量,不能被修改,如str++这样的操作是非法的。而指针 sp 是变量,可以进行sp++操作,执行完毕后的 sp 将指向字符串的下一个字符。也可以修改 sp 值,令它指向其他字符串。

其次,前者声明是把字符串"hello"存放到数组 str 中,后续可以修改数组中的元素,数组中字符串的内容随之改变。后者声明是把字符串"hello"的首字符地址存放到 sp 中,而不是把字符串放到 sp 中,而且,此处的字符串"hello"是常量,内容不可修改。

如果打算修改字符串,就要把字符串存在字符数组中。之后,无论是数组形式还是指针形式,都可以实现对字符串的操作。接下来通过一个例子来说明字符串的存储地址。

【例 8-2】 使用格式说明符 %p 输出字符串的地址。

【程序】

```
#include <stdio.h>
int main(void)
{
    char str[] = "hello";   //初始化字符数组,把字符串存入数组
    char *sp = "hello";
                //初始化字符指针,把存在常量存储区的字符串首地址赋给指针
    printf("str:     %p\n", str);
    printf("sp:      %p\n", sp);
    printf("\"hello\":  %p\n", "hello");  //再次使用字符串常量"hello"
    return 0;
}
```

【运行示例】

```
str:       0060FEF6
sp:        00403024
"hello":   00403024
```

【程序说明】

从运行结果可以看出,在程序中使用了两次字符串常量"hello",但只有一个存储位置,所以 sp 和"hello"的输出地址是相同的。数组 str 的地址则不同,编译器根据初始化的情况,在动态存储区为数组开辟了一块内存,并将字符串存入数组中。

8.3 字符串的输入和输出

有多种方法可以实现字符串的输入和输出,既可以按字符逐个输入/输出,也可以将字符串作为一个整体输入/输出。

1. 单个字符的输入/输出 getchar( )/putchar( )

字符串中的多个字符逐一输入/输出,要注意的是:输入到什么时候结束? 输出到什么时候结束?

【例 8-3】 输入一行字符串,将其中的小写字母转换成大写字母,然后输出。

【问题分析】

要求输入一行字符,可以逐个字符地输入,直到输入回车则结束。所以每次读取输入的字符之后,要判断是不是回车符:如果是回车符,则输入结束,否则继续。输出时,有两种方法来控制输出字符的个数:一种是输入的同时记录输入字符的个数;另一种,输入结束后在末尾加上结束符 '\0',并在输出时以结束符作为循环终止条件。下面以第二种方法来实现编码。

一行字符串包括多个字符,需要存储到字符数组中。如果事先不知道输入字符的个数,可以先定义一个足够长度的数组。不妨设这一行字符不会超过 80 个,那可以定义一个长度为 81 的字符数组,因为还要存储结束符 '\0'。

【程序】

```c
# include <stdio.h>
int main(void)
{
    char str[81];                       //定义字符数组,用来存储字符串
    int i;
    for(i = 0; (str[i] = getchar()) != '\n'; i ++);
                                        //逐个输入字符,并判断是不是回车符
    str[i] = '\0';                      //将数组最后的回车换行符改为结束标志
    for(i = 0; str[i] != '\0'; i ++)    //逐个处理(结束符\0之前的字符),输出字符
    {
```

```
        if(str[i]>='a' && str[i]<='z')
            str[i] -= 32;
        printf("%c", str[i]);            // 同 putchar(str[i]);
    }
    return 0;
}
```

【运行示例】

Hangzhou china ↙
HANGZHOU CHINA

【程序分析】

需要注意:程序中的循环 for(i=0;str[i]!='\0';i++)不要写成 for(i=0;i<81;i++)。与处理其他类型的数组不同,对于存储在字符数组中的字符串,通常不以数组长度作为遍历结束的条件,而是利用结束标志 '\0' 判断字符串中的字符是否遍历结束。若当前字符 str[i] 不是 '\0',则继续执行循环体语句,否则结束循环。

这种遍历字符串的方法非常灵活,无论字符串中的字符个数是已知的还是未知的,都可以采用。

2. 整个字符串的输入/输出:%s

C 语言提供 %s 格式,可以将字符串作为一个整体输入/输出。

(1)用格式符 %s 输入字符串

使用方式: scanf("%s", 地址);

用格式符 %s 输入字符串,表示读入一个字符串,直到遇空白字符(空格、Tab 或回车)为止。这里的输入项是一个地址,指的是字符串存储的起始地址,它可以是字符数组名或者数组元素的地址。输入结束时,内存存储会自动在有效字符后添加结束符 '\0',所以输入字符串的长度一定要小于数组长度。

例如:

char str[10] = {"aaaaaaaaa"};
scanf("%s", str);

键盘输入:hello 回车,则 str 数组的存储结构如图 8-4 所示。

图 8-4　字符数组 str 的存储结构

这里,由于字符数组名 str 本身代表数组的首地址,所以 str 前面不能再加取地址运算符 &。

如果改成:scanf("%s", &str[2]);

键盘输入:hello 回车,则 str 数组的存储结构如图 8-5 所示。

图 8-5　字符数组 str 的存储结构

使用 %s 读取输入的字符串时,遇到空格、Tab 或回车就会结束读入。所以,若输入的字符串本身包含空格或 Tab 字符,则无法使用 %s 获得字符串的全部内容。

(2)用格式符 %s 输出字符串

　　使用方式:　　printf("%s", 地址);

用格式符 %s 输出字符串,表示输出一个字符串,直到遇字符串结束标志 '\0' 为止。这里的输出项也是一个地址,指的是输出字符串的首地址,它可以是字符数组名或数组元素的地址,也可以是字符串常量。语句执行时,从首地址开始逐个输出字符,遇到结束标志 '\0' 则输出结束。

如图 8-5 中,数组 str 中有两个 '\0',如果执行:

　　printf("%s", str);

则输出:aahello,遇到第一个 '\0',输出即结束。

使用 %s 输出字符串时,可以用 %ms 指定宽度输出:m 小于字符串长度时不起作用,m 大于字符串长度时在左边补空格,m 前加负号时在右边补空格;也可以用 %.ns 指定输出字符串的前 n 个字符。例如:

```
printf("BEGIN%10s %-5sEND\n", "Windows", "XP");
printf("BEGIN%10.3s %.3s %-5.3sEND\n", "Windows", "Windows", "XP");
```

输出结果是:

```
BEGIN   Windows XP    END
BEGIN          Win Win XP    END
```

【例 8-4】　下面程序改写例 8-3,使用 %s 实现整个字符串的输入和输出,将字符串中的小写字母转换成大写字母。

【程序】

```
#include <stdio.h>
int main(void)
{
    char str[81];
    int i;
    scanf("%s", str);    //用 %s 输入整个字符串,自动在最后加 '\0',输入项用数组名
    for(i = 0; str[i] != '\0'; i ++)        //逐个处理字符,到 '\0' 结束
        if(str[i] >= 'a' && str[i] <= 'z')
            str[i] -= 32;
```

```
        printf("%s\n", str);
                //用%s输出整个字符串,一直到'\0'结束,输出项用数组名
        return 0;
    }
```

【运行示例 1】

Hangzhou ↙

HANGZHOU

【运行示例 2】

Hangzhou china ↙

HANGZHOU

【程序说明】

用户输入 Hangzhou 时,程序执行输出 HANGZHOU;当输入 Hangzhou china 时,输出结果还是 HANGZHOU。为什么输入的 china 没有被转换输出呢? 这是因为使用 %s 读入字符串,遇到 Hangzhou 之后的空格就结束了读入操作。余下的字符被留在了输入缓冲区,可被后续的输入语句读入。

例如,在程序的 return 语句之前插入以下两条语句:

```
    scanf("%s", str);        //会自动读取输入缓冲区中余下的字符串,存入 str 数组
    printf("%s\n",str);
```

重新运行程序,得到的结果是:

Hangzhou china ↙

HANGZHOU

china

新增语句中的 scanf() 用来将之前未被读走的 china 读到数组 str 中,运行结果验证了这一分析。

可见,用 %s 输入字符串类似于用 %d 等输入数值型数据,会忽略空格、回车或 Tab 等空白字符(它们被作为数据的分隔符),读到这些字符时,系统便认为数据读入结束。因此,不能用 scanf 函数的 %s 格式输入带空格的字符串。如果要输入带空格的字符串,可以使用 gets 函数来读取。

3. 整个字符串的输入/输出:gets( )/puts( )

C 语言还提供了 gets 和 puts 函数,可实现整个字符串的输入/输出。

(1)字符串输入函数 gets

```
    使用方式:     gets(str);
```

其中,参数 str 为字符数组名或者数组元素的地址。函数功能是输入一个以回车结束的字符串,存储到以 str 为起始地址的内存中,并在末尾自动加上结束符 '\0'。

(2)字符串输出函数 puts

使用方式： puts(str);

其中,参数 str 为字符数组名或者字符串中某个字符的地址,也可以是字符串常量。函数功能是输出以 str 为起始地址的字符串,直到遇上结束符 '\0' 为止,之后自动输出一个换行符。

【例 8-5】 下面程序改写例 8-3,使用 gets 函数和 puts 函数实现字符串的输入/输出,将字符串中的小写字母转换成大写字母。

【程序】

```c
#include <stdio.h>
int main(void)
{
    char str[81];
    int i;
    gets(str);    //输入以回车为结束的字符串,存入数组 str 中,末尾自动加 '\0'
    for(i = 0; str[i] != '\0'; i ++)
        if(str[i]>='a' && str[i]<='z')
            str[i] -= 32;
    puts(str);        //输出 str 数组中的字符串,到 '\0' 为止,最后自动换行
    return 0;
}
```

【运行示例】

Hangzhou china↙
HANGZHOU CHINA

【程序说明】

程序运行结果表明:使用 gets 函数可以输入带空格的字符串,因为空格和 Tab 字符都是字符串的一部分。另外,gets 函数和 scanf 函数对回车符的处理也有所不同:gets 函数以回车符作为字符串的输入终止符,同时将回车符从输入缓冲区中读走,但不作为字符串的一部分;而 scanf 函数则不会读走回车符,回车符仍会留在输入缓冲区中。

当要输出字符串时,puts 函数与 printf 函数也有区别:前者会自动输出一个换行符;后者若要换行,则需要明确给出 '\n'。所以,程序中的 puts(str) 等价于 print("%s\n",str)。可以发现,函数 gets 和函数 puts 对换行符的处理是一致的:gets 函数在读入字符串时丢弃换行符,puts 函数则在输出字符串时会自动增加一个换行。

函数 gets 和 puts 是 C 语言的标准输入/输出库函数,在使用时需要在程序的开头将头文件 stdio.h 包含到源文件中。

8.4 字符串与函数

字符串存储在字符数组中,对字符串的访问,既可以采用数组方式,也可以采用指针方式。前一节的示例都是以数组下标方式访问字符串中的字符,下面通过一个简单例子,体会一下如何以指针的方式访问字符串。

【例 8-6】 从键盘输入一个字符串,统计字符串中包含小写字母的个数。

【程序】

```c
#include <stdio.h>
int main()
{
    char str[81];          //定义字符数组 str,最多存放 80 个有效字符
    char * sp;             //定义字符指针变量 sp
    int k = 0;
    gets(str);
    for(sp = str; * sp != '\0'; sp ++ )
        if( * sp >='a' && * sp <='z')
            k ++ ;
    printf(" % d", k);
    return 0;
}
```

【运行示例】

```
Hello World! ↙
8
```

【程序说明】

程序中的 sp 是一个字符指针变量,可以用来存放字符变量的地址,或者说指向字符变量。程序中的 str[0]、str[1]……每个数组元素都是字符变量。for 循环首先将 sp 赋初值 str,这样 sp 就指向了第一个元素 str[0],也就是字符串中的第一个字符。循环体中先处理 sp 指向的字符 * sp:如果是小写字母,那么 k 值加 1。然后再 sp ++ ,让 sp 指向下一个字符。当 sp 指向字符串结束标志的时候,循环终止。

本例程序可以换个写法,定义函数来实现上述功能。这时,就需要考虑:如何向函数传递字符串信息?

8.4.1 向函数传递字符串

向函数传递字符串时,既可使用字符数组作函数形参,也可使用字符指针作函数形参。下面以字符指针作为参数,定义函数实现上例的功能,重点来看一下如何向函数传递字符串信息。

【例 8-7】 定义函数统计字符串中小写字母的个数。在主函数中输入一行字符串,调用函数进行统计并输出结果。

【程序】

```
#include <stdio.h>
int count(char * sp)          //定义函数,形参 sp 用来指向字符串中的字符
{
    int k = 0;
    for( ; * sp != '\0'; sp ++ )
        if( * sp >='a' && * sp <='z')
            k ++ ;
    return k;
}
int main(void)
{
    char str[81];
    gets(str);
    printf("%d", count(str));   //调用函数
    return 0;
}
```

【程序说明】

函数 count 的形参 sp 是字符指针变量,用来指向字符串中的字符。主函数中输入的字符串被存储在字符数组 str 中,调用函数时,用数组名 str 作为实参,把字符串的首字符地址传递给 sp 变量。函数 count 获得主函数中的字符串首地址之后,就可以访问字符串中的每一个字符。注意,这里并不需要向函数传递字符串长度信息,因为字符串的末尾有个结束标志 '\0',函数可以自己判断字符串是否已遍历结束。

函数 count 也可以用字符数组来实现,代码如下:

```
int count(char s[])       //定义函数,形参数组 s 用来表示存储字符串的字符数组
{
    int i, k = 0;
    for(i = 0; s[i] != '\0'; i ++ )
        if(s[i]>='a' && s[i]<='z')
            k ++ ;
    return k;
}
```

这种方式下,同样不需要传递字符串长度信息。函数调用时,传递的是实参数组 str 的首地址,形参数组 s 与实参数组 str 实际上是同一段内存空间,利用下标 i 可以遍历字符串中的所有字符,直到遇上结束标志 '\0'。

以字符数组或以字符指针作为函数形参,本质上都是指针,用来接收字符串的首字符地址。通常情况下,不需要使用另一个整型形参来指定字符的个数,而是利用字符串结束标志'\0'判断字符串中的字符是否遍历结束。

8.4.2　常用的字符串处理函数

C语言提供了很多非常有用的字符串处理函数,可支持字符串的各种常用操作。这些函数被声明在头文件 string.h 中,要使用时必须在程序的开头包含这个头文件。

常用的字符串处理函数

1. 求字符串长度函数 strlen

函数原型：　int strlen(const char * str)

函数返回字符串中字符的个数(不包括结束符 '\0')。其中,参数 str 是字符型指针变量,用来指向要计算长度的字符串的首字符。

例如,字符数组 c 中存储了以下字符串:

char c[10] = "Hello";

则:strlen(c)的值为 5,表示以 c 为首地址的字符串,共有 5 个字符。strlen(c + 2)的值为 3,表示以 c + 2 为起始地址的字符串,也即从第 3 个元素 c[2]开始,到结束符 '\0' 之前共有 3 个字符。

又如,定义字符数组:

char c[16] = "ab\110\\cd\'\n\0ef";

则:strlen(c)的返回值为 8。注意字符串中的转义字符,以及在末尾结束符 '\0' 之前,还有一个 '\0' 字符。字符串的长度是指第一个 '\0' 之前的字符个数。数组 c 的各元素如图 8-6 所示。

| a | b | \110 | \\ | c | d | \' | \n | \0 | e | f | \0 | \0 | \0 | \0 | \0 |

图 8-6　字符数组 c 的存储结构

2. 字符串复制函数 strcpy

函数原型：　char * strcpy(char * str1, const char * str2)

函数有两个参数,都是字符指针变量。参数 str2 指明了要复制的源字符串,它可以是字符数组名、字符数组元素的地址,也可以是字符串常量。参数 str1 指明了目标地址,表示将源字符串复制到哪里,它可以是字符数组名,也可以是字符数组元素的地址。

函数功能:把 str2 指向的字符串中的所有字符(包括 '\0'),依次复制到 str1 所指向的字符数组中,并返回 str1 指针。

C语言不允许将字符串用赋值表达式赋值给数组名。例如,char c[10]; c = "CHN";是非法的。要将字符串存入数组,除了初始化和输入这两种方法外,还可以用字符串复制函数来实现。例如,以下程序段是 strcpy 函数的用法。

```
char c[10] = "012345678";
strcpy(c, "CHN");
strcpy(c + 3, "+086");
puts(c);
```

执行后输出结果：CHN+086。图 8-7 给出了执行过程中数组 c 各元素的值。

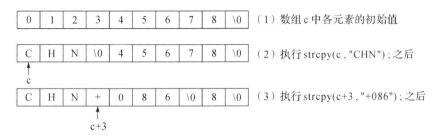

图 8-7 字符串复制函数执行结果

要让一个字符指针变量指向一个字符串，除了赋值的方法，还可以使用字符串复制。在实际使用时要注意它们的区别。例如，有以下定义：

```
char c[10] = "012345678";
char * s1 = c;
char * s2 = "CHN";
```

指针变量 s1 和 s2 分别指向两个字符串的首字符，对比以下两条语句的执行效果：

```
s1 = s2;              //赋值的方法，将 s2 的值赋给 s1 变量
strcpy(s1, s2);       //字符串复制的方法，将字符串 s2 复制给字符串 s1
```

第一条语句是把 s2 的值复制给指针变量 s1，s1 和 s2 同指向了字符串"CHN"的首字符。语句执行后，s1 的指向改变了，但两个字符串的内容并未发生变化。第二条语句是把 s2 所指向的字符串复制一份，存入 s1 所指向的内存空间。语句执行后，第一个字符串的内容被改变了，而 s1 的指向没变。图 8-8 给出了两条语句执行结果的对比。

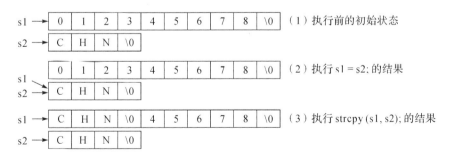

图 8-8 字符指针的赋值运算与字符串复制的区别

3. 字符串连接函数 strcat

函数原型：   char * strcat(char * str1, const char * str2)

函数功能：将 str2 指向的字符串复制一份，连接到 str1 指向的字符串的末尾。也即，将

字符串 str2 的首字符,复制到字符串 str1 的结束符 '\0' 的位置,再依次复制字符串 str2 的所有字符,包括结束符 '\0'。函数返回 str1 的值。

其中,参数 str1 必须是字符数组名,或指向字符数组元素的指针,并且该字符数组要有足够大的剩余存储空间,以便能够容纳字符串 str2 的所有字符。

例如,以下程序段是 strcat 函数的用法:

```c
char c[16] = "Hangzhou ";
char a[] = "China";
strcat(c, a);
puts(c);
```

执行后输出的结果是:Hangzhou China。字符串连接如图 8-9 所示。

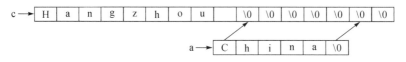

图 8-9 字符串 a 和字符串 c 连接

4. 字符串比较函数 strcmp

C 语言中,字符串是可以比较大小的。比较的规则是:两个字符串从首字符开始依次比较,直到出现不同的字符为止。如果所有字符都相等,字符串长度也相等,那么这两个字符串是相等的;否则要根据首次出现不相等的那一对字符来决定字符串的大小:字符的 ASCII 码值大,那么它所对应的那个字符串就大。

> **函数原型:** int strcmp(const char * str1, const char * str2)

其中,参数 str1 和 str2 分别表示两个字符串。如果字符串 str1 比字符串 str2 大,函数返回值大于 0;如果字符串 str1 比字符串 str2 小,函数返回值小于 0;若两个字符串相等,则函数返回 0 值。

例如,字符串"CHN"小于"China",即 strcmp("CHN","China")的返回值小于 0,因为字符 'H'<'h'。字符串"Hello China"大于"Hello",即 strcmp("HelloChina","Hello")的返回值大于 0,因为字符 'C'>'\0'。'\0' 的 ASCII 码值为 0,它是 ASCII 码表中值最小的那个字符。

下面来看一个程序片段:

```c
char s1[] = "CHN";
char s2[] = "CHN";
if (s1 == s2)
    printf("Yes");
else
    printf("No");
```

数组 s1 和 s2 中存储了两个相同内容的字符串,请问,运行结果会输出 Yes 吗? 答案是不会,结果输出 No。因为 if 条件比较的是 s1 和 s2 的值,这是两个数组的首地址。不同数组占据不同的存储单元,首地址当然是不相等的。所以要对字符数组中存储的字符串进行比较,必须使用 strcmp 函数。可将上述代码段中的 if 语句修改如下:

```
if(strcmp(s1, s2) == 0)
    printf("Yes");
else
    printf("No");
```

运行结果输出 Yes。

【例 8-8】 从键盘输入 6 个单词字符串,输出最大的单词(按字母序)。

【问题分析】

本例是个典型的求最值问题,定义一个字符数组用来存放当前的最大字符串,与每次输入的字符串进行比较。利用字符串的 strcmp 函数、strcpy 函数完成字符串的比较和拷贝。每个单词不带空格,所以可用 %s 来输入。

【程序】

```
# include <stdio.h>
# include <string.h>
int main(void)
{
    char s[100], max[100];
    int i;
    printf("Input strings:\n");
    scanf("%s", s);                    //先输入第一个单词,存入 s 数组
    strcpy(max, s);                    //第一个字符串复制给 max 数组
    for(i = 0; i<5; i ++)
    {
        scanf("%s", s);                //依次输入余下的单词
        if(strcmp(s, max) > 0)         //与当前最大的字符串比较
            strcpy(max, s);            //更新 max 数组中的字符串
    }
    printf("Max - string:%s\n", max);
    return 0;
}
```

【运行示例】

```
Input strings:
cherry apple orange mango pear banana↙
Max - string:pear
```

【程序说明】

注意,程序中的字符串赋值操作不同于单个字符的赋值操作,单个字符的赋值操作可以用赋值运算符,字符串赋值只能使用函数 strcpy。执行 strcpy(max,s),把字符串 s 的内容复制到 max 数组中,类似 max = s 这样的赋值操作是非法的。

同样,字符串的比较也不同于单个字符的比较,比较单个字符可以使用关系运算符,而比较字符串应使用函数 strcmp。执行 strcmp(max,s),根据返回值得到字符串的大小关系。类似 if(s > max)这样的运算是无意义的,它是比较两个字符串的首地址,而不是比较字符串的内容。

在上述字符串处理函数的函数原型中,有很多字符指针形参前都加了 const 类型限定符,这是因为实际应用中可能不希望在函数内修改原字符串的内容。由于数组传递给函数的是地址,因此在被调函数中很难去约束:不得对实参数组元素进行修改。为了防止实参在被调函数中被意外修改,可在相应的形参前面加上类型限定符 const。

编写自定义函数对字符串进行处理时,也可以在 char ＊ 前加上 const,这样就能保护相应的形参不会在函数体内被修改。万一在函数体内试图修改原字符串的内容,那么编译器就会报错,提示编译错误。

8.4.3 函数返回字符串

函数的返回值可以是整型、浮点型、字符型,也可以是地址类型,即函数可以返回指针。例如前面介绍的字符串复制函数:

返回指针的函数

```
char ＊ strcpy(char ＊ str1, const char ＊ str2);
```

还有字符串连接函数:

```
char ＊ strcat(char ＊ str1, const char ＊ str2);
```

这两个函数的参数都是两个字符指针,分别指向两个字符串。函数功能是将第二个字符串复制一份,放到第一个字符串的位置或者是连接到第一个字符串的后面。函数返回的都是字符指针 str1 的值,也即第一个字符串的首字符地址。其实,这两个函数不需要返回值,也能通过参数 str1 获得处理后的字符串。那为什么要这样设计字符串处理函数呢?

这样设计的主要目的是为了增加使用的灵活性,可以更好地支持链式表达。例如,可以将下面两条语句:

```
strcat(c, a);
puts(c);
```

直接写成:

```
puts(strcat(c, a));
```

又如:

```
strcat(c, a);
len = strlen(c);
```

可以直接写成：

```
len = strlen(strcat(c, a));
```

类似的链式表达可便于一些级联操作。

设计一个函数时，需要考虑有几个参数，各是什么数据类型，还需考虑函数返回值的类型，即函数调用完成后，应返回什么样的结果。如何从函数返回一组数据？除了利用数组或指针作为函数参数，还可以通过返回指针的方式，返回这组数据的首地址，从而获得这组数据。如果需要从函数返回一个字符串，只需将函数的返回值设置为 char * 类型。

【例 8-9】　不使用 strcat 函数，编程实现字符串连接函数的功能。从键盘输入两个字符串 s1 和 s2，调用自定义函数将字符串 s2 连接到 s1 的后面，并返回字符串 s1。

【问题分析】

将 s2 字符串连接到 s1 字符串的后面，就要先找到 s1 字符串的末尾，从 s1 字符串的结束符位置开始，依次复制 s2 中的每个字符，包括最后的结束符 '\0'。

【程序】

```
#include <stdio.h>
#define N 81
char *myStrcat(char *s, char *t)
{
    char *p = s;
    for( ; *s != '\0'; s ++);        //将指针s移到字符串末尾,指向'\0'字符
    for( ; *t != '\0'; s ++, t ++)   //依次将字符串t的字符复制到字符串s中
        *s = *t;
    *s = '\0';                       //连接后的字符串末尾添加'\0'
    return p;                        //返回字符串首字符的地址
}
int main()
{
    char s1[2 * N];     //数组s1应该足够大,以便存放连接后的字符串
    char s2[N];
    printf("Input the first string:");
    gets(s1);
    printf("Input the second string:");
    gets(s2);
    printf("Result string:%s\n", myStrcat(s1, s2));
    return 0;
}
```

【运行示例】

```
Input the first string:Hello ↙
Input the second string:World! ↙
```

Result string：Hello World！

【程序说明】

函数调用时的实参数组 s1 长度应该足够大，以便存储连接后的字符串，否则程序运行时会导致数组越界访问。

函数中的第一个 for 语句是个空循环，它负责获得第一个字符串的'\0'字符的指针。如果指针 s 没有指向'\0'，就不断往后移动，循环结束时，指针 s 停在'\0'的位置。接下来的 for 循环将第二个字符指针 t 指向的字符依次复制到 s 指向的位置，每复制一个字符，指针 t 和 s 往后移动一个字符位置，直到指针 t 指向第二个字符串的结束字符'\0'。这时，还没有把这个'\0'复制到 s 指向的位置，所以还需要再赋一个'\0'。最后，函数要求返回指针，要把第一个字符串的首字符地址作为返回值，即 return p。

大家可以思考：参数 s 也是指向第一个字符串的字符指针，类型也是 char ＊，能否在最后改为 return s 呢？为什么？

8.5 多字符串的处理

前面讨论了使用一维字符数组和字符指针处理字符串，如果要处理多个字符串，则要使用二维字符数组或者指针数组。

8.5.1 二维字符数组与多字符串

一维字符数组存放一个字符串，二维字符数组可存放多个字符串。用二维字符数组 n×m 存储多字符串时，数组第一维的长度 n 代表要存储的字符串的个数；第二维的长度 m 可以根据最长的字符串长度来设定，每个字符串的最大长度不能超过 m−1，因为末尾还要存放字符串结束标志'\0'。

例如，定义二维字符数组 week 存放 7 个字符串：

```
char week[7][10] = {"Sunday", "Monday", "Tuesday",
                    "Wednesday", "Thursday", "Friday", "Saturday"};
```

也可以省略第一维长度：

```
char week[][10] = {"Sunday", "Monday", "Tuesday",
                   "Wednesday", "Thursday", "Friday", "Saturday"};
```

系统会根据初始化列表中的字符串个数自动确定第一维长度。但第二维长度不能省略，因为二维数组是按行存储的，系统必须知道每一行的长度才能为数组分配存储单元。数组 week 的第二维长度声明为 10，表示每行最多可存储 10 个字符（包括'\0'）的字符串。对于长度小于 9 的字符串，剩余的存储单元会自动初始化为'\0'，如图 8-10 所示。

二维字符数组 week 可以理解为由 7 个一维字符数组 week[0]~week[6]组成，week[i]就是第 i＋1 行的字符数组名，是这一行字符串的首地址。所以，可以用 week[i][j]引用某个字符串中的某一字符，也可以用 week[i]整体引用某个字符串。

week[0] →	S	u	n	d	a	y	\0	\0	\0	\0
week[1] →	M	o	n	d	a	y	\0	\0	\0	\0
week[2] →	T	u	e	s	d	a	y	\0	\0	\0
week[3] →	W	e	d	n	e	s	d	a	y	\0
week[4] →	T	h	u	r	s	d	a	y	\0	\0
week[5] →	F	r	i	d	a	y	\0	\0	\0	\0
week[6] →	S	a	t	u	r	d	a	y	\0	\0

图 8-10　二维字符数组 week 的存储结构

【例 8-10】　计算某年某月某日是这年的第几天,并输出英文单词形式的星期几。

【问题分析】

定义一个二维字符数组 week,存放表示星期几的英文单词。计算出指定的那天是一个星期中的第几天,以此为下标,即可得到 week 数组中对应的字符串。

要计算某一天是星期几,必须知道这年的 1 月 1 日是星期几,以及这一天是这年的第几天。计算 y 年 1 月 1 日是星期 w 的计算公式是:$w = (y + (y-1)/4 - (y-1)/100 + (y-1)/400)\%7$。定义一维数组 month 存放每月天数,用以计算某一天是这年的第几天。

【程序】

```c
#include <stdio.h>
int main(void)
{
    char week[][10] = {"Sunday", "Monday", "Tuesday",
                       "Wednesday", "Thursday", "Friday", "Saturday"};
    int month[] = {0, 31, 28, 31, 30, 31, 30, 31, 31, 30, 31, 30, 31};
    int y, m, d, sumd, w;
    printf("Input year-month-day:");
    scanf("%d-%d-%d", &y, &m, &d);
    sumd = d;
    if (y%4 == 0 && y%100 !=0 || y%400 == 0)
        month[2] = 29;                      //闰年2月份有29天
    for(int i = 0; i<m; i ++)
        sumd += month[i];
    w = (y+(y-1)/4-(y-1)/100+(y-1)/400) % 7;
                                            //这年的1月1日是星期几
    w = (w + sumd -1) % 7;          //计算这天是星期几
    printf("%d-%d is the %dth day in %d.\n", m, d, sumd, y);
    printf("%d-%d-%d is %s\n", y, m, d, week[w]);
    return 0;
}
```

【运行示例】

Input year－month－day:2021－5－1✓

5－1 is the 121th day in 2021.

2021－5－1 is Saturday.

【程序说明】

已算出这年的 1 月 1 日是星期 w,而这天是这年的第 sumd 天,一个星期为 7 天,所以表达式(w＋sumd－1)％7 可算出这天为星期几。

8.5.2 指针数组与多字符串

指针数组

C 语言中的数组可以是任何类型。如果数组的各个元素都是指针类型,用于存放地址值,那么这个数组就是指针数组。定义一维指针数组的一般形式为:

类型名 ＊数组名[数组长度];

例如:char ＊pc[6];定义了一个指针数组 pc。数组名前的 ＊ 表示数组的每个元素都是 char ＊ 类型,即 pc[0]~pc[5]分别是 6 个字符指针,可以用来分别指向 6 个字符串的首字符。

指针数组的最主要用途之一就是用于多个字符串的处理,指针数组中的每个元素都是一个字符指针,用来指向一个字符串。

【例 8-11】 已有 6 种颜色单词列表,输入任意一种颜色的英文单词,查找该颜色是否存在于列表中,并输出查找结论。

【问题分析】

定义指针数组指向 6 个颜色字符串,通过与输入字符串的逐个比较,来判断要查找的颜色是否存在。

【程序】

```c
#include <stdio.h>
#include <string.h>
int main(void)
{
    char *pcolor[6] = {"Blue", "Yellow", "Orange", "Green", "Red", "Black"};
    char str[20];          //定义字符数组,用以存放输入的字符串
    int i;
    printf("Input a color:");
    scanf("%s", str);          //输入待查找的颜色字符串,存入 str 数组
    for(i = 0; i<6; i++)
        if(strcmp(str, pcolor[i]) == 0)          //判断两个字符串是否相等
        {
            printf("Position:%d\n", i + 1);
            break;
```

```
        }
    if(i >= 6)
        printf("Not found\n");
    return 0;
}
```

【运行示例 1】

```
Input a color:Orange ↙
Position:3
```

【运行示例 2】

```
Input name:red ↙
Not found
```

【程序说明】

请注意:指针数组并不存放字符串,存放在数组中的只是每个字符串的首字符地址。本例中的 6 个字符串是存储在特定的常量存储区中的。虽然字符串本身没有存在数组中,但数组元素保存了各个字符串的指针,如 pcolor[i] 中存放的是第 i + 1 个字符串的首地址。所以,通过指针数组的各个元素可以访问到每一个字符串。

在多个字符串处理时,既可以用二维字符数组存储多个字符串,也可以用指针数组指向多个字符串,但它们之间是有区别的。例如:

```
char colors[][7] = {"Blue", "Yellow", "Orange", "Green", "Red", "Black"};
char * pcolor[] = {"Blue", "Yellow", "Orange", "Green", "Red", "Black"};
```

二维字符数组 colors 有 6 行 7 列共 42 个元素,每一行存放一个字符串。指针数组 pcolor 有 6 个元素,每个元素都是一个字符指针,分别指向各个字符串。定义二维字符数组时必须指定列长度,该长度要大于最长字符串的有效长度。由于各个字符串的长度并不一定相同,所以不可避免会有浪费的内存空间,如图 8-11 所示。指针数组并不存放字符串,它存储的是各个字符串的首字符地址。每个字符串在内存中所占的存储空间大小与其实际长度相同,因此这种情况下不会有任何浪费的内存空间。

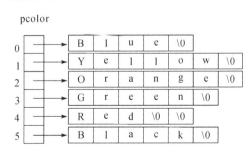

(a) 二维字符数组存储多个字符串   (b) 指针数组各元素指向各个字符串

图 8-11   用二维字符数组和指针数组表示多个字符串

虽然有时字符指针数组和二维字符数组能解决同样的问题,但涉及多字符串处理操作时,使用字符指针数组比二维字符数组更高效。下面来看一个字符串排序的例子。

【例8-12】 将上例的6个颜色单词,按字典顺序从小到大排列,并输出。

【问题分析】

定义一个字符指针数组 pc,各元素分别指向这6个字符串的首字符。按照排序算法,比较字符串大小可以用 strcmp 函数。

【程序】

```c
# include <stdio.h>
# include <string.h>
int main(void)
{
    char * pc[] = {"Blue", "Yellow", "Orange", "Green", "Red", "Black"};
    int i, j, k;
    for(i = 0; i<5; i ++ )
    {
        k = i;
        for(j = i + 1; j<6; j ++ )
            if(strcmp(pc[j], pc[k]) < 0)
                k = j;
        char * t = pc[i];
        pc[i] = pc[k];
        pc[k] = t;
    }
    for(i = 0; i<6; i ++ )
        puts(pc[i]);
    return 0;
}
```

【运行示例】

```
Black
Blue
Green
Orange
Red
Yellow
```

【程序分析】

程序中采用的排序算法是选择法。外层 for 循环每执行一次:先找到排序范围内的最小字符串所对应的指针 p[k],再将 pc[i]与 pc[k]交换。要注意,这里交换的是 pc[i]和 pc[k]

两个元素的值,也即两个指针的指向关系。交换之后,p[i]指向了最小字符串的首字符。排序过程通过修改各元素的指向,使 pc[0]指向最小字符串的首字符……pc[5]指向最大字符串的首字符,最后依次输出 pc[0]~pc[5]所指向的字符串。

如图 8-12 所示,排序结果只改变了指针数组 pc 的各元素的指向,而原字符串在存储空间中的存放位置并没有改变,因而也就省去了排序过程中移动整个字符串所需的时间开销。显然,移动指针的指向比移动字符串要快得多,使用指针数组实现字符串排序的效率更高。

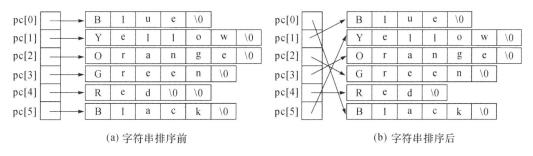

(a) 字符串排序前   (b) 字符串排序后

图 8-12   用指针数组对多个字符串排序示例

8.6 程序示例

【例 8-13】 输入一行字符串,将它逆序后输出。

【问题分析】

实现逆序,就是要将第一个字符和最后一个字符交换,第二个字符和倒数第二个字符交换……所以首先要确定字符串最后一个字符的位置。

【程序】

```c
#include <stdio.h>
int main(void)
{
    char str[81],t;
    int   i,j;
    printf("输入原字符串:\n");
    gets(str);
    for(j = 0; str[j] != '\0'; j ++);
                        //循环结束后,j就是字符串结束符'\0'的下标
    for(i = 0,j -- ; i<j; i ++ ,j -- )
                        //i从第一个字符开始,j减1是从最后一个字符开始
    {
        t = str[i];                 //交换 str[i]和 str[j]
        str[i] = str[j];
```

```
        str[j] = t;
    }
    printf("逆序后的字符串是:\n");
    puts(str);
    return 0;
}
```

【运行示例】

输入原字符串:

hangzhou china ↙

逆序后的字符串是:

anihc uohzgnah

【程序说明】

字符串的最后一个字符在结束符 '\0' 之前,程序的第一个 for 循环用于得到结束符 '\0' 的下标,循环体是空语句。结束符 '\0' 的下标减 1 才是最后一个字符的下标。第二个 for 循环将对应的两个字符交换,直到所有字符交换完毕。注意 for 的循环条件是 i<j,如果 改成 str[i]!='\0',让交换一直遍历到字符串末尾,能否得到正确的结果呢?

【例 8-14】 输入一行英文句子,统计其中有多少个单词。

【问题分析】

英文单词是以空格隔开的,如果前一字符是空格,当前字符不是空格,那就表示一个新 单词开始。其中第一个单词比较特殊,它的前面可以不是空格。

可以使用一个标识量 word 表示是否新单词的开始。最开始或者遇到空格,word 置 0。 后面如果出现非空格字符,就表示新单词开始,要把 word 置 1。在 word 为 1 的情况下,如 果继续是非空格字符,word 不变;如果又遇到空格,word 重置为 0。可以在新单词开始时, 将计数器加 1,此时的特点是:标识量 word 为 0 时遇到非空格字符。

【程序】

```
#include <stdio.h>
int main(void)
{
    char str[81];
    int i,word,count = 0;
    printf("输入英文句子:\n");
    gets(str);
    word = 0;        //标识量 word 赋值 0,表示后面的非空格字符是新单词开始
    for(i = 0; str[i] != '\0'; i ++)        //以结束符 '\0' 为循环控制条件
    {
        if(str[i] == ' ')               //当前字符是空格,表示单词结束
            word = 0;                   //标识量 word 赋值 0
        else if(word == 0)    //当前字符不是空格,且 word 是 0,表示新单词开始
```

```
            {
                count ++ ;        //新单词开始,单词数加 1
                word = 1;    //word 赋值 1,后面再出现的非空格字符不是新单词开始
            }
        }
        printf("单词个数:% d\n",count);
        return 0;
    }
```

【运行示例】

输入英文句子:

This is a test. ↙

单词个数:4

【程序说明】

要统计单词个数,可以在新单词开始的时候进行计数,也可以在单词结束时进行计数。当 word 为 0 时,如果遇到非空格字符,则表示新单词开始;当 word 为 1 时,如果遇到空格字符或字符串结束符 '\0',则表示一个单词结束。本程序采用的是前一种方法,读者也可以尝试采用第二种方法实现。

【例 8-15】 输入一个带有数字的字符串,提取其中的数字字符,并将其转换成整数输出。

【问题分析】

数字字符的 ASCII 码值和对应的整数相差 48,一个数字字符要转换成对应的整数,减去 '0' 即可。要将多个数字组合生成一个整数,可以从左到右逐个处理:先将原数值往左移 1 位(乘以 10),再将新一位数字添加到末尾(个位)。从左到右,逐个数字进行组合,生成一个整数,如图 8-13 所示。

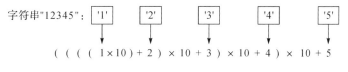

图 8-13　数字字符串转换成整数

【程序】

```
# include <stdio. h>
int main()
{
    char s[100];
    int i, n = 0;
    printf("输入带有数字的字符串:\n");
    gets(s);
    for(i = 0; s[i] != '\0'; i ++)
```

```
        if(s[i]>='0' && s[i]<= '9')   //若是数字字符,则逐个处理
             n = n * 10 + s[i] - '0';   //原值左移1位,在个位加上新的数字
    printf("转换后的整数:% d\n",n);
    return 0;
}
```

【运行示例】

输入带有数字的字符串:

<u>ab0 c12 3ef45</u> ↙

转换后的整数:12345

【程序说明】

本例算法将一个数字字符串转换成一个整数,可以自动去除前面无意义的数字 0。

【例 8-16】 不使用 strcpy 函数,实现可限制长度的字符串复制函数。主函数中已有长度为 10 的字符数组 b,从键盘输入一个字符串 a,调用函数实现将 a 复制到数组 b 的安全复制(保证数组 b 不越界)。

【问题分析】

要求自定义函数能够限制复制字符串的最大长度,那么函数的参数除了两个 char * 类型指针,分别用来指向源和目标字符串之外,还需要一个 int 类型的形参,用来限制复制的最多字符个数。在逐个字符复制的过程中,不仅要看是否已到结束字符 '\0',还要看是否已达到最大长度,两个条件满足其一,就要终止循环。

【程序】

```
#include <stdio.h>
#define N 10
void myStrcpy(char * dst, char * src, int n);              //函数声明
int main(void)
{
    char a[100], b[N];        //数组b的长度是10
    printf("Input a string:");
    gets(a);                  //输入字符串,存入数组a
    myStrcpy(b, a, N);   //将数组a中的字符串复制到b,且不超过数组b的长度N
    printf("The copy is:");
    puts(b);                  //输出b中的字符串
    return 0;
}
void myStrcpy(char * dst, char * src, int n)
{
    int i;
    for(i = 0; src[i] != '\0' && i<n-1; i ++)
```

```
                                    //若字符串未结束,且不超过 n-1 个字符
        dst[i] = src[i];            //则继续复制
    dst[i] = '\0';                  //字符串 dst 的末尾要添加结束标志
}
```

【运行示例 1】

Input a string:Hello C! ↙

The copy is:Hello C!

【运行示例 2】

Input a string:Hello World! ↙

The copy is:Hello Wor

【程序说明】

从运行结果看,当字符串 a 的长度不足 N 时,a 的全部内容被复制到数组 b;否则只复制 a 的前 N-1 个字符到数组 b,最后一个元素赋值 '\0'。无论字符串 a 的长度如何,都能够保证写入数组 b 时不越界,从而实现字符串的安全复制。

---- ✎ 习题 8 --

一、判断题

1.字符串常量实质上是一个指向该字符串首字符的指针常量。　　（　　）

2.字符串"welcome to C"可用一个长度为 12 的字符数组来保存。　（　　）

3.语句 char * p = "hello"; 的含义是把字符串"hello"赋给指针变量 p。

（　　）

判断题

4.对字符数组 a 进行初始化,两种方式 char a[6] = "123"; 和 char a[6] = { '1','2','3' }; 是等价的。　　　　　　　　　　　　　　　　　（　　）

5.如果 strcmp(s1,s2)返回的结果为 0,表示字符串 s1 和 s2 不相同。　（　　）

二、单选题

1. 有以下定义:char x[] = "abcdefg"; char y[] = { 'a','b','c','d','e','f','g' };,则正确的叙述为（　　）。

A. 数组 x 和数组 y 等价

B. 数组 x 和数组 y 的长度相同

C. 数组 x 的长度大于数组 y 的长度

D. 数组 x 的长度小于数组 y 的长度

单选题

2. 以下不正确的赋值或初始化的方式是（　　）。

A. char str[10] = "welcome";　　　　B. char * sp = "welcome";

C. char str[10]; str = "welcome";　　D. char * sp; sp = "welcome";

3. 若有定义:char str[10], * p;,则下列选项中错误的是（　　）。

A. p = str;　　　　　　　　　　B. scanf("%s", str);

C. p = "welcome";   D. scanf(" % s"，p)；

4. 若有定义:char * p[10];,以下说法正确的是(   )。

A. 定义了一个指针变量,p 指向含有 10 个元素的一维字符型数组

B. 定义了一个指针变量,p 指向长度不超过 10 的字符串

C. 定义了一个有 10 个元素的数组 p,每个元素可以指向一个字符串

D. 定义了一个有 10 个元素的数组 p,每个元素存放一个字符串

5. 已有定义:int a[3][3]，* pa[3]；,则下列赋值语句正确的是(   )。

A. pa = a；   B. pa = a[0]；

C. pa[0] = a[0]；   D. pa[1] = a+1；

三、程序填空题

1. 程序功能:删除一行字符串中的所有数字字符。

程序填空题

```
# include <stdio.h>
void delnum(char * s)
{
    int i,j;
    for(i = j = 0;  ____①____ ; i ++ )
        if(s[i]<'0' || s[i]>'9')
        {
            ____②____ ;
            j ++ ;
        }
     ____③____ ;
}
int main (void)
{
    char str[100];
    printf("Enter a string:\n");
    gets(str);
     ____④____ ;
    printf(" % s\n", str);
    return 0;
}
```

2. 程序功能:检查一行字符串中所出现的左右括号是否合法。合法使用括号的规则:左括号"("和右括号")"的个数必须相等,且在任何位置处左右括号的个数都要相等或左括号的个数大于右括号的个数。如果满足上述条件,则输出 ok,否则输出 error。

```
# include <stdio.h>
int main(void)
```

```
{
    char s[80], * sp = s;
    int left = 0, right = 0, flag = 1;
    gets(s);
    while( * sp != '\0')
    {
        if( * sp == '(')
            left ++;
        else if( * sp == ')')
        {
            right ++;
            if(    ①    )
            {
                ②    ;
                break;
            }
        }
        ③    ;
    }
    if(left != right)
        ④    ;
    if(flag)
        printf("ok");
    else
        printf("error");
    return 0;
}
```

3.程序功能:输入两行字符串 s1 和 s2,统计字符串 s2 在字符串 s1 中出现的次数。

```
# include <stdio.h>
int fun( char * substr, char * str)
{
    int i, j, k, num = 0;
    for(i = 0;    ①    ; i ++)
    {
        ②    ;
        for(j = i; substr[k] == str[j]; k ++, j ++)
            if (    ③    )
```

```
                {
                        num ++ ;
                        break;
                }
        }
        return num;
}
int main(void)
{
        char s1[100], s2[100];
        gets(s1);
        gets(s2);
        printf(" % d\n",   ____④____  );
        return 0;
}
```

四、程序设计题

程序设计题

1.一个 IP 地址是用四个字节(每个字节 8 位)的二进制码组成。请将 32 位二进制码表示的 IP 地址转换为十进制格式表示的 IP 地址输出。例如: 11001100100101000001010101110010 对应地址是 204.148.21.114。

2.注册账号时,账号命名必须符合以下规则:只能使用字母、数字及下划线,以字母开头,长度为 6~18 个字符。定义函数 isValid 来判断某个账号是否合法。从键盘输入 n 个账号,筛选出所有的非法账号并显示在屏幕上。如果 n 个账号全部合法,则输出 All pass。

3.根据相关规定,截至当年 8 月 31 日年满 6 周岁的儿童可以报名上小学。定义函数 verify 实现:根据身份证号判断是否具有报名资格。输入整数 n 及 n 个儿童的身份证号,输出相应儿童的审核结果"Yes"或"No",并在最后一行分别输出通过审核和未通过审核的人数。

4.凯撒密码是一种简单的替换加密技术,将明文中的所有字母都在字母表上偏移 offset 位后被替换成密文,其余字符不变。当 offset 大于零时,表示向后偏移;当 offset 小于零时,表示向前偏移。现从键盘输入一行非空字符串,再输入一个整数 offset,输出加密后的结果字符串。例如:字符串"z = x + y",offset 为 2,则结果字符串为"b = z + a"。

5.给定一个字符串,在字符串中找到第一个连续出现至少 k 次的字符。输入数据的第一行包括一个正整数 k,表示至少需要出现的次数。第二行是要查找的字符串(长度在 1~1000,且不包含任何空白字符)。若存在连续出现至少 k 次的字符,输出该字符;否则输出 Not found。

6.网络用语 996 是指工作从早 9 点到晚 9 点,一周工作 6 天的工作制度。一个名为 996ICU 的项目在 GitHub 上传开,以抵制互联网公司的 996 工作制度。请编写程序,将句子中的 996 替换成 996ICU。

CHAPTER 9

第 9 章
结构体

本章要点:

◇　结构体类型和结构体变量;

◇　引用结构体的成员;

◇　结构体数组和结构体指针;

◇　结构体和函数;

◇　利用结构体实现链表;

◇　共用体和枚举。

9.1　引　例

C 语言中有字符型、整型、浮点型等基本数据类型,涵盖了程序处理的大部分数据类型。但在处理由若干数据项组成的复杂数据时,不便用基本数据类型来直接表示。例如,日期就是包含年、月、日的复合数据,用 C 语言中的任何一种基本数据类型来表示日期都不是特别合适。为此,C 语言提供了自定义结构体类型来解决类似的问题。下面用一个具体的例子来引入结构体数据类型。

【例 9-1】　学生的基本信息包含了学号、姓名、多门课程的成绩等信息,现在需要编写程序来记录管理这些数据。

【程序】

```
# include <stdio.h>
struct  student                    //定义结构体类型 student
{
    int number;                    //成员变量 number,学号
    char name[30];                 //成员变量 name,姓名
    int  score[4];                 //成员变量 score,各科成绩
    double average;                //成员变量 average,平均分
};


int main(void)
```

```
{
    struct   student   s1;              //用结构体类型 student 定义变量
    double avg = 0;
    scanf("%d",&s1.number);             //输入成员变量 number
    scanf("%s",s1.name);                //输入成员变量 name
    for(int i = 0;i<4;i ++)
    {
        scanf("%d",&s1.score[i]);       //输入成员变量 score[i]
        avg += s1.score[i]/4.0;
    }
    s1.average = avg;                   //对成员变量 average 赋值
    printf("%d %s %.2f", s1.number, s1.name, s1.average);
                                        //输出成员变量

    return 0;
}
```

【运行示例】

```
202005001 ↙
张小明↙
90 80 85 95 ↙
2020005001 张小明 87.50
```

【程序说明】

本例中,定义了结构体类型 student,它包含学号、姓名、成绩、平均分四个成员变量,这些成员变量根据需要可以是 int、char、double 等基本数据类型,如学号、平均分;也可以是数组、字符串,如各课程成绩和姓名。

结构体变量无法作为整体进行输入输出,因为其内部成员是自定义的,无法确定统一的数据格式。结构体变量需要对其内部的成员变量逐个进行输入输出,方法及格式符与基本数据类型相同,只需在成员变量名前加结构体变量作为前缀,如 s1.number。

9.2 结构体类型与变量

结构体类型是一个构造的数据类型。它和基本数据类型在定义、使用方法、作用上非常类似。但在使用结构体类型之前,必须先进行结构体类型的定义。

9.2.1 结构体类型定义

结构体类型定义的一般形式为:

结构体类型定义

```
struct 结构名
{
    结构成员表
};
```

例如,日期数据就可以定义结构体类型 date 将年、月、日信息组织到一起:

```
struct  date
{
    int  year, month, day;
};
```

结构体类型中的成员变量还可以用其他已定义的结构体类型来定义,如例 9-1 中的结构体 student 如果有出生日期的信息,可作以下定义:

```
struct  student
{
    int number;
    char name[30];
    struct date birthday;        //成员变量 birthday 是结构体类型
    int  score[4];
    double average;
};
```

对结构体类型的定义需要注意以下几点:

(1)结构体类型定义只是指定了一种类型(与 char、int、float、double 地位相同),系统不分配实际的内存单元;只有在声明了结构体类型的变量后,才为变量分配内存单元。

(2)结构体类型内部的成员可以是任何基本数据类型,也可以是数组、指针、结构体类型。

(3)结构体类型定义是一条 C 语言程序的语句,因此语句最后的分号不能省略。

9.2.2 结构体变量定义

1. 结构体变量定义

结构类型定义后,程序中就多了一种新的数据类型,它的作用和 int、char、double 等基本数据类型一样。自定义结构体数据类型并没有分配内存空间,只有利用它声明了结构体类型的变量后,才会分配存储空间,才能用结构体变量进行输入输出及各种运算。

结构体类型变量的定义有以下几种不同的使用方法。

第一种,先定义结构体类型,然后再独立声明结构体类型变量。此时,结构类型定义和变量声明的一般形式为:

结构体变量
定义

```
struct 结构名
{
    结构成员表
};
struct 结构名  变量名列表;
```

例如,我们可以用已经定义的结构体类型 student,来定义变量。

```
struct   student   s1, s2;
```

定义结构体变量后,系统为变量分配连续的存储单元,一个结构体变量所占的内存空间为该结构体各成员变量所占字节之和。

第二种,定义结构体类型与声明结构体类型变量两个步骤同时在一条语句上实现。此时,结构体类型定义及变量声明的一般形式如下:

```
struct 结构名
{
    结构成员表
} 变量名列表;
```

这实际上是将第一种方法中的两条语句的功能合并在同一条语句实现。例如:

```
struct   student
{
    int number;
    char name[30];
    char sex;
    struct date birthday;
    int   score[4];
    double average;
} s1,s2;
```

第三种,直接定义结构体类型变量,省略结构体类型标识符。此时,形式如下:

```
struct
{
    结构成员表
} 变量名列表;
```

以下示例声明了两个结构体变量 s1、s2:

```
struct
{
    int number;
    char name[30];
    char sex;
```

```
    struct date birthday;
    int    score[4];
    double average;
} s1, s2;
```

第三种形式不建议使用。因为没有指定结构体类型的名称,无法再次声明这种类型的结构体变量。

2. 结构体变量的初始化

结构体变量的初始化是指在声明结构体变量的同时就给变量赋初始值。结构体变量的初始化是整体进行的,即用赋值运算符将初始值表整体赋给结构体变量,初始值表中的数据或表达式必须和各成员变量的类型相对应,用逗号作为间隔。

结构变量初始化的一般语法形式为:

```
struct 结构名
{
    结构成员表
};
struct 结构体名   变量名 = {初始值表};
```

例如,对例 9-1 中的 student 结构体变量 s2 进行初始化的语句如下:

```
struct student
{
    int number;
    char name[30];
    struct date birthday;           //成员变量 birthday 是结构体类型
    int    score[4];
    double average;
} s1, s2 = {202101, "zhangsan",{2021,12,01},{95,65,77}};
```

上述语句中变量 s1 没有进行初始化,变量 s2 进行了初始化。s2 的成员变量在声明的同时被赋予初值:s2.number 为 202101;s2.name 为"zhangsan";成员变量 s2.birthday 自身又为一个结构体类型,实际是对其成员变量进行初始化,即 s2.birthday.year 为 2021,s2.birthday.month 为 12,s2.birthday.day 为 1;s2.score 是一个数组,也是依次进行赋值,也即 s2.score[0] 为 95,s2.score[1] 为 65,s2.score[2] 为 77,因为数据不足,之后的数组元素用 0 进行赋值;成员变量 s2.average 因为没有指定初始值,所以被系统赋值 0。

9.2.3 结构体变量引用

声明了结构体类型变量后,就可以对它进行操作。既可以对结构体变量进行整体引用,也可以对结构体变量内部的成员进行引用。

1. 结构体变量的整体引用

结构体变量在整体引用时,只局限在两个同类型的结构体变量之间进行赋值,即把一个结构体变量的各成员分别赋给另一个结构体变量的对应成员。上一节中的两个结构体变量 s1 和 s2 可以整体进行相互赋值,如:

```
s1 = s2;
```

此时,结构体变量 s1 内部的各个成员也就获得了变量 s2 中各个成员的数据。

需要特别注意的是,结构体变量在初始化和赋值时的不同:虽然在初始化时可以用初始值列表直接给结构体变量赋初值,但在结构体变量已经被声明之后,就不能用表达式列表对结构体变量进行整体赋值了,而只能对结构体成员变量逐个进行赋值。这和结构体变量不能整体进行输入输出是一致的。以下形式的语句是语法错误的。

```
结构体变量名 = { 表达式列表 };
```

以下语句虽然右侧的数据与结构体类型完全一致,却是语法错误的。

```
s1 = {202101, "zhangsan",{2021,12,01},{95,65,77}};
```

2. 结构体成员变量的引用

引用结构体成员变量的一般形式为:

```
结构变量名.成员名
```

运算符"."为成员运算符,表示存取结构体变量内部的某个成员。"."运算符的优先级,在所有的运算符中是最高的,可以将"结构变量名.成员名"作为一个密不可分的整体来看待。

例如,由 struct student 定义的结构体变量 s1 可以对其各个成员分别进行赋值:

```
s1.number = 202101;
strcpy(s1.name, "zhangsan");
s1.birthday.year = 2021;
s1.birthday.month = 12;
s1.birthday.day = 1;
s1.score[0] = 95;
s1.score[1] = 65;
s1.score[2] = 77;
s1.score[3] = 0;
s1.average = 0;
```

在上述语句中,s1.number 是一个整体,它是一个 int 型的变量;s1.name 是一个字符数组,用来存放姓名字符串,用 strcpy 函数将一个字符串存入结构体变量 s1 的成员变量 name 中;s1.birthday 本身是结构类型的变量,还有下一级成员,继续用"."获取下级成员变量后进行赋值;s1.score 是整型数组,只能对数组元素逐个赋值。由此可见,结构体变量内部的成员变量与基本数据类型定义的变量完全相同,以同样方式输入输出、赋值、参与运算。

【例 9-2】 大学生小张同学毕业后留校任教当辅导员，身份由学生变成了教师。作为学生的小张已经记录了学号、姓名、出生日期、各科成绩、平均分等很多数据，而作为教师有工号、姓名、出生日期、入职日期、地址、工资等数据，两者之间既有区别又有重叠，现在编写程序把重叠部分数据从学生转移到教师。

【程序】

```
#include <stdio.h>
#include <string.h>
struct   date
{    int   year, month, day;   };
struct   student
{
    int number;
    char name[30];
    struct date birthday;
    int   score[4];
    double average;
};
struct   teacher
{
    int number;
    char name[30];
    struct date birthday;
    struct date hiredate;
    char address[100];
    double salary;
};
int main(void)
{
    struct student s = {20092,"张三",{1995,12,01},{95,65,77}};
    struct   teacher   t;                //用结构体类型 teacher 定义变量
    t.number = 109;
    strcpy(t.name, s.name);
    t.birthday = s.birthday;
    scanf("%d%d%d",&t.hiredate.year,&t.hiredate.month,&t.hiredate.day);
    strcpy(t.address, "杭州市下沙高教园区");
    t.salary = 789.15;
    printf("%d %s %.2f", t.number, t.name, t.salary);
                                  //输出成员变量
```

```
        return 0;
    }
```

【运行示例】

2020 3 12 ↙

109 张三 789.15

【程序说明】

本例程序用到了结构体变量和成员变量,程序中定义了三个结构体类型 date、student、teacher,在结构体类型中还用到了其他结构类型。程序中既有结构体变量的初始化,如结构体变量 s 的初始化;也有对结构体变量的整体赋值,如"t. birthday = s. birthday";还有结构体成员变量的赋值及输入输出,如"t. number = 109"。结构体成员变量在输入、输出、赋值以及引用时,需要逐层加前缀,如"t. hiredate. year"的格式。

9.3 结构体数组与结构体指针

和基本数据类型一样,自定义的结构体类型也可以用于定义结构体数组和结构体指针。

9.3.1 结构体数组

用结构体变量可以表示一名学生的信息,那如果要对全班所有同学的信息进行处理,就可以使用结构体数组。与基本数据类型定义的数组一样,结构体数组也是相同类型数据的序列,数组中的每个元素都是结构体类型,每个元素都有自己的成员,使用时要通过下标引用数组元素。如:

结构体数组

```
struct    student
{
    int num;
    char name[20];
};
struct    student    stus[3] =
    {{20120114,"Lihong"},
     {20120115,"Limei"},
     {20120116,"Lina"}};
```

数组名是结构体数组的起始地址,通过数组名和下标可以访问结构体数组中的任意一个元素。和结构体变量类似,结构体数组也可以在声明的同时对初值进行初始化。

【例 9-3】 某大学要监测在校大学生学习情况,需要录入学生学号和成绩信息,并计算平均分。评测匿名进行,没有包含姓名信息。

【程序】

```c
# include <stdio.h>
struct student
{
    int num;
    int score;
};
int main(void)
{
    int i,sum = 0;
    struct student stus[3] = {{2101,90},{2102,89},{2106,91}};
    for(i = 0;i<3;i ++ )
    {
        printf("stus[ % d]:% d, % d\n",i,stus[i].num, stus[i].score);
        sum += stus[i].score;
    }
    printf("average:% .2f\n",sum/3.0);
    return 0;
}
```

【运行示例】

```
stus[0]:2101,90
stus[1]:2102,89
stus[2]:2103,91
average:90.00
```

【程序说明】

学生人数较多又是同类型的数据,应该定义结构体数组来存放全部学生数据。在本程序中,struct student stus[3]是结构体类型数组,访问成员变量时需要加前缀"stus [i]."数组下标的含义及使用与普通数组相同。

9.3.2 结构体指针

声明结构体类型的变量时,系统会分配连续的内存存储单元,这些存储单元的首地址就是该结构体的地址,也就是指向该结构体变量的指针。结构体指针变量是存放该首地址的变量。例如:

结构体指针

```c
struct  date
{
    int  year, month, day;
};
```

```
struct   student
{
    int number;
    char name[30];
    struct date birthday;
    int   score[10];
    double average;
};
struct   student s[50],x, * p;
```

定义了一个结构体 student 类型的数组 s,一个结构体 student 类型的变量 x,以及一个结构体 student 类型的指针变量 p。需要注意的是此时指针变量 p 没有赋值,其指向是不确定的或者说指针变量 p 的值是不确定的。当执行以下任一条语句后,指针变量 p 的值就确定了。

```
p = &x;            //将结构体类型变量 x 的首地址赋给 p
p = s;             //指针变量 p 指向数组第一个元素,即 s[0]
p = &s[0];         //指针变量 p 指向 s[0]
```

有了结构体指针变量,访问结构变量内部的成员变量就多了指针这种方式。例如当执行语句 p = s; 后,结构体指针 p 指向数组元素 s[0],此时下面三种访问结构体成员的方法是等价的:

①s[0].成员名   ②(* p).成员名   ③p->成员名

第一种方法是对结构体变量中的成员用“.”运算符直接访问;第二种方法是先获取指针变量所指向的结构体变量,再用“.”运算符访问其成员,这里“.”运算符的优先级高于指针运算符“ * ”,因此括号不能省略。若写成 * p.成员名,则等价于 *(p.成员名),显然与题意不符;第三种方法叫“指向运算符”,运算符“->”(由减号和大于符号共同组成)为间接引用成员运算符,其优先级和“.”运算符的优先级相同,可以通过指针变量间接存取其所指向的结构体变量的成员。

【例 9-4】 用结构体指针来实现学生信息的输入输出。

【程序】

```
# include <stdio.h>
struct student
{
    int num;
    char name[20];
};
int main(void)
{
    struct student stu1 = {20120114,"LiHong"};
```

```
    struct student * pstu;
    pstu = &stu1;
    printf("stu1:%d,%s\n",stu1.num,stu1.name);
    printf("pstu:%d,%s\n",(*pstu).num,(*pstu).name);
    printf("pstu:%d,%s\n",pstu-> num,pstu-> name);
    return 0;
}
```

【运行示例】

```
stu1:20120114,LiHong
pstu:20120114,LiHong
pstu:20120114,LiHong
```

【程序说明】

本例中定义了指向结构体的指针,可以用 & 对结构体变量取地址对指针变量赋值,如 "pstu = &stu1",也可以利用指针访问结构体成员变量,如"(*pstu).num"和"pstu -> num", 这两种方法是完全等价的。

9.4 结构体与函数

9.4.1 结构体变量作函数参数

结构体变量与普通变量一样可以作为函数的参数,在函数之间实现整个 结构体变量所有成员数据的整体传递。

【例 9-5】 将学生信息定义为结构体,并用函数 newstu 输入学生信息。

结构体变量
与函数

【程序】

```
# include <stdio.h>
# include <string.h>
struct student
{
    int num;
    char name[20];
};
void newstu(struct student stu2)
{
    stu2.num += 1;
    gets(stu2.name);
    printf("stu2:%d,%s\n",stu2.num,stu2.name);
```

```
    }
    int main(void)
    {
        struct student stu1 = {20120114,"Lihong"};
        printf("stu1:%d,%s\n",stu1.num,stu1.name);
        newstu(stu1);
        return 0;
    }
```

【运行示例 1】

```
stu1:20120114,Lihong
Limei↙
stu2:20120115,Limei
```

【程序说明】

在本例中结构体类型的变量作为函数的参数,将学生数值整体传递给被调用的函数。结构体类型作函数参数同样需要做到实参和形参类型一致,参数个数相同。实参将值传给形参的过程实际上是两个结构体变量之间进行整体数值复制的过程。

9.4.2 结构体变量作函数返回值

结构体变量除了可作为函数参数,也可以作为函数的返回值。

将例 9-5 略作调整,也可以在被调用函数中对结构体变量赋值,然后将结构体变量的值以函数返回值的形式带回到主函数。

【例 9-6】 编写函数,在函数内部对 struct student 类型的结构体变量赋值,然后将结果作为函数的返回值带到主调函数。

【程序】

```
#include <stdio.h>
struct student
{
    int num;
    char name[20];
};
struct student newstu()
{
    struct student tmp = {20120114,"Lihong"};
    return tmp;
}
int main(void)
{
```

```
        struct student stu1;
        stu1 = newstu();
        printf("stu1:% d,% s\n",stu1.num,stu1.name);
        return 0;
    }
```

【运行示例 1】

```
    stu1:20120114,Lihong
```

【程序说明】

在本例中,结构体类型 struct student 作为函数的返回值类型,虽然形式上 return 后面仍然只返回一个值,但实际上将结构体变量整体带回到主调用函数。图 9-1 是结构体变量作为函数返回值的变量数值传递过程。图 9-1(a)是主函数 main 调用函数 newstu 之前的状态,main 函数中结构体变量还没有被赋值。变量 tmp 因为是函数 newstu 内的局部变量,此时还无法被看到,显示 symbol "tmp" not found. ;图 9-1(b)是调用函数 newstu 后,在 newstu 函数返回之前的状态,此时变量 tmp 已经被赋值;图 9-1(c)是从 newstu 函数返回后,但语句"stu1 = newstu();"还没有执行赋值操作时的状态;图 9-1(d)是赋值操作完成后的状态。由此可见,结构体变量作为函数的返回值,其实质是结构体变量之间的整体赋值。

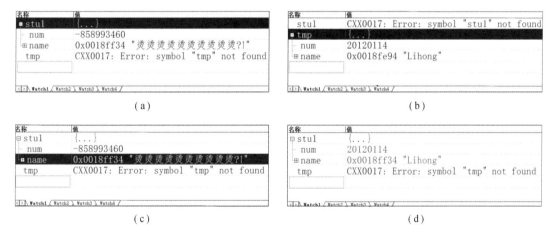

图 9-1   结构体变量作为函数返回值的调用过程

9.4.3   结构体指针作函数参数

结构体指针最常见的应用其实是作为函数的参数来传递地址。还是用上述的学生为例来具体说明。

【例 9-7】   编写函数,功能是改变学生信息。在主函数中初始化学生信息,以结构体指针的形式传递给函数 changestu,在被调用函数里改变学生的信息。

【程序】

```
    # include <stdio.h>
    struct student
```

```
{
    int num;
    char name[20];
};
void changestu(struct student * pstu)
{
    pstu-> num += 1;
    gets(pstu-> name);
    return ;
}
int main(void)
{
    struct student stu1 = {2101,"Lihong"};
    printf("before:stu1:% d, % s\n",stu1.num,stu1.name);
    changestu(&stu1);
    printf("after:stu1:% d, % s\n",stu1.num,stu1.name);
    return 0;
}
```

【运行示例1】

```
before:stu1:2101,Lihong
Wanghua↙
after:stu1:2102,Wanghua
```

【程序说明】

指向结构体的指针作为函数的参数,函数调用时传递的是结构体变量的地址,这和基本数据类型定义的指针作函数形参是类似的,见图9-2的结构体指针作为函数参数的传递过程。在图9-2中,主函数main里结构体变量stu1的地址为0x0018ff30,在被调用函数changestu里指针变量pstu的值为0x0018ff30,这里实参把结构体变量地址传递给了形参。

图9-2 结构体指针作为函数参数

结构体指针除了作函数参数，也可以作函数的返回值。在下面链表这一节中，对节点的操作多处用到结构体指针作函数返回值，这里不再单独阐述。

9.5 链 表

数组适合存储一批相同属性的数据，但声明数组时，必须确定数组的大小，系统才能为数组分配连续的存储空间。但在实际应用时，常常难以确定数组元素的个数，数组的大小也无法改变，导致存储空间浪费或数组下标溢出，在使用上不够灵活；此外当数据变动频繁，数组中的元素增加、删除时引起大量数据的移动，使数据管理效率降低。

不同于数组，链表存储在不要求连续空间的情况下，也可以处理一批相同类型的数据，在部分应用上有很好的适应性。

【例 9-8】 学校组织同学开展才艺表演，组织者需要登记报名的同学信息，但由于事先无法确切掌握活动是否受学生欢迎，也无法掌握有多少同学会参与其中，现在要求编写程序记录参与者信息。

【程序】

```
# include <stdio.h>
# include <stdlib.h>              //动态内存分配涉及的头文件
struct student
{
    int number;
    char name[30];
    int score;
    struct student * next;        //结构体内有一个成员是递归定义的指针
};
int main(void)
{
    int i,n ;
    struct student * head, * pnew, * ptail;      //定义链表头、节点、尾
    head = ptail = NULL;                         //创建一个空链表
    scanf(" % d",&n);
    if (n >= 1)                  //创建表头节点
    {
        pnew = ( struct student * ) malloc(sizeof(struct student));
                                 //动态分配节点
        scanf(" % d % s % d", &pnew-> number, pnew-> name, &pnew-> score);
        pnew-> next = NULL;
        head = ptail = pnew;     //头、尾指针均指向第一个节点
    }
```

```
    for(i = 1;i<n;i ++ )
    {
        pnew = ( struct student * ) malloc(sizeof(struct student));
        scanf("%d%s%d", &pnew-> number, pnew-> name, &pnew-> score);
        pnew-> next = NULL;
        ptail-> next = pnew;              //将新节点加入链表中
        ptail = pnew;
    }


    struct student * p;
    p = head;
    while(p !=NULL)
    {
        printf("%d %s %d\n", p-> number, p-> name, p-> score);
        p = p-> next;
    }                                     //输出链表中所有节点数据
    return0;
}
```

【运行示例】

```
4↙
2001 张三 95↙
2002 李四 80↙
2003 王五 77↙
2004 陆六 85↙
2001 张三 95
2002 李四 80
2003 王五 77
2004 陆六 85
```

【程序说明】

上述例子中最大的特点是结构体类型在定义时,内部有一个成员是递归定义的指针。利用 malloc 函数每次动态创建一个新的结构体变量,加入链表中。

图 9-3 中,head 表示头指针,存放第一个节点的地址,通过它可以访问链表的第一个节

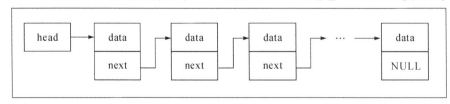

图 9-3 单向链表的结构

点,每个节点都有一个指针指向下一个节点,节点之间就像是一条链条一样连接在一起,这就是"链表"这个名字的由来。在链表的最后一个节点,其指针成员被置为 NULL,表示链表到此结束。

9.5.1 链表及其定义

要构造链表,首先要对链表中的每个节点进行定义。链表节点是在常规的结构体类型基础上增加了一个递归定义的指针,该指针用于构建链表。节点定义的一般形式是:

```
struct 结构体类型名
{
    结构体成员定义
    struct 结构体类型名 * 指针变量名;        //成员变量是递归定义的指针
};
```

例如:

```
struct student
{
    int number;
    char name[30];
    int score;
    ...
    struct student * next;
};
```

其中,上述结构体的定义可以理解为两个部分:第一部分是常规的数据部分,结构体的成员用于存放节点中的数据信息;第二部分是用来构造链表的指针部分,指针变量 next 指向跟它一样的另一个结构体变量,或者说 next 指向下一个同样的节点,这样就构成了链表。

9.5.2 链表基本操作

链表的基本操作包括建立链表、遍历链表、插入节点、删除节点等。下面以 struct student 结构体为例进行具体说明。

1. 建立链表

建立链表包括建立表头、新建节点、添加节点等几个步骤。

可以把建立链表的三个步骤写成一个函数,专门用于建立链表。

```
#include <stdio.h>
struct student
{
    int number;
    char name[30];
    int score;
```

```
        struct student * next;
};
struct student * createchain( int n )
{
    int i ;
    struct student * head, * pnew, * ptail;    //定义链表头、节点、尾
    pnew = ( struct student * ) malloc(sizeof(struct student));
    scanf("%d %s %d", &pnew-> number, pnew-> name, &pnew-> score);
    pnew-> next = NULL;
    head = ptail = pnew;                        //创建第一个节点
    for(i = 1;i<n;i ++)
    {
        pnew = ( struct student * ) malloc(sizeof(struct student));
        scanf("%d %s %d", &pnew-> number, pnew-> name, &pnew-> score);
        pnew -> next = NULL;
        ptail-> next = pnew;                    //链表尾节点指向新的节点
        ptail = pnew;                           //链表尾指针更新
    }
    return head;                                //返回链表表头
}
```

2. 遍历链表

遍历链表就是从链表的头指针开始，逐个访问链表的每个节点。遍历链表是链表的最基础操作，是在链表中查询数据、插入数据、删除数据、更新数据等其他操作的基础。下面的print函数遍历输出链表，需要定义一个当前指针，如图9-4所示。

①当前指针指向链表头节点

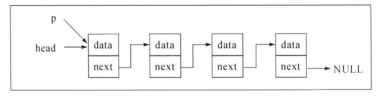

②当前指针逐个访问节点

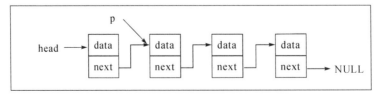

图9-4　遍历链表

```
void print(struct student * head )
{
    struct student * p;
    p = head;
    while(p !=NULL)
    {
        printf("% d % s % d\n", p-> number, p-> name, p-> score);
        p = p-> next;
    }
}
```

3. 插入节点

很多时候新的节点并不是"添加"在链表的表尾,而是"插入"到链表中间的某个位置。比如当链表是有序时,新加入一个节点后链表仍然应该保持有序。这时就应该先找到节点正确的插入位置,然后将新节点加入链表中。以学生按成绩从大到小排序的链表为例进行说明。

在有序链表中插入一个新节点的函数如下:

```
struct student * insert(struct student * head )
{
    struct student * pnew, * cur, * pre;
    pnew =( struct student *) malloc(sizeof(struct student));
                                    //创建待插入节点
    scanf("% d % s % d", &pnew-> number, pnew-> name, &pnew-> score);
    pnew-> next = NULL;
    cur = head;
    if(pnew-> score > head-> score)       //插入到链表表头位置
    {
        pnew-> next = head;
        head = pnew;
    }
    else                                  //插入到链表非表头位置
    {
        while(cur !=NULL && pnew-> score<cur -> score)  //查找节点的插入位置
        {
            pre = cur;
            cur = cur-> next;
        }
        pnew-> next = cur;                //新节点指向当前节点
        pre-> next = pnew;
```

```
        }
    return head;
}
```

图 9-5 是链表中插入一个新节点的示意图。插入一个新节点,首先要找到插入的位置,可能在链表表头、链表中间或链表末尾。

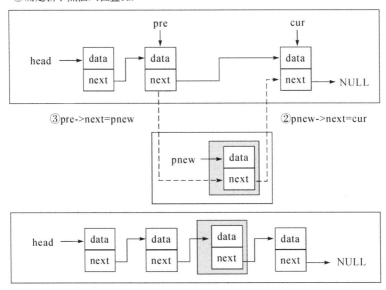

图 9-5　插入节点

4. 删除节点

删除链表中某个特定的节点也是链表的一种基本操作。比如,在前述的学生链表中,如果某个同学退学了,那么就需要从链表中找到该同学并从链表中删除该节点。下面以待删除同学的姓名在字符串 Xname 中进行举例说明。

删除链表中某个节点的函数如下:

```
struct student * delete(struct student * head,char * Xname )
{
    struct student * cur,* pre;
    cur = head;
    if(strcmp(head-> name,Xname) == 0)        //如果待删除的节点是表头节点
    {
        head   = head-> next;
        free(cur);
        return head;
    }

    while(cur !=NULL )                          //查找待删除节点位置
```

```
        if(strcmp(cur-> name,Xname) == 0)
        {
            pre-> next = cur-> next;
            free(cur);
            break;                    //假定待删除的节点是唯一的
        }
        else
        {
            pre = cur;
            cur = cur-> next;
        }
    return head;
}
```

图 9-6 是删除链表中节点的示意图。用被删除节点的前一个节点的 next 指向被删除节点的后继节点。

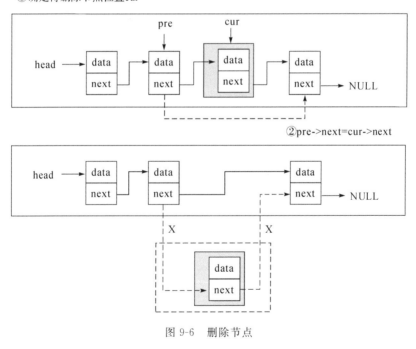

图 9-6　删除节点

9.6　共用体与枚举

共用体也是一种构造数据类型,它将不同类型的变量存放在同一内存区域内。我们将共用体放在结构体这一章一起来讲解,因为共用体在类型定义、变量定义及引用方式上与结构体相似。实际上两者存在本质的区别:结构体变量的各个成员各自占有不同的存储空间,而共用体变量的各成员占有同一个存储区域。

9.6.1　共用体

1.共用体变量的定义

共用体类型定义的一般形式:

```
union 共用体类型名
{
    类型说明符  成员变量名;
    类型说明符  成员变量名;
    …         …
};
```

与定义结构体变量类似,定义共用体变量也有三种形式:
①先定义共用体类型,再定义共用体变量。例如:

```
union lesson
{
    int score;
    struct competition award;
    char reason[100];
};
union lesson  cprogram, a[10];
```

②同步定义共用体类型和共用体变量。例如:

```
union lesson
{
    int score;
    struct competition award;
    char reason[100];
} cprogram, a[10];
```

③省略共用体类型名,直接定义共用体变量。例如:

```
union
{
    int score;
    struct competition award;
    char reason[100];
} cprogram, a[10];
```

定义共用体类型并不会分配内存空间,这一点和定义结构体类型是一样的。只有在定义共用体变量时,才会给共用体变量分配内存空间。结构体各成员拥有相互独立的存储空间,而共用体所有成员共用同一存储空间,所以系统以共用体变量各成员中所需要存储空间最大的成员为准进行空间的分配。共用体变量中各成员均从第一个存储单元开始分配存储空间,所以各成员的内存地址是相同的。图 9-7 是共用体变量的内存分配示意图。

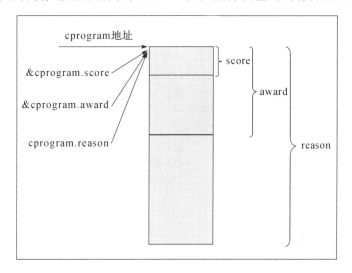

图 9-7 共用体变量成员的内存分配

2. 共用体变量的引用

和普通变量一样,共用体变量也可以在定义的同时进行初始化。但因为共用体各成员共用同一个内存空间,因此在初始化时只能对它的第一个成员进行初始化赋值。

例如:

```
union lesson cprogram = {78};                //这是正确的。
union lesson cprogram = {78,"sick"};         //这是错误的。
```

虽然共用体变量包含了多个成员,也可以对这些成员各自进行独立赋值,但因为它们共享同一存储空间,因此在某一时刻实际上只有一个成员的数据是正确的,起作用的是最后存放的那个成员,其他成员的数据因被覆盖而变得毫无意义。例如,依次执行下面三条语句:

```
union lesson cprogram;
cprogram.score = 100;
strcpy(cprogram.reason, "sick");
```

那么只有 cprogram. reason 是有效的,共用体变量 cprogram 的成员 score 中原先存放的 100 被覆盖了。

【例 9-9】 "C 语言程序设计"课程经过一个学期的学习,马上就要进行期末考试了。学校教务处规定:①参加常规考试的同学采用百分制整数计分;②如果有课程相关比赛获奖的同学,可以免考,录入获奖信息代替考试成绩;③由于事假、病假等各种原因无法参加考试的同学需录入具体请假理由。现在请你写程序记录全班同学 C 语言课程期末考试成绩。

【问题分析】

期末成绩可以用一个变量来表示题中成绩的三种类型。常规考试同学的成绩是整型数值;获奖替代学分的同学是一个结构体数据;缺考的同学是一个字符串。它们类型不相同,却保存在同一个字段,因此可以用共用体数据类型来实现。

【程序】

```
# include <stdio.h>
# include <string.h>
struct competition
{
    char grade[30];
    char details[100];
};
struct student
{
    int no;
    char name[30];
    int istest;
    union lesson
    {
        int score;
        struct competition award;
        char reason[100];
    } cprogram;                        //定义共用体类型变量
} stud[100];
int main(void)
{
    int i,n,pos;
    char sname[100];
    scanf("%d",&n);
    for(i = 0; i<n; i ++ )
    {
        scanf("%d%s%d", &stud[i].no, stud[i].name,&stud[i].istest);
        if(stud[i].istest == 1)
            scanf("%d", &stud[i].cprogram.score);
        else if (stud[i].istest == 2)
            scanf("%s%s",stud[i].cprogram.award.grade, stud[i].cprogram.
                award.details );
        else
```

```
            scanf("%s",stud[i].cprogram.reason);
    }
    printf("请输入待查询同学姓名:");
    scanf("%s",&sname);
    pos = -1;
    for(i = 0; i<n; i ++)
    {
        if(strcmp(stud[i].name,sname) == 0)
        {
            pos = i;
            break;
        }
    }
    if(pos != -1)
    {
        printf("%d %s %d", stud[pos].no, stud[pos].name, stud[pos].istest);
        if(stud[i].istest == 1)
            printf("%d\n", stud[pos].cprogram.score);
        else if(stud[i].istest == 2)
            printf("%s %s\n", stud[pos].cprogram.award.grade,stud[pos].
                cprogram.award.details);
        else
            printf("%s\n", stud[pos].cprogram.reason);
    }
    else
        printf("没找到%s同学\n",sname);
    return 0;
}
```

【运行示例 1】

```
4↙
1001 张三 1 90↙
1002 李四 2 二等奖  大学生程序设计大赛↙
1003 王五 3 申请缓考↙
1004 陆六 1 85↙
李四↙
1002 李四 2 二等奖  大学生程序设计大赛
```

【运行示例2】

```
4↙
1001 张三 1 90↙
1002 李四 2 二等奖  大学生程序设计大赛↙
1003 王五 3 申请缓考↙
1004 陆六 1 85↙
王五↙
1003 王五 3 申请缓考
```

【程序说明】

在本例中,虽然学生的考试有不同的选择和成绩形式,但它们是排他性的,非此即彼的关系,可保存在同一起始位置。在这种情形下,共用体是一种不错的选择。

9.6.2 枚举

若一个变量只有几种可能的值,而且这些值都已经明确,那么就可以使用枚举数据类型。"枚举"的意思就是这个变量只能取某个枚举值。

1. 枚举类型的定义

枚举类型的一般形式:

```
enum 枚举类型名 {枚举值 1, 枚举值 2, …, 枚举值 n};
```

枚举值之间用逗号进行分隔。
例如:

```
enum weekdays {sun, mon, tue, wed, thu, fri, sat};
enum weekdays today;
```

因此 today 是一个枚举类型的变量,其取值只能是已经枚举出来的 7 个值中的某一个。
枚举类型也可以直接定义,如:

```
enum weekdays {sun, mon, tue, wed, thu, fri, sat} today;
```

如果枚举类型名后续不再使用,也可以省略枚举类型名直接定义变量,如:

```
enum {sun, mon, tue, wed, thu, fri, sat} today;
```

2. 枚举类型语法说明

关于枚举类型的语法,要注意以下几点:

(1)枚举仅适用于取值有限且固定不变的数据。如一个星期有 7 天,一年有 12 个月,这些取值是有限的且固定不变的。

(2)取值中的值称为枚举元素,其含义由程序解析,例如,上述例子中的枚举元素"sun"并不自动代表"星期日",程序可以根据需要进行解析。

(3)枚举元素是常量,它是有默认值的。枚举元素的默认值是定义时的顺序号(从 0 开始依次取值)。枚举元素之间可以进行比较,顺序号大的在比较中为大。

（4）枚举元素的取值也可以人为指定。如：

enum weekdays {sun = 7, mon = 1, tue, wed, thu, fri, sat};

这样从默认的 sun = 0 变成了 sun = 7,而 mon = 1,后面的依次加 1。

（5）枚举元素是常量,所以只能在定义时指定其取值,但不可以在程序运行时对其进行赋值。

（6）枚举变量可以进行输入输出,也可以用整型数据为其赋值。

【例 9-10】 输入一个整数,输出对应的星期。

【程序】

```c
# include <stdio.h>
enum week { sun,mon,tue,wed,thu,fri,sat};
int main(void)
{
    enum week today, workday, holiday;
    char * string[7] = { "Sunday", "Monday", "Tuesday", "Wednesday",
        "Thursday", "Friday", "Saturday"};
    scanf(" % d",&today);
    if(today >= sun && today <= sat)
        if(today >= mon && today <= fri)
            printf("today is workday:% s .\n",string[today]);
        else
            printf("today is holiday:% s .\n",string[today]);
    else
        printf("error.\n");
    return 0;
}
```

【运行示例 1】

0 ↙
today is holiday:Sunday.

【运行示例 2】

1 ↙
today is workday:Monday.

【运行示例 3】

7 ↙
error.

【程序说明】

本例用到了枚举类型,每周有 7 天,取值的个数是有限的且取值非常明确,此时适合定义成枚举类型。需要注意的是,枚举类型也是从 0 开始,如运行示例 1,输入 0 的时候,取到的枚举值为 sun,对应的输出为 Sunday.

9.7 程序示例

【例 9-11】 复数的模。定义结构体类型表示复数,在键盘输入一个复数,计算复数的模,然后输出。

【程序】

```
# include <stdio.h>
# include <math.h>
struct comp
{
    double x,y;
    double m;
};
int main(void)
{
    struct comp a;
    scanf("%lf+%lfi",&a.x,&a.y);
    a.m = sqrt( a.x * a.x + a.y * a.y );
    printf("%.3f",a.m);
    return 0;
}
```

【运行示例 1】

```
3 + - 4i↙
5.000
```

【运行示例 2】

```
- 5 + - 3i↙
5.831
```

【程序说明】

本例定义了复数数据类型,内部有三个成员变量分别用于表示实部、虚部和模。这是结构体内部成员变量的输入输出以及运算的实例。

【例 9-12】 拆除炸弹。你在时间 $t1$ 接到了恐怖分子的威吓电话,定时炸弹将在设定的 $t2$ 时间爆炸,现在你有多少时间排除炸弹呢? 定义时间的结构体类型(包含时、分、秒),计算两个时刻之间的时间差,并将其值输出。

时间输入格式为 hh:mm:ss,hh 的范围为 00~23;mm 和 ss 的范围均在 00~59,$t2$ 总是比 $t1$ 晚,否则就是次日的时间。

【程序】

```
#include <stdio.h>
struct time
{
    int hour,min,sec;
};
int main(void)
{
    struct time a,b;
    int t1,t2,s;
    scanf("%2d:%2d:%2d",&a.hour,&a.min,&a.sec);
    scanf("%2d:%2d:%2d",&b.hour,&b.min,&b.sec);
    t1 = a.sec + a.min * 60 + a.hour * 3600;
    t2 = b.sec + b.min * 60 + b.hour * 3600;
    if (t2 >= t1)
        s = t2 - t1;
    else
        s = 24 * 3600 + t2 - t1;
    printf("%d",s);
    return 0;
}
```

【运行示例 1】

```
12:04:56↙
12:05:01↙
5
```

【运行示例 2】

```
12:04:56↙
09:05:01↙
75605
```

【程序说明】

C 语言中没有日期或时间数据类型,而时间又是开发软件经常会涉及的数据,这时就可以自定义结构体类型来处理日期、时间数据。本例定义了 time 结构体类型,并按照 hh:mm:ss 格式进行时间的输入,对日期的处理可类推实现。

【例 9-13】 通讯录。通讯录中的一条记录包含下述基本信息:朋友的姓名、移动电话号码和工作单位。本题要求编写程序,录入 N 条记录,并且根据要求显示任意某条记录。

【程序】

```
# include <stdio.h>
# include <string.h>
struct friends
{
    char name[100];
    char tele[20];
    char unit[100];
};
int main(void)
{
    struct friends a[500];
    char sname[100];
    int n,i,pos;
    scanf("%d",&n);
    for(i=0; i<n; i++)
    {
        scanf("%s%s%s",a[i].name,a[i].tele,a[i].unit);
    }
    scanf("%s",sname);
    pos = -1;
    for(i=0; i<n; i++)
    {
        if(strcmp(a[i].name,sname) == 0)
        {
            pos = i;
            break;
        }
    }
    if(pos != -1)
        printf("%s %s %s\n",a[pos].name,a[pos].tele,a[pos].unit);
    else
        printf("Not found\n");
    return 0;
}
```

【运行示例 2】

```
4
张三 13988888888 杭州电子科技大学
李四 13977777777 浙江大学
王五 13966666666 北京大学
陆六 13955555555 清华大学
李四
李四 13977777777 浙江大学
```

【程序说明】

通讯录里有多个联系人，此时定义结构体类型数组，通过数组下标来访问结构体变量，再用成员运算符访问其成员变量。程序中"a[i].name"功能是数组中第 i 个元素的 name 成员变量。

【例 9-14】 评估身高。某大学要评估在校大学生身高情况，需要找出最高和最矮的学生进行随访。已知学生总人数不超过 500 人，每个学生有学号、姓名、身高信息，要求输出身高最高和最矮同学的姓名、身高信息。

【程序】

```c
#include <stdio.h>
struct  student
{
    int num;
    char name[30];
    double high;
};
int main(void)
{
    struct  student s[500];
    int n,i,max = -1,min = -1;
    double maxh = -1,minh = 100;
    scanf("%d",&n);
    for(i = 0; i<n; i ++)
    {
        scanf("%d",&s[i].num);
        scanf("%s",s[i].name);
        scanf("%lf",&s[i].high);
    }
    for(i = 0; i<n; i ++)
    {
        if(s[i].high> maxh)
```

```
    {
        max = i;
        maxh = s[i].high;
    }
    if(s[i].high<minh )
    {
        min = i;
        minh = s[i].high;
    }
}
printf("最高:%s %.2f\n", s[max].name,s[max].high);
printf("最矮:%s %.2f\n", s[min].name,s[min].high);
return 0;
}
```

【运行示例】

```
4 ↙
2001 张三 1.99 ↙
2002 李四 1.83 ↙
2003 王五 1.65 ↙
2004 陆六 1.86 ↙
最高:张三 1.99
最矮:王五 1.65
```

【程序说明】

学生人数较多又是同类型的数据,可以定义结构体数组来存放全部学生数据。在本程序中,struct student s[50]是结构体类型数组,访问成员变量时需要加前缀"s[i].",数组下标的含义及使用与普通数组相同。

【例 9-15】 指出最大的复数。有三个复数 $c1$、$c2$ 和 $c3$,从键盘上输入 $c1$、$c2$ 和 $c3$ 的值,定义一个复数指针 p,使 p 指向模最大的数,并输出该复数。

【程序】

```
#include <stdio.h>
#include <math.h>
struct comp
{
    double x,y,m;
};
int main(void)
{
```

```
struct comp c1,c2,c3, * p;
scanf(" % lf % lf",&c1.x,&c1.y);
scanf(" % lf % lf",&c2.x,&c2.y);
scanf(" % lf % lf",&c3.x,&c3.y);
c1.m = sqrt(c1.x * c1.x + c1.y * c1.y);
c2.m = sqrt(c2.x * c2.x + c2.y * c2.y);
c3.m = sqrt(c3.x * c3.x + c3.y * c3.y);
if(c1.m > c2.m)
    if(c1.m > c3.m)
        p = &c1;
    else
        p = &c3;
else if(c2.m > c3.m)
    p = &c2;
else
    p = &c3;
printf(" % .1f % + .1fi\n",p-> x,p-> y);
return 0;
}
```

【运行示例 1】

```
2 3 ↙
- 10 - 8 ↙
3 - 2 ↙
- 10.0 - 8.0i
```

【运行示例 2】

```
2 3 ↙
- 10 8 ↙
3 - 2 ↙
- 10.0 + 8.0i
```

【程序说明】

结构体类型声明了变量后,也可以用结构体指针变量实现数据访问。程序中,变量 p 是 struct comp 的指针变量。

【例 9-16】 计算平面上两点之间的距离。已知平面直角坐标系上两个点及其坐标 $p1(x1,y1)$,$p2(x2,y2)$,计算此两点之间的距离。平面上的所有的点都可以用两个坐标值来表示其位置,分别表示该点相对于原点在 X 轴方向和 Y 轴方向上的偏移值。因此,可以定义一个结构体来表示平面坐标上的点。

【程序】

```
# include <stdio.h>
# include <math.h>
struct   point
{
    double   x,y;
};
int main(void)
{
    double distance(struct point p1, struct point p2);     //结构体类型形参
    struct   point p1, p2;
    double d;
    scanf("%lf%lf",&p1.x,&p1.y);
    scanf("%lf%lf",&p2.x,&p2.y);
    d = distance(p1,p2);     //结构体类型变量作实参
    printf("%.2f",d);
    return 0;
}
double distance (struct   point p1, struct   point p2)
//结构体类型作形参
{
    double d;
    d = sqrt((p1.x- p2.x) * ( p1.x- p2.x) + ( p1.y- p2.y) * ( p1.y- p2.y));
    return d;
}
```

【运行示例1】

```
0 0↙
7 7↙
9.90
```

【运行示例2】

```
- 3 4↙
2 - 6↙
11.18
```

【程序说明】

结构体类型 struct   point 变量 p1、p2 作为函数参数,可以实现结构体变量的整体数值传递。

【**例 9-17**】 求复数的乘积。已知两个复数,求它们的乘积。可以将复数定义为结构体。复数乘法是一个功能相对独立的模块,可以设计成函数的形式,将复数的乘积作为函数的返回值。

【程序】

```
#include <stdio.h>
#include <math.h>
struct  comp
{
    double  x,y;
};

int main(void)
{
    struct  comp compmult(struct  comp p, struct comp q);
    struct  comp p, q, ans;
    scanf("%lf+%lfi",&p.x,&p.y);
    scanf("%lf+%lfi",&q.x,&q.y);
    ans = compmult(p,q);
    printf("(%.2f%+.2fi)*(%.2f%+.2fi)=", p.x, p.y, q.x, q.y);
    printf("%.2f%+.2fi\n", ans.x, ans.y);
    return 0;
}

struct  comp compmult(struct  comp p, struct comp q)
{
    struct  comp d;
    d.x = p.x*q.x - p.y*q.y;
    d.y = p.x*q.y + p.y*q.x;
    return d;
}
```

【运行示例 1】

3+3i✓
-2+7i✓
(3.00+3.00i)*(-2.00+7.00i)=-27.00+15.00i

【运行示例 2】

3+-4i✓
5+2i✓
(3.00-4.00i)*(5.00+2.00i)=23.00-14.00i

【程序说明】

在本例中,结构体类型 comp 作为函数的返回值类型,虽然形式上 return 后面仍然只返回一个值,但实际上同时将复数的实部和虚部带回主调函数,这也可以看作是一种变相的从被调函数带回多个数据的方法。

【例 9-18】 早出晚归的劳模。编写程序,查找当天实验室开门和关门的人。每天第一个到实验室的人负责开门,最后一个离开实验室的人负责关门。实验室的考勤系统会记录每人的 ID 号、到达时间和离开时间。先输入实验室人数 $n(n<20)$,然后输入 n 个人的 ID 号、到达时间和离开时间,比如:

```
3
ID00001 08:25:21 22:10:13
ID00002 09:00:23 23:30:34
ID00003 08:00:00 21:00:32
```

要求输出每天开门的人和关门的人的 ID 号以及相应的时间。比如上面的输入数据,应该输出:

```
OPEN: ID00003 08:00:00
CLOSE: ID00002 23:30:34
```

【程序】

```c
#include <stdio.h>
struct record
{
    char ID[40];
    int h1,m1,s1,h2,m2,s2;
};
int comp(struct record a,struct record b);
int main(void)
{
    int n,i,come = 0,leave = 0;
    struct record Hd[20];
    scanf("%d",&n);
    for(i = 0; i<n; i ++)
    {
        scanf("%s",(Hd + i)-> ID);
        scanf("%2d:%2d:%2d",&(Hd + i)-> h1,&(Hd + i)-> m1,&(Hd + i)-> s1);
        scanf("%2d:%2d:%2d",&(Hd + i)-> h2,&(Hd + i)-> m2,&(Hd + i)-> s2);
        if(comp(Hd[i],Hd[come]) == - 1)
            come = i;
        if(comp(Hd[i],Hd[leave]) == 1)
```

```
                    leave = i;
        }
        printf("OPEN:%s %02d:%02d:%02d\n",Hd[come].ID,Hd[come].h1,Hd[come].
            m1,Hd[come].s1);
        printf("CLOSE:%s %02d:%02d:%02d\n",Hd[leave].ID,Hd[leave].h2,
            Hd[leave].m2,Hd[leave].s2);
        return 0;
}


int comp(struct record a,struct record b)
{
        int ans;
        if(a.h1<b.h1||(a.h1 == b.h1 && a.m1<b.m1)||(a.h1 == b.h1 && a.m1 ==
            b.m1 && a.s1<b.s1))
            ans = -1;
        else if (a.h1 == b.h1 && a.m1 == b.m1 && a.s1 == b.s1)
            ans = 0;
        else
            ans = 1;
        return ans;
}
```

【运行示例】

```
3↙
ID00001 08:25:21 22:10:13↙
ID00002 09:00:23 23:30:34↙
ID00003 08:00:00 21:00:32↙
OPEN:ID00003 08:00:00
CLOSE:ID00002 23:30:34
```

【程序说明】

本例是结构体变量作函数参数，实现两个结构体变量的大小比较的实例。结构体变量比较的实质是结构体内部成员某个变量之间的比较，若该成员变量相同，还可以再根据另一成员变量继续进行比较。

【例 9-19】　按姓名排序。某国举行总统大选，为公平起见各位候选人按照姓名的字典次序进行排序。现有候选人若干名及其所属党派信息，请将他们按姓名排序。

【程序】

```
#include <stdio.h>
#include <string.h>
```

```
struct Candidate
{
    char name[100];
    char party[100];
};
void sort(struct  Candidate * Hd, int N);
int main(void)
{
    int N,i;
    struct Candidate Hd[200];
    scanf(" % d",&N);
    for(i = 0;i<N;i ++ )
        scanf(" % s % s",Hd[i].name,Hd[i].party);
    sort(Hd,N);
    for(i = 0;i<N;i ++ )
        printf(" % s % s\n",Hd[i].name,Hd[i].party);
    return 0;
}


void sort(struct  Candidate * Hd, int N)
{
    struct  Candidate * p, * q, * min,temp;
    for(p = Hd;p<Hd + N;p ++ )
    {    min = p;
        for(q = p + 1;q<Hd + N;q ++ )
            if(strcmp(q-> name,min-> name)<0) min = q;
        temp =  * min;
        * min =  * p;
        * p = temp;
    }
}
```

【运行示例】

4 ↙
Tom Republic ↙
Nancy Democratic ↙
Alice Social ↙
Brown Develop ↙
Alice Social

Brown Develop

Nancy Democratic

Tom Republic

【程序说明】

在本例中参与总统大选的候选人有姓名、党派两个数据,适合用自定义的结构体类型;候选人有多人,可以存放在数组中;按照姓名的字典序排序,可以将排序功能单独用一个函数来实现。将数组名以及数组元素的个数作为函数的形参来调用排序函数,这里的数组名 Hd 就是一个结构体指针。

【例 9-20】 男女混双。从 2018 年开始,中国乒协对男、女运动员进行积分排名。在体现公平、公开、公正的原则下,将国际国内赛事统筹纳入积分体系;并以积分排名作为运动员参与各类各级赛事选拔和种子选手确定的重要依据。马龙和丁宁分别位列当年第一季度积分排名男、女运动员榜首。现在要举办一个乒乓球男女混合双打的比赛,为避免队伍之间实力悬殊,增加比赛精彩程度,组队规则要求:积分排名最靠前的选手必须与积分最靠后的异性选手组队。(假设男女运动员人数相同)

【程序】

```c
# include <stdio. h>
# include <string. h>
struct Friend
{
    char sex;
    char name[100];
    int score;
};
void sort(struct Friend * Hd, int n)
{
    int i,j,max;
    struct  Friend temp;
    for(i = 0; i<n－1; i ++ )
    {
        max = i;
        for(j = i + 1; j<n; j ++ )
            if(Hd[max]. score<Hd[j]. score) max = j;
        temp = Hd[i];
        Hd[i] = Hd[max];
        Hd[max] = temp;
    }
    return;
}
```

```
int main(void)
{
    int n,i = 0,boyi = 0,girli = 0;
    struct Friend boys[200],girls[200],temp;
    scanf("%d",&n);
    for(i = 0; i<n; i ++ )
    {
        scanf("%*c%c%s%d",&temp.sex,temp.name,&temp.score);
        if(temp.sex == 'F')
        {
            girls[girli] = temp;
            girli ++ ;
        }
        else
        {
            boys[boyi] = temp;
            boyi ++ ;
        }
    }
    sort(boys, n/2);
    sort(girls, n/2);
    for(i = 0; i<n/2; i ++ )
    {
        printf("%s %s\n",girls[i].name,boys[n/2 - 1 - i].name);
    }
    return 0;
}
```

【运行示例1】

```
10 ↙
F Mary 35 ↙
F Yaoming 90 ↙
M Wangzhi 78 ↙
M Yeying 69 ↙
F John 94 ↙
M Mark 89 ↙
M Jobs 35 ↙
M Musk 46 ↙
F Brown 97 ↙
```

F Nancy 88 ↙

Brown Jobs

John Musk

Yaoming Yeying

Nancy Wangzhi

Mary Mark

【程序说明】

在本例中每个运动员有性别、姓名和积分信息,适合用自定义的结构体类型;运动员要按照积分进行男女组队,所以定义两个数组分别存储男运动员和女运动员数据,然后利用 sort 函数按积分高低分别进行排序。最后根据排序结果组队输出每组队员的姓名。

【例 9-21】 总统大选。某国总统大选共有 3 个候选人,每个选区有固定的选举人票。选举规则如下:

(1)每个选区作为单独计票单位,每个选区有特定的选举人票。

(2)在选区得票最多的候选人独得该选区的全部选举人票。

(3)统计每个候选人获得的选举人票,选举人票最多者当选。

(程序不需要考虑选票数目相同的特殊情况,即候选人在每个选区的选票各不相同。)

【程序】

```c
# include <stdio.h>
# include <string.h>
struct state
{
    int tickets;
    int Tp;
    int Bd;
    int Ot;
} s[50];
int main()
{
    int M,sumT = 0,sumB = 0,sumO = 0;
    int i;
    char winner[100];
    scanf("%d",&M);
    for(i = 0; i<M; i ++ )
    {
        scanf("%d",&s[i].tickets);
        scanf("%d",&s[i].Tp);
        scanf("%d",&s[i].Bd);
        scanf("%d",&s[i].Ot);
```

```
        }
        for(i = 0; i<M; i ++ )
        {
            if(s[i].Tp> s[i].Bd)
                if(s[i].Tp > s[i].Ot)
                    sumT += s[i].tickets;
                else
                    sumO += s[i].tickets;
            else if(s[i].Bd > s[i].Ot)
                sumB += s[i].tickets;
            else
                sumO += s[i].tickets;
        }
        if(sumT> sumB)
            if(sumT> sumO)
                strcpy(winner,"Tp");
            else
                strcpy(winner,"Ot");
        else if(sumB> sumO)
            strcpy(winner,"Bd");
        else
            strcpy(winner,"Ot");
        printf("The Winner is % s !\n",winner);
        return 0;
    }
```

【运行示例】

```
6 ↙
10 9000 900 2000 ↙
8 800 700 650 ↙
70 12345 70567 30000 ↙
6 5678 604 2345 ↙
50 123450 70567 41230 ↙
8 5678 6040 1023 ↙
The Winner is Bd!
```

【程序说明】

在本例中每个选区有选举人票、每个候选人的得票数,所以可以定义相应的结构体类型。循环输入各个选区的选举人票和投票情况,可以比较哪个候选人的得票最多,将该选区的选举人票累计至该候选人。最后比较得出谁的总选举人票最多。

【例 9-22】 党的二十大报告提出：加快实施创新驱动发展战略，加快实现高水平科技自立自强，以国家战略需求为导向，集聚力量进行原创性引领性科技攻关，坚决打赢关键核心技术攻坚战，加快实施一批具有战略性全局性前瞻性的国家重大科技项目，增强自主创新能力。

国家统计局进一步完善了中国创新指数编制方法并进行了测算，2023 年 10 月公布了 2015—2022 年中国创新指数情况，包含创新环境指数、创新投入指数、创新产出指数和创新成效指数等 4 个分领域。结果表明，我国创新能力较快提升，创新发展新动能加速聚集，为推动高质量发展提供了强大动力。请根据表 9-1 的数据计算 2015 年以来的各项创新指数的年均增长率，以及 2022 年比 2021 年的年增长率，并考察哪个创新分领域的增长幅度最大。

表 9-1 2015—2022 年中国创新指数情况

类别	2015 年	2016 年	2017 年	2018 年	2019 年	2020 年	2021 年	2022 年
中国创新指数	100	105.3	112.3	123.8	131.3	138.9	147.0	155.7
创新环境指数	100	103.9	109.9	123.1	132.4	138.9	151.8	160.4
创新投入指数	100	103.8	111.1	119.6	124.3	131.9	137.1	146.7
创新产出指数	100	108.4	117.5	137.0	150.3	161.2	171.6	187.5
创新成效指数	100	105.2	110.7	115.5	118.0	123.6	127.2	128.2

【问题分析】

上述表格中包含 5 项创新指数，每项包含创新指数类别（字符串），该类创新指数 2015—2022 年的数据。同时要计算每类指数的年均增长率和 2022—2021 的年增长率。所以可以用结构体存储每一项创新指数的相关数据，用结构体数组存储 5 项创新指数数据。

【程序】

```c
#include <stdio.h>
#define N 8
struct IIT
{
    char item[20];    //创新指数类别
    double data[N];   //2015 - 2022 年每年的创新指数
    double aagr,gr;   //年均增长率 aagr,2022 比 2021 年增长率 gr
};
int main(void)
{
    struct IIT iit[5];
    int aagr_max, gr_max,i, j;
    for(i = 0; i <5; i ++)   //分行输入 5 类创新指数
    {
```

```
        scanf("%s",iit[i].item);
        for(j = 0; j < N; j ++)
            scanf("%lf", &iit[i].data[j]);
    }
    for(i = 0; i < 5; i ++)
    {
        iit[i].aagr = 0;
        for(j = 1; j < N; j ++)//计算并累计每一年的年增长率
            iit[i].aagr += (iit[i].data[j] - iit[i].data[j - 1])/iit[i].data[j - 1] * 100;
        //2015 - 2022年创新指数的年均增长率
        iit[i].aagr = iit[i].aagr/(2022 - 2015);
        //2022年比2021年的年增长率
        iit[i].gr = (iit[i].data[N - 1] - iit[i].data[N - 2])/iit[i].data[N - 2] * 100;
    }
    printf("创新指数类别   年均增长率   21 - 22年增长率\n");
    for(i = 0; i < 5; i ++)
    {
        printf("% - 13s", iit[i].item);
        printf("% - 12.1f% - 12.1f\n",iit[i].aagr,iit[i].gr);
    }
    aagr_max = gr_max = 1;
    for(i = 2; i < 5; i ++)
    {
        //查找年均增长幅度最大的分领域
        if(iit[i].aagr > iit[aagr_max].aagr)
            aagr_max = i;
        //查找2022年比2021年的年增长幅度最大的分领域
        if(iit[i].gr > iit[gr_max].gr)
            gr_max = i;
    }
    printf("年均增长幅度最大的创新领域:%s,年均增长率为:%.1f\n",iit[aagr_max].item,iit[aagr_max].aagr);
    printf("2022年比2021年的增长幅度最大的创新领域:%s,年增长率为:%.1f\n",iit[gr_max].item,iit[gr_max].gr);
    return 0;
}
```

【运行示例】

【输入】

中国创新指数 100　105.3　112.3　123.8　131.3　138.9　147.0　155.7

创新环境指数 100　103.9　109.9　123.1　132.4　138.9　151.8　160.4

创新投入指数 100　103.8　111.1　119.6　124.3　131.9　137.1　146.7

创新产出指数 100　108.4　117.5　137.0　150.3　161.2　171.6　187.5

创新成效指数 100　105.2　110.7　115.5　118.0　123.6　127.2　128.2

【输出】

创新指数类别	年均增长率	21—22年增长率
中国创新指数	6.5	5.9
创新环境指数	7.0	5.7
创新投入指数	5.6	7.0
创新产出指数	9.4	9.3
创新成效指数	3.6	0.8

年均增长幅度最大的创新领域:创新产出指数,年均增长率为:9.4

2022年比2021年的增长幅度最大的创新领域:创新产出指数,年增长率为:9.3

【程序说明】

分行输入9-1表中的数据,采用结构体数组iit存储2015—2022年中国创新指数、创新环境指数、创新投入指数、创新产出指数和创新成效指数,并统计年均增长率,计算2016—2022年每年比上一年的增长率,并累加,然后再除以7年得到年增长率的平均值aagr;同时计算2022年比2021年的年增长率gr。

计算得到四类创新指数(创新环境指数、创新投入指数、创新产出指数和创新成效指数)的年均增长率和年增长率后,比较查找得到增长幅度最大的创新指数下标aagr_max和gr_max,通过下标输出相应的创新指数领域。

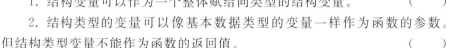 习题9

一、判断题

1. 结构变量可以作为一个整体赋给同类型的结构变量。　　　　　　　　（　　）

2. 结构类型的变量可以像基本数据类型的变量一样作为函数的参数。但结构类型变量不能作为函数的返回值。　　　　　　　　　　　　　（　　）

判断题

3. p为指向结构体的指针,(*p).成员名与*p.成员名是等价的。

（　　）

4. p为指向结构体的指针,则(*p).成员名与p→成员名是等价的。　　　（　　）

5. 定义了某个结构体类型后,系统将为此类型的各个成员项分配内存单元。　（　　）

6. 假设结构指针p已定义并正确赋值,其指向的结构变量有一个成员是int型的num,则语句 *p.num=100;是正确的。　　　　　　　　　　　　　　　（　　）

7. 对于结构数组s,既可以引用数组的元素s[i],也可以引用s[i]中的结构成员。

（　　）

8. 结构体变量不能进行整体输入输出。 （　　）

9. 结构体成员的类型必须是基本数据类型。 （　　）

二、单选题

1. 若定义：

```
struct  student
{
    char no[10];
    char name[10];
    int age;
}stu;
```

下面能给变量 stu 赋值的正确语句是（　　　）。

A. stu. no = 14010123;　　　　　　　　B. stu. name = "zhangsan";

C. strcpy(stu. name,"zhangsan");　　　　D. age = 10;

2. 已有定义：struct COMP {int a; double b;} c[2] = {1,2.0,3,4.0}, * p = c;则下列选项中成员引用正确,并且值为 3 的是（　　　）。

A. COMP[1]. a　　　　　　　　　　　B. * (c + 1). a

C. (++ p)-> a　　　　　　　　　　　D. c[2]. a

3. 若有定义：

```
struct date{int y, m, d;};
struct STU
{
    char num[9];
    char name[10];
    struct date bir;
}stu[100], * sp = stu;
```

则下列对结构体成员引用正确的是（　　　）。

A. sp-> bir. y　　　　　　　　　　　B. sp-> bir-> y

C. * sp. bir. y　　　　　　　　　　　D. stu. bir. y

4. 若有以下定义语句：

```
struct student
{
    int num;
    char name[9];
}stu[2] = {1, "zhangsan",2, "lisi"};
```

则以下能输出字符串"lisi"的语句是（　　　）。

A. printf(" % s",stu[0]. name);　　　　B. printf(" % s",&stu[1]. name);

C. printf(" % s",stu[1]. name[0]);　　　D. printf(" % s",&stu[1]. name[0]);

5. 若有定义：

```
struct person
{
    char name[9];
    int age;
};
struct person st[3] = {"john",17,"Mary",19};
```

以下不能对数组最后一个元素 st[2]正确赋值的是(   )。

A. scanf(" % s",&st[2].name[0]);   B. scanf(" % s",st[2].name[0]);

C. strcpy(st[2].name,st[1].name);   D. scanf(" % s",st[2].name);

6. 若定义：

```
struct pp
{
    int n;
    char ch[8];
} p[5], * sp;
```

下面能正确输入的语句是(   )。

A. scanf(" % d",&n);   B. scanf(" % s",p[3].ch);

C. scanf(" % d",sp -> n));   D. scanf(" % d",&(sp -> n));

7. 若定义：

```
struct student
{
    int n;
    char name[20];
} p[5],a, * sp;
```

下面能正确输入的语句是(   )。

A. scanf(" % s",p[5].name);   B. scanf(" % s",a.name);

C. scanf(" % s",sp-> namc);   D. scanf(" % s",a-> name);

8. 已有定义：

```
struct student
{
    double a;
    char name[20];
} t[3], * p = t;
```

则下列选项中,scanf 语句不正确的是(   )。

A. scanf(" % f",&t[0].a);   B. scanf(" % s",p -> name);

C. scanf(" % s",(t + 1)-> name);   D. scanf(" % s",p[0]. name);

9. 若有定义:

```
struct person
{
    char name[9];
    int age;
};
struct person st[3] = {"john",17,"Mary",19,"Paul",18};
```

能输出学生 Paul 名字的语句是(   )。

A. printf(" % s",st[2]. name[0]);   B. printf(" % s",st[2]. name);

C. printf(" % s",st[3]. name);   D. printf(" % s",st[3]. name[0]);

三、程序填空题

1.下列程序读入时间数值,将其加 1 秒后输出。时间格式为:hh∶mm∶ss,即"小时∶分钟∶秒",当小时等于 24 小时,置为 0。

程序填空题

```c
# include <stdio.h>
struct
{
    int hour, minute, second;
} time;

int main(void)
{
    scanf(" % 2d:% 2d:% 2d",   ①   );
    time. second ++ ;
    if(   ②   )
    {
           ③   ;
        time. second = 0;
        if(time. minute == 60)
        {
            time. hour ++ ;
            time. minute = 0;
            if(   ④   )
                time. hour = 0;
        }
    }
    printf (" % 02d:% 02d:% 02d\n", time. hour, time. minute, time. second );
```

```
    return 0;
}
```

2. 输入 n 个学生的信息,每个学生的数据包括学号、姓名、三门课的成绩及总分。数据从键盘输入,要求输出总分最高学生全部信息以及三门课各自的课程平均分。

```
#include <stdio.h>
struct  student
{
    int number;
    char name[30];
    int  score[3];
    int total;
};
struct  student stud[50];
int main(void)
{
    int n,i,j,maxtotal = -1,maxtotali = -1;
    double sum0 = 0,sum1 = 0,sum2 = 0;
    scanf("%d",&n);
    for(i = 0;i<n;i ++ )
    {
        scanf("%d",&stud[i].number);
         ①   ;
        stud[i].total  =  0;
        for(j = 0;j<3;j ++ )
        {
             ②   ;
            stud[i].total  += stud[i].score[j];
        }
    }
    for(i = 0;i<n;i ++ )
    {
        if(stud[i].total> maxtotal )
        {
             ③   ;
            maxtotali = i;
        }
        sum0  += stud[i].score[0];
        sum1  += stud[i].score[1];
```

```
            sum2  += stud[i].score[2];
        }
        printf("总分最高的同学是:");
        printf("%d ",stud[maxtotali].number);
        printf("%s ",stud[maxtotali].name);
        for(j = 0;j<3;j ++)
            printf("%d ",stud[maxtotali].score[j]);
        printf("\n 各科平均分分别是:");
        printf("%.2f %.2f %.2f\n",sum0/n,sum1/n,sum2/n);
        return 0;
    }
```

3. 编写程序,输入 N 组日期存入数组,定义一个函数比较数组中的日期,返回最大的日期。

```
#include <stdio.h>
#define N 3
struct date
{
    int year;
    int month;
    int day;
};

struct date MaxDate(   ①   )
{
    struct date max =   ②   ;
    for(int i = 1; i<N; i ++)
    {
        if(d[i].year  > max.year)
        {
            max = d[i];
        }
        else if(   ③   )
        {
            if(d[i].month  > max.month)
            {
                max = d[i];
            }
            else if(d[i].month == max.month)
```

```
                {
                        if(d[i].day > max.day)
                        {
                                 ④     ;
                        }
                }
        }
    return max;
}


int main()
{
    struct date d[N],max;
    for(int i = 0; i < N; i ++)
    {
        printf("请输入第 % d 个日期:",(i + 1));
        scanf(" % 4d:% 2d:% 2d",&d[i].year,&d[i].month, &d[i].day);
    }
    max =    ⑤    ;
    printf(" % 04d:% 02d:% 02d\n",max.year,max.month,max.day);
    return 0;
}
```

4.先输入复数的个数 N,再输入 N 个复数的值。然后按照复数模的大小从小到大进行
排序后输出。

【程序】

```
# include <stdio.h>
# include <math.h>
struct comp
{
    double x,y;
    double m;
};
int main(void)
{
    int N,i,j;
    struct comp a[200];
    struct comp * p, * q, * min,temp;
```

```
        scanf(" % d",&N);
        for(i = 0;i<N;i ++)
        {
            scanf(" % lf + % lfi",  ①   );
            a[i].m = sqrt( a[i].x * a[i].x + a[i].y * a[i].y);
        }
        for(p = a;   ②   ; p ++)
        {
            min = p;
            for(q = p + 1;q<a + N;q ++)
            {
                if(   ③   ) min = q;
            }
            temp = * p;
            * p = * min;
            * min = temp;
        }

        for(p = a;p<a + N;p ++)
            printf(" %.2f % + .2fi ",p-> x,p-> y);

        return 0;
    }
```

四、程序设计题

程序设计题

1.小王上班后的第一个任务是清点库存并储存到计算机中。要求每件商品的信息定义成一个结构体,包括商品名称、价格、数量、过期日期四个信息,并输出一份全部商品的清单。

2.小王清点了库存商品信息(包括商品名称、价格、数量、过期日期四个信息),并按老板要求拉出清单后,老板不是很满意,他要求小王将所有商品按过期日期从近到远排序后重新拉出清单。

3.输入学生的人数,然后再输入每位学生姓名、成绩、联系电话,输出最高分同学的全部信息。

4.有 N 个学生,每个学生的数据包括学号、姓名、五门课的成绩,每个学生的信息定义为结构体。所有 N 个学生的学号、姓名、五门课的成绩数据全部从键盘输入。要求输出每个学生的总分、总分最高的学生全部信息、每门课单科最高分学生的全部信息。

5.通讯录中的每条记录包含:姓名、性别、电话、工作单位。编写程序从键盘逐条输入通讯录,并能够按输入的姓名查找联系人的全部信息。

6.超市的生鲜食品只有若干天的保质期,在生产日期之后若干天就是保质期。编写程序,输入生产日期以及保质天数 $n(n \leqslant 10)$,要求输出过期日期。

7. 超市里除了生鲜食品,其他一些商品的保质期很长,有些可以长达三年之久。编写程序,输入生产日期以及保质天数 $n(n \leq 1000)$,要求输出过期日期。

8. 某校篮球队招 m 名新队员,请你编写程序选拔新队员。选拔规则如下:身材高的同学优先,身高相同则报名早的优先。要求先输入报名人数 n 和招新人数 m,接下来有 n 行数据,按照报名先后顺序输入每个同学的信息,每一行包含一个字符串和一个正整数,分别表示姓名和身高(单位厘米)。输出数据包含 m 行,依次输出入选同学的姓名和身高。

9. 百晓生所著《兵器谱》根据兵器威力排名而来。输入 n 个江湖上兵器的名称、威力值,请你编程实现兵器谱。

10. 定义一个结构体,其成员有国家名称、新冠肺炎确诊人数、新冠肺炎死亡人数等。要求按照病死率对各国进行排序。(病死率 = 死亡人数/确诊人数×100％)

11. 某省中考体育规定:男女同学必须进行跳跃类、力量(技能)类、耐力类的三项体育测试,其中跳跃类在立定跳远和跳绳两个项目中选择;力量(技能)类项目男生可在实心球和引体向上两个项目中选择,女生可在实心球和仰卧起坐两个项目中选择;耐力类项目男女生均可在 1000 米跑和游泳两个项目中选择。现在请你写程序记录全校中考学生的体育中考成绩。

12. 要求用链表实现以下数据删除功能。有 n 个整数组成了一个链表,要求删除其中所有的 x,输出删除后的链表(即删除链表中所有的 x)。

CHAPTER 10

第 10 章
文　件

本章要点：

◇　文本文件和二进制文件的特点；

◇　文件操作的步骤；

◇　文件的打开和关闭；

◇　文本文件、二进制文件的读写操作；

◇　文件的顺序访问与随机访问。

10.1　引　例

前面讨论的程序都是从键盘输入数据，并将运行结果显示在屏幕上。输入的数据保存在变量或数组所对应的内存单元中，一旦程序运行结束，内存中的数据就会丢失，运行结果无法保存。再次运行程序时要重新从键盘输入数据，如果输入的数据量较大，就会容易出错，操作十分不便。

文件可以用来解决上述问题。将数据存储在磁盘文件中，即可长久保存。当有大量数据需要输入时，可以先将数据录入文件，由程序自动读取文件中的数据，从而避免重复输入的操作。也可以将程序运行结果输出到文件中，以便随时查看或继续使用。下面通过一个简单示例初步了解一下文件操作的流程。

【例 10-1】　找出[1,500]范围内的所有素数，保存在磁盘文件 sushu.txt 中。

【程序】

```
# include <stdio.h>
# include <stdlib.h>
# include <math.h>
int main(void)
{
    int i,j;
    FILE * fp;                            //定义文件指针 fp
    if((fp = fopen("sushu.txt", "w")) ==  NULL)    //打开文件
    {
```

```
        printf("Can't open file !\n");
        exit(0);
    }
    fprintf(fp," % d ",2);                //数据写入文件
    for(i = 3; i <= 500; i += 2)
    {
        for(j = 2; j <= sqrt(i); j ++ )
            if(i % j == 0)
                break;
        if(j > sqrt(i))
            fprintf(fp," % d ",i);        //数据写入文件
    }
    fclose(fp);                           //关闭文件
    return 0;
}
```

程序运行后,屏幕上无输出,在程序所在目录下产生了文件 sushu. txt,用记事本软件可查看文件内容,[1,500]范围内的所有素数都已写在文件中。

从这个示例可以看出,C 程序中使用文件,需要遵循以下几个步骤:

(1) 定义一个 FILE * 类型的指针变量。

(2) 调用 fopen 函数打开文件,令文件指针变量与该文件建立关联。

(3)调用文件读/写函数,执行必要的读/写操作。

(4)调用 fclose 函数关闭文件。

10.2 文件的概念

文件是指存储在磁盘或其他外部介质中的有序数据集合。计算机所有的程序和数据都以文件的形式保存在存储介质中。文件既可以是源文件、目标文件、可执行文件等程序文件,也可以是存放原始数据或处理结果的数据文件。文件由文件名来识别,只要指明文件名,就可以读出或写入数据。

文件的概念

除了磁盘文件,C 语言把输入输出设备也看作文件:把键盘定义为标准输入文件,把显示屏定义为标准输出文件和标准错误输出文件。从键盘输入数据就意味着从标准输入文件中读取数据,在屏幕上显示结果就意味着向标准输出文件输出。将磁盘文件和设备文件在逻辑上进行统一,为程序设计提供了很大的便利:使得C 标准函数库中的输入、输出函数,既可以用来控制标准输入输出设备,也可以用来处理磁盘文件。

10.2.1　文本文件和二进制文件

C 语言支持两种类型的文件：文本文件和二进制文件，两者的差别在于存储数值型数据的方式不同。在二进制文件中，数值型数据是以其二进制形式存储的；而在文本文件中，则是将数值型数据的每一位数字作为一个字符，以字符的 ASCII 码形式存储的。因此，文本文件中的每一位数字都单独占用一个字节的存储空间。而在二进制文件中，每个数据所占的字节个数则由其数据类型来决定，比如 int 和 double，分别占 4 个和 8 个字节。

在向文件写数据时，需要考虑是按文本格式存储还是按二进制格式进行存储。例如，要在文件中存储 32767 这个数。一种选择是以文本的形式写入文件，把每一位数字按字符 '3'、'2'、'7'、'6'、'7' 依次写入。假设字符集为 ASCII，那么该数在文本文件中存放需要 5 个字节的存储空间，如图 10-1 所示。

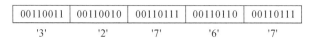

00110011	00110010	00110111	00110110	00110111
'3'	'2'	'7'	'6'	'7'

图 10-1　32767 在文本文件中占 5 个字节

另一种选择是以二进制的形式存储此数，在二进制文件中只需占用 2 个字节（如图 10-2 所示）。从这个示例可以看出，用二进制形式存储数可以节省相当大的空间。

32767的二进制数表示：　| 01111111 | 11111111 |

图 10-2　32767 在二进制文件中只需占 2 个字节

文本文件和二进制文件各有优缺点。文本文件的每个字节表示一个字符，因而便于对字符进行逐个处理，便于输出字符。使用记事本等软件打开这类文件，内容是可阅读的。但文本文件一般占用的存储空间较大，且在读写时需花费 ASCII 码与字符之间的转换时间。以二进制形式输出数据，可节省存储空间和转换时间，但一个字节并不对应一个字符，单个字节的数据往往没有意义。例如图 10-2 形式的二进制文件，若按文本形式来读（用记事本软件打开），得到的是一些乱码。一般情况下，文件的写入和读出必须匹配，这样才能恢复出数据的本来面貌。

对于具体的数据选择哪种类型的文件进行存储，应该由需要解决的问题来决定，并在程序一开始就定义好。常见的一些数据文件都是二进制文件，它们都有公开的标准格式（如bmp、jpg 和 mp3 等），通常规定了相应的文件头的格式。读取这些文件时，必须要先了解文件头的格式和内容，才能正确读出文件头后面存储的数据内容。

10.2.2　文件指针

为了提高磁盘文件数据的存取效率，C 语言对文件的访问采用缓冲文件系统的方式进行。缓冲文件系统将会自动在内存中为每一个正在被操作的文件开辟一块连续的内存单元，作为文件缓冲区，C 程序对文件的读写操作就通过对缓冲区的操作来完成。通常把缓冲区大小设定为 512B（1B 即 1 字节），恰好等同于磁盘的一个扇区大小，以此保证磁盘操作的高效率。

缓冲文件系统的工作原理如图 10-3 所示。当要将数据输出到文件时，首先把数据写入文件缓冲区,一旦写满512B,操作系统会自动把全部数据写入磁盘的一个扇区,然后清空文件缓冲区,供新数据继续写入。当要从文件读取数据时,系统首先自动把一个扇区的数据导入文件缓冲区,供 C 程序逐个读入数据,读完后再自动把下一个扇区内容导入文件缓冲区,供 C 程序继续读入新数据。这种方式使得读写文件的操作不必频繁地访问外存,因此可以大大提高文件操作的速度。

文件读写的
基本过程

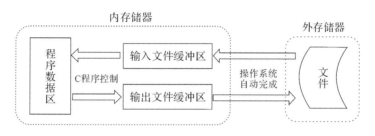

图 10-3 缓冲文件系统的工作原理

在缓冲文件系统中,C 程序对文件的访问是通过文件指针(file pointer)实现的,此指针的类型为 FILE ∗ 。FILE 类型是在 stdio.h 中定义的结构体类型。系统为每个正在被访问的文件开辟一块内存区域,用来存放文件的基本信息,如文件名、文件状态、当前读写位置及缓冲区等信息。C 语言将这些信息封装在一个结构体类型中,类型声明如下:

```
typedef struct _iobuf
{
    char * _ptr;            //文件读写的位置指针
    int _cnt;              //缓冲区剩余字符数
    char * _base;          //文件缓冲区的首地址
    int _flag;             //文件操作模式标记
    int _file;             //文件描述符
    int _charbuf;          //检查缓冲区状况
    int _bufsiz;           //缓冲区大小
    char * _tmpfname;      //临时文件名
} FILE;
```

该结构体类型用 typedef 关键字重命名为 FILE。其成员指针指向文件的缓冲区,通过移动位置指针即可定位缓冲区中的具体数据,实现对文件的操作。

通常把 FILE 类型的指针变量,称为文件指针变量,定义格式如下:

```
FILE * fp;
```

fp 是一个指向 FILE 结构体类型的指针,每个打开的文件都有自己的 FILE 结构体和文件缓冲区,程序通过 fp 对所指向的文件进行操作。关闭文件时,该结构体和文件缓冲区被释放。

C 语言的 3 个标准文件会在程序开始运行时自动打开,程序终止时自动关闭。标准文件的文件指针也是由系统命名的(表 10-1),不需要用户定义,在程序中可以直接使用。前面章节中学过的输入输出函数,如 scanf、getchar 等函数是从 stdin 对应的文件(键盘)中获得输入,printf、putchar 等函数是向 stdout 对应的文件(屏幕)输出数据的。

表 10-1　标准文件的文件指针

文件指针	文件	默认的设备
stdin	标准输入	键盘
stdout	标准输出	屏幕
stderr	标准错误输出	屏幕

10.3　文件的打开和关闭

C 语言中的文件操作通过调用标准函数来完成,这些函数被声明在 stdio.h 头文件中。在使用文件前必须先打开文件,请求系统分配文件缓冲区。文件使用结束后应及时关闭,以保证数据的正确存储。

10.3.1　打开文件

程序使用 fopen 函数打开文件,函数原型如下:

```
FILE * fopen (const char * filename, const char * mode);
```

函数的两个形参都是字符串。第 1 个形参是文件名,用来指定待打开的文件,通常是一个包含文件路径的字符串。第 2 个形参是文件打开模式,用来指定将要对文件进行的操作。例如,字符串"r"表示将从文件读出数据,而不可向文件写入数据。表 10-2 列出了所有的文件打开模式。

表 10-2　fopen()的模式字符串

字符串	含　义
"r"	以只读方式打开文本文件。此文件必须已存在;如果文件不存在,则出错。
"w"	以只写方式打开文本文件。如果文件存在,则将其长度截为 0;如果文件不存在,则创建一个新文件。
"a"	以只写方式打开文本文件,如果文件存在,则在文件末尾添加内容;若文件不存在,则会创建一个新文件。
"r+"	以读写方式打开文本文件,既可从文件读出数据,也可向文件写入数据。此文件必须已存在;如果文件不存在,则出错。
"w+"	以读写方式打开文本文件,既可从文件读出数据,也可向文件写入数据。如果文件存在,则将其长度截为 0;如果文件不存在,则会创建一个新文件。
"a+"	以读写方式打开文本文件。如果文件存在,在文件末尾添加内容;如果文件不存在,则创建一个新文件。可以读整个文件,但是只能向末尾添加内容。
"b"	与上面的字符串结合,表示以二进制模式打开文件。

成功打开文件后,fopen 函数将返回包含文件缓冲区信息的 FILE 结构变量的首地址。将它赋给已定义好的文件指针变量 fp,就能够以 fp 作为实参调用相关函数,实现对该文件的操作。

例如,要打开 D 盘 project 目录下的文本文件 test.txt,用于读写,则用如下语句:

```
fp = fopen("D:\\project\\test.txt", "r+");
```

注意,当文件名字符串中含有字符\时,C 语言会把字符\看成转义字符的开始标志,因此要使用\\代替\。否则,编译器会把上例中的\p 和\t 当成转义字符,造成路径表示错误。还有一种更简单的方法,就是用/代替\\,系统会把/理解为目录分隔符:

```
fp = fopen("D:/project/test.txt", "r+");
```

再如,要打开同目录下的二进制文件 test.bin,用于追加内容,保留原文件所有内容,向其尾部添加数据,则用如下语句:

```
fp = fopen("test.bin", "ab");
```

文件名字符串如果未指定文件的路径,则默认该文件与程序文件在同一目录下。

如果文件打开失败,fopen 函数会返回一个空指针。打开失败的原因可能是文件不存在或文件路径错误,也可能是因为文件没有写入的权限。如上例中用"ab"方式打开 test.bin 文件,如果文件权限是"只读",则会导致打开失败。一般建议在程序中使用打开文件测试,以确保返回的不是空指针。万一出错时,可以及时终止程序,形式如下:

```
if((fp = fopen(filename, "r+")) == NULL)
{
    printf("Can't open %s.", filename);
    exit(0);
}
```

当打开文件用于读和写(模式字符串包含+)时,有一些特殊的规则。由于每次读写都会改变文件的位置指针,如果要在读模式和写模式之间进行切换,必须得借助文件定位函数(在 10.6 节中详述)或及时清洗缓冲区,才能保证文件数据的正确读写。因此,需要谨慎使用以读写方式打开文件。

10.3.2 关闭文件

程序使用 fclose 函数关闭文件,其函数原型如下:

```
int fclose( FILE * fp);
```

fclose 函数的参数是被操作的文件指针,返回值是一个整数。当文件关闭成功时,返回 0;否则返回 EOF。EOF 是一个特殊含义的符号常量,在 stdio.h 中定义为-1。可根据函数的返回值判断文件是否关闭成功。

对于文件缓冲系统,数据读写是通过缓冲区进行的。要向文件写入数据,首先是写到文件缓冲区里,只有当写满 512B 时,才会由系统真正写入磁盘扇区。如果在这之前程序异常终止,缓冲区中的数据就会丢失。当文件操作结束,即使未写满 512B,通过文件关闭,也能强制把缓冲区中的数据写入磁盘扇区，保证数据的完整性。关闭文件还将释放该文件的缓冲区和 FILE 结构，使文件指针与具体文件脱钩，防止误操作。因此，在编写程序时应养成文件使用结束后及时关闭文件的习惯。

10.4　文本文件的读写

调用 fopen 函数成功打开文件之后，就可以对文件进行读写操作了。C 语言提供了丰富的文件读写函数，这些函数与前面章节介绍的标准输入输出函数相类似。不同的是，文件读写函数都要用文件指针来指定待处理的文件，它们都有一个 FILE * 类型的参数。首先介绍的是常用于文本文件的读写函数。

以字符方式
对文件读写

10.4.1　按字符读写文件

fgetc 函数用于从文件中读入一个字符。函数原型如下：

```
int fgetc(FILE * fp);
```

函数功能是从 fp 所指向的文件中读入一个字符。若读取成功，则返回该字符的 ASCII 码值。若读到文件末尾（最后一个数据的下一个位置），则返回 EOF（即-1）。

函数 fputc 用于向文件写一个字符。函数原型如下：

```
int fputc(int c, FILE * fp);
```

函数功能是将字符 c 写到文件指针 fp 所指向的文件中。若写入成功，则返回该字符的 ASCII 码值。若写入错误，则返回 EOF。

可以发现，fgetc 函数和 fputc 函数与标准输入输出的 getchar 函数和 putchar 函数类似。所不同的是，要告诉 fgetc 函数和 fputc 函数使用哪一个文件，如下面两条语句：

```
ch = getchar();          //从键盘读取一个字符
ch = fgetc(fp);          //从 fp 指定的文件中读取一个字符
```

fgetc 函数是 getchar 函数从标准输入文件 stdin 读取字符的更通用的版本：

```
ch = fgetc(stdin);       //从标准输入文件读取一个字符
```

同样，stdout 作为与标准输出相关联的文件指针，在屏幕上打印一个字符其实就是向 stdout 所关联的文件写一个字符。以下两条语句是等价的：

```
fputc(ch, stdout);       //向标准输出 stdout 写一个字符
putchar(ch);             //向屏幕写一个字符
```

对文件进行读写操作时，当前读写位置是由 FILE 结构的位置指针来指示的，它决定了待读写的数据处于文件的哪个位置。每执行完一次读写操作，位置指针会自动推进至下一个位置。程序只需要反复调用 fgetc 函数和 fputc 函数就可以完成逐个字符的读写。

从文件中逐个读取数据，当读到文件末尾时必须要结束循环。然而在通常情况下，文件中的数据个数并非已知的。我们可以通过 fgetc 函数的返回值，来判断是否已读到文件的末

尾。一般使用下列 while 循环来实现:

```
int ch;                        //用 int 类型的变量存储 EOF
while ((ch = fgetc(fp)) != EOF)
{
    ...
}
```

从 fp 指向的文件中读入字符,先把它存储到变量 ch 中,然后将 ch 与 EOF 进行比较。如果 ch 不等于 EOF,则表示还未到文件末尾,可以继续执行循环体。如果 ch 等于 EOF,则循环终止。要注意的是,EOF 是一个负的整型常量,为了能够正确存储,可以把变量 ch 定义为 int 类型。

函数 feof 也可以用来检测是否已读到文件末尾,函数原型如下:

```
int feof(FILE * fp);
```

当已到达文件末尾时,函数返回非零值,否则返回 0。注意,只有读完文件的所有数据,再执行一次读操作,才会发现文件末尾,feof 函数才会返回非零值。

使用 feof 函数来控制文件读取可采用如下形式:

```
ch = fgetc(fp)                 //读取第一个字符
while(!feof(fp))
{
    ...                        //处理
    ch = fgetc(fp);            //读取下一个字符
}
```

在进入循环之前,应该先尝试读取,这样可以避免读到空文件。只要文件非空,就能顺利进入循环。当前字符处理完毕,再读取下一个,直到处理完所有的字符。最后再读取一个 ch,这时 feof 函数才会检测到文件末尾,至此循环结束。

EOF 是文本文件结束的标志,定义为 -1。在文本文件中,数据以字符的 ASCII 码值形式存放,普通字符的 ASCII 码值都是非负整数,因此可以用 EOF 作为文件结束标志。但当把数据以二进制形式存放到文件中时,就会有 -1 值出现,显然不能用 EOF 作为二进制文件的结束标志。为了解决这个问题,C 语言提供了 feof 函数,它即可用于二进制文件,又可用于文本文件。

因此,对于文本文件,可以用检测 EOF 或 feof 函数两种方法来判断文件是否结束;而对于二进制文件,则只能采用 feof 函数。

【例 10-2】 文件拷贝。将例 10-1 生成的文件 sushu.txt 的内容,复制生成备份文件 backup.txt,并统计字符的个数输出到屏幕上。

【问题分析】

对于涉及文件的输入输出问题,需要明确数据的来源和去向。要实现文件拷贝,可以逐个字符地从 sushu.txt 中读取,然后逐个字符写入 backup.txt 文件,一直读到文件末尾结束。读入的同时进行计数,最后需要把统计结果输出到屏幕上。

【程序】

```
# include <stdio.h>
# include <stdlib.h>
int main(void)
{
    int ch, count = 0;
    FILE * fp1, * fp2;
    if((fp1 = fopen("sushu.txt", "r")) == NULL) //只读方式打开文件 sushu.txt
    {
        printf("Can't open file !\n");
        exit(0);
    }
    if((fp2 = fopen("backup.txt", "w")) == NULL) //只写方式打开文件 backup.txt
    {
        printf("Can't open file !\n");
        exit(0);
    }
    while((ch = fgetc(fp1)) != EOF)             //逐个读取字符,直到文件末尾
    {
        fputc(ch, fp2);                         //逐个字符写入备份文件
        count ++ ;                              //字符计数
    }
    printf("total:% d bytes\n", count);
    fclose(fp1);
    fclose(fp2);
    return 0;
}
```

【运行示例】

```
total:351 bytes
```

【程序说明】

程序在当前目录下生成了 sushu.txt 的备份文件,用记事本软件查看其内容与原文件内容一模一样。还可以点击鼠标右键查看文件的属性,文件大小与程序的统计结果一致。要注意的是:文件的打开模式必须要与即将进行的操作相符合。文件 backup.txt 以只写模式打开,如果文件存在,则文件内容会被重新写入。程序多次运行,当前目录下始终只有一个backup.txt。

上述例子中,实现逐个读取字符,直到文件末尾的 while 循环,也可以替换如下:

```
ch = fgetc(fp1);                    //先读取一个字符
while( !feof(fp1))                  //若已到文件末尾,feof()返回非零值,条件为零
{
    fputc(ch, fp2);
    count ++ ;
    ch = fgetc(fp1);                //读取下一个字符
}
```

　　如前所述,只有当前面的读操作 ch = fgetc(fp1) 失败时,feof 函数才会
返回一个非零值。应该把 feof 函数看成是确认"读取操作失败的原因是否
因为到了文件末尾"的方法。

以字符串方
式对文件读写

10. 4. 2　按字符串读写文件

　　从文件中读取字符串可使用 fgets 函数,函数原型如下:

```
char * fgets(char * s, int n, FILE * fp);
```

　　函数从 fp 所指的文件中读取一串字符,当读到第一个换行符或文件结尾,或读满 n−1
个字符时就会停止读入,然后在末尾添加 '\0' 使之成为一个字符串,存入 s 指向的字符数组
中。如果最后读到的是换行符,它会把换行符放在 '\0' 的前面,表示读到的是一行完整的字符
串。函数通过第 2 个参数 n 限制读入的字符个数,最多读入 n−1 个字符,与 '\0' 一起存入字
符数组 s,以解决溢出的问题。

　　如果读取成功,fgets 函数会返回 s 的首地址,与第 1 个参数相同;如果读取失败,则会返
回 NULL 值(空指针)。读取失败的原因可能是因为读出错,也有可能已到文件末尾。可以
用 feof 函数或 ferror 函数来进行区分:如果是已到文件末尾,调用 feof(fp) 就会返回非零值;
如果是文件错误,调用 ferror(fp) 就会返回非零值。例如:

```
if(ferror(fp))
{
    printf("Error on file.\n");
    …;
}
```

　　前面已经学过的 gets 函数,用来从标准输入 stdin(键盘)读取一行字符串。例如:

```
gets(str);
```

　　逐个读取从键盘输入的字符,读到换行符时停止(丢弃换行符),在末尾添上 '\0',存入
字符数组 str 中。gets 函数与 fgets 函数对读到的换行符的处理有所不同:gets 函数会丢弃
换行符,而 fgets 函数把换行符也存入数组。事实上,fgets 函数比 gets 函数更安全,因为它
可以限制将要存储的字符个数,以保证不会造成数组的越界。使用方法如下:

```
fgets(str, sizeof(str), stdin);
```

　　将字符串写入文件中可使用 fputs 函数,函数原型为:

```
int fputs(const char * s, FILE * fp);
```

函数将字符串 s(不包括末尾的 '\0')写入 fp 所指向的文件中。如果写入成功,返回一个非负整数,如果出现写入错误,则返回 EOF。

fputs 函数是 puts 函数的更通用版本,它的第二个实参指明了待写入的文件,如下例:

```
puts("Hello world!");              //写入标准输出 stdout
fputs("Hello world!", fp);         //写入 fp 文件
```

与 puts 函数不同,fputs 函数输出字符串时不会在其末尾添加换行符。由于 fgets 函数保留了输入中的换行符,fputs 函数不会在输出末尾添加换行符,因此两者通常配对使用。同样,gets 函数会丢弃输入中的换行符,而 puts 函数会在输出中添加换行符。下面通过一个示例程序,来展示两个输出函数的区别。

【例 10-3】 从键盘输入一行字符串,用 fgets 函数读入,分别使用 puts 函数和 fputs 函数输出到屏幕。

【程序】

```
# include <stdio.h>
# include <stdlib.h>
int main()
{
    char str[11];
    printf(" -- Enter a string:\n");
    fgets(str, 11, stdin);          //从键盘读入第一个字符串,文件指针为 stdin
    puts(str);
    fputs(str, stdout);             //向屏幕输出字符串,文件指针为 stdout
    printf(" -- Enter another string:\n");
    fgets(str, 11, stdin);          //键盘读入第二个字符串
    puts(str);
    fputs(str, stdout);             //向屏幕输出字符串
    printf(" -- End.\n");
    return 0;
}
```

【运行示例】

```
 -- Enter a string:
This is a test.↙
This is a
This is a  -- Enter another string:
test.
(空行)
test.
```

-- End.

【程序说明】

从键盘输入 This is a test.，字符数超过了 10，因此 This is a \0 被存储在数组中。当 puts 函数显示该字符串时在末尾自动换行，而 fputs 函数不会添加换行符，因此第二个 This is a 之后紧跟着打印 -- Enter another string：。第二个 fgets 函数继续接收余下的字符串 test.，test.\n\0 被存储在数组中。当 puts 函数显示该字符串时又在末尾添加了换行符，因此 test. 后面有一行空行，而 fputs 函数则不会输出空行。

【例 10-4】 用函数 fgets 和 fputs 来改写例 10-2 程序中的文件复制功能。

【程序】

```
# include <stdio.h>
# include <stdlib.h>
# define LEN 10
int main(void)
{
    char str[LEN];        //定义 char 数组
    FILE * fp1, * fp2;
    if((fp1 = fopen("sushu.txt", "r")) == NULL)  //只读方式打开文件 sushu.txt
    {
        printf("Can't open file !\n");
        exit(0);
    }
    if((fp2 = fopen("backup.txt", "w")) == NULL) //只写方式打开文件 backup.txt
    {
        printf("Can't open file !\n");
        exit(0);
    }
    while( fgets(str, LEN, fp1) != NULL )    //逐个字符串读取,直到文件末尾
        fputs(str, fp2);     //逐个字符串写入备份文件
    fclose(fp1);
    fclose(fp2);
    return 0;
}
```

【程序说明】

程序使用循环逐个字符串地复制文本内容，并将 LEN 设置成了 10。每次 fgets() 读入 LEN-1 个字符（包括换行符），接着 fputs() 输出该字符串，然后再读入下一串字符。这一过程循环进行，输出与读入一一对应。直到读完所有字符，再一次 fgets() 则会出现错误，返回 NULL 即结束循环。可以发现，本例中 LEN 的设置与文件的大小是没有关系的，每次读入

的字符数是多还是少，都不会影响运行结果。但在有些情况下，尤其是需要对读入的字符串进行内容分析时，就要根据实际情况设定合适的字符数了。

10.4.3 按格式读写文件

格式化方式
对文件读写

前面章节学过 scanf 函数和 printf 函数，分别用来从键盘读入和向屏幕输出指定格式的数据，C 语言也允许按指定格式对文件进行读写。

fscanf 函数用于按指定格式从文件中读取数据，函数原型如下：

```
int fscanf(FILE * fp, char * format, 地址列表);
```

函数的第 1 个参数给出待读取的文件，后两个参数和返回值与 scanf 函数相同。从文件的当前读写位置按照格式字符串 format 指定的格式读取数据，存入相应的存储单元。读取完毕，位置指针自动后移。函数返回成功读取的数据的个数，当读取失败时返回 EOF。程序中常可以利用返回值来测试文件中的数据是否读取完毕，例如：

```
while ((fscanf(fp, "%d", &a)) == 1)
{
    …;
}
```

fscanf 函数是 scanf 函数的文件操作版，scanf 函数始终从标准输入读取内容，而 fscanf 函数则可用参数 fp 指定待读的文件。例如：

```
fscanf(stdin, "%d", &a);          //等价于 scanf("%d", &a);
```

fprintf 函数用于按照给定的格式控制向文件中写入数据，函数原型如下：

```
int fprintf(FILE * fp, char * format, 表达式列表)
```

函数的第 1 个参数指定了写入的文件，后两个参数和返回值与 printf 函数相同。将数据按指定格式写入文件的当前读写位置处，写入完毕，位置指针自动后移。函数返回成功写入的字符个数，若出错则返回一个负值。

fprintf 函数是 printf 函数的文件操作版，printf 函数始终向标准输出写入内容，而 fprintf 函数则可以指定文件写入。例如：

```
fprintf(stdout, "%d\n", a);          //等价于 printf("%d\n", a);
```

fprintf 函数还可以向标准错误(stderr)写入出错消息，例如：

```
fprintf(stderr, "Error:data file can't be opened. \n");
```

该语句会把出错消息显示在屏幕上。

【例 10-5】 从键盘录入一组学生的 C 语言成绩，每条记录由学号、平时成绩和期末成绩组成。先计算总评成绩，然后将记录存入磁盘文件 score. txt。其中，平时占 40%，期末占 60%。

【问题分析】

本例的数据包含不同类型数据，且要进行后续的运算，因此采用格式化的读写函数是最合适的。输入数据的来源是键盘,需要使用格式化输入函数。题目中并未指定输入记录的数量,这种情况下一般可以键入 Ctrl + Z 来表示结束输入。数据的去向是文件,需要以格式化的形式输出到文件,文件打开模式选用"只写"即可。

【程序】

```
# include <stdio.h>
# include <stdlib.h>
int main(void)
{
    char numb[10];
    int usua, fina;
    double grade;
    FILE * fp;
    if((fp = fopen("score.txt", "w")) == NULL)        //只写模式打开文件
    {
        printf("Can't open file.");
        exit(0);
    }
    printf("Enter score records:(end with ctrl - z)\n");
    while( scanf("%s %d %d", numb, &usua, &fina)!=EOF )   //从键盘输入数据
    {
        grade = usua * 0.4 + fina * 0.6;
        fprintf(fp, "%s %d %d %.1f\n", numb, usua, fina, grade);
            //数据输出到文件
    }
    fclose(fp);
    return 0;
}
```

【运行示例】

```
Enter score records:(end with ctrl - z)
20011601 80 74 ↙
20011604 86 83 ↙
20011610 77 78 ↙
^Z ↙
```

用记事本打开文件 score.txt,内容如下:

```
20011601 80 74 76.4
20011604 86 83 84.2
20011610 77 78 77.6
```

【程序说明】

用户从键盘输入结束后，屏幕上并没有任何输出结果，这时因为程序将结果输出到了文件 score.txt 中。程序采用 while 循环逐行地读取输入数据，一旦用户按下 Ctrl-Z 键，就表示输入结束，这时的 scanf 函数会返回 EOF，即可终止循环。与之前的章节都是将结果输出到屏幕的示例对比，本例程序只是增加了定义文件指针、打开和关闭文件，同时将输出函数 printf 修改成了 fprintf。

【例 10-6】 从键盘录入一组学生的成绩记录，追加到上例已存在的文件 score.txt 中。然后再将文件内容读出，按照指定格式显示到屏幕。

【问题分析】

本问题分为两个步骤。首先文件 score.txt 已存在，需要对其追加内容，这一步的操作是追加写入。然后还需对文件进行读操作，将读到的数据输出到屏幕。对文件的操作是：先写入后读出，因此可使用"a+"，以可读写的模式打开文件。

【程序】

```
#include <stdio.h>
#include <stdlib.h>
int main(void)
{
    char numb[10];
    int usua, fina;
    double grade;
    FILE * fp;
    if((fp = fopen("score.txt", "a+")) == NULL)//可读写模式,追加写
    {
        printf("Can't open file.");
        exit(0);
    }
    printf("Enter score records:(end with ctrl-z)\n");
    while( scanf("%s %d %d", numb, &usua, &fina) != EOF )//从键盘读入数据
    {
        grade = usua * 0.4 + fina * 0.6;
        fprintf(fp, "%s %d %d %.1f\n", numb, usua, fina, grade);//写入文件
    }
    rewind(fp);      //将文件位置指针移动到文件头
    printf("   学号  平时  期末  总评成绩\n");
    while( fscanf(fp, "%s %d %d %lf", numb, &usua, &fina, &grade) != EOF )
        //从文件读取数据
    {
        printf("%s %5d %5d %8.1f\n", numb, usua, fina, grade);//输出到屏幕
```

```
    }
    fclose(fp);        //关闭文件
    return 0;
}
```

【运行示例】

```
20011606 90 94 ↙
20011605 72 68 ↙
^Z ↙
    学号      平时    期末    总评成绩
20011601      80      74      76.4
20011604      86      83      84.2
20011610      77      78      77.6
20011606      90      94      92.4
20011605      72      68      69.6
```

【程序说明】

用户从键盘输入两条记录,然后输入 Ctrl - Z 结束。程序运行后在当前目录下找到 score. txt,用记事本打开可以看到这两条记录已被添加在末尾。同时,屏幕上也显示了文件的所有内容。

本程序中有一条重要的语句 rewind(fp) ;,其作用是将文件位置指针移动到文件开头,这一步操作是必不可少的。我们知道,每执行一次读或写操作,文件的当前位置指针自动推进,指向下一个位置。程序在完成追加写入时,位置指针正处于文件末尾,若在此处执行读操作,显然无法读到有效内容。因此,必须要将位置指针重新移回到文件开头,以便从头开始读取数据。在" + "可读写的模式下,尤其是读和写操作都要进行的时候,需要特别注意当前的读写位置。

本例也可以有另一种实现:先以追加"a"模式打开文件,写入后关闭文件;再以只读"r"模式打开文件,这时的读写位置会默认在文件开头。这种实现则要注意,文件写入完毕,必须要及时关闭文件。

10.5　二进制文件的读写

二进制文件中的数据流是非字符的,它包含的数据是在计算机内部的二进制形式。二进制文件的读和写常以数据块的方式进行,块的大小以字节为单位来指定。fread 函数和 fwrite 函数用来读和写大的数据块,可以一次读写一组数据。

函数 fwrite 的原型如下:

```
unsigned int fwrite(const void * buffer, unsigned int size,
                    unsigned int nmemb, FILE * fp);
```

函数用来把内存中的数组写入 fp 所指的文件中。参数 buffer 就是数组的首地址,参数 size 是每个数组元素的大小(以字节为单位),nmemb 则是要写的元素数量。每执行一次写操作,文件的读写位置自动往后移。例如,把数组 a 的内容写入文件,可以用:

```
fwrite(a, sizeof(a[0]), sizeof(a)/sizeof(a[0]), fp);
```

两个实参常用 sizeof 运算符来获得,可读性更好。当然,并不是必须写入整个数组,可以只写数组的一部分内容。fwrite 函数返回实际写入的元素数量。如果出现写入错误,那么返回值会小于第 3 个实参,也即返回一个值为 0 ~ nmemb 的非负整数。

函数 fread 的原型如下:

```
unsigned int fread(void * buffer, unsigned int size,
                   unsigned int nmemb, FILE * fp);
```

函数功能是从 fp 所指的文件中读取数据块,并存储到 buffer 指向的内存中。参数同 fwrite 函数:内存中数组的首地址 buffer,每个元素所占字节数 size,要读的元素数量 nmemb 以及文件指针 fp。例如,把文件的内容读入数组 a,可以用:

```
n = fread(a, sizeof(a[0]), sizeof(a)/sizeof(a[0]), fp);
```

函数返回值说明了实际读取的元素的数量,此数应该等于第 3 个实参,除非达到了输入文件末尾或者出现了错误。对于读操作而言,通常需要检查 fread 函数的返回值。如果该值小于第 3 个实参,则可以调用 feof 函数和 ferror 函数来确定出问题的原因。需要注意的是,与文本文件可通过检测文件末尾标记 EOF 的方法不同,二进制文件只能使用 feof 函数来检测是否已到文件末尾。

按数据块读写文件,数据块不一定是数组的形式。用户可以指定想要读写的数据块大小,小到一个字节,大到一个文件。fread 函数和 fwrite 函数可用于读写所有类型的数据,尤其是读写结构类型的数据。例如,要把结构变量 s 写入文件,可以用:

```
fwrite(&s, sizeof(s), 1, fp);
```

二进制文件的读写效率比文本文件要高,因为它不必在数据与字符之间做转换。文件中的数据直接以其二进制形式存储,无法像文本文件一样用"记事本"查看,因此二进制文件也更加安全。

【例 10-7】 从键盘输入一组学生成绩记录(同例 10-5),计算总评成绩,然后按总评成绩从高到低,存入二进制文件 sorted. dat 中。再从文件中读出数据,显示到屏幕。

【问题分析】

使用结构体类型可以很方便地描述学生的成绩记录,每条记录对应一个结构变量,它是一个固定大小的数据块,因此适合按数据块形式来读写文件。首先从键盘读取数据存入结构数组,然后按总评成绩对数组进行排序,再通过指定元素个数,将所有数据一次性地写入文件。本例对文件的操作是先写后读,可使用"wb +"可读写模式打开文件。

【程序】

```
# include <stdio.h>
# include <stdlib.h>
# define N 100
struct record
{
    char numb[10];
    int usua, fina;
    double grade;
};
int main(void)
{
    int i, j, k, n;
    struct record a[N], temp;
    FILE * fp;
    if((fp = fopen("sorted.dat", "wb + ")) == NULL)
    {
        printf("Can't open file.");
        exit(0);
    }
    n = 0;
    while( scanf("%s %d %d", a[n].numb, &a[n].usua, &a[n].fina) != EOF )
    {
        a[n].grade = a[n].usua * 0.4 + a[n].fina * 0.6;
        n ++ ;
    }
    for(i = 0; i<n - 1; i ++){              //按总评成绩排序,从高到低
        k = i;
        for(j = i + 1; j<n; j ++)
            if(a[j].grade> a[k].grade)
                k = j;
        temp = a[i], a[i] = a[k], a[k] = temp;
    }
    fwrite(a, sizeof(a[0]), n, fp);           // n 条记录数据写入文件
    rewind(fp);      //将文件位置指针移动到文件头
    printf("   学号  平时  期末  总评成绩\n");
    fread(&temp, sizeof(temp), 1, fp);       //读取第 1 条记录数据
    while( !feof(fp) )
```

```
    {
        printf("%s %5d %5d %8.1f\n", temp.numb, temp.usua, temp.fina,
            temp.grade);                    //输出到屏幕
        fread(&temp, sizeof(temp), 1, fp);      //读取下一条记录数据
    }
    fclose(fp);
    return 0;
}
```

【运行示例】

```
20011601 80 74 ↙
20011604 86 83 ↙
20011610 77 78 ↙
20011606 90 94 ↙
^Z ↙
```

学号	平时	期末	总评成绩
20011606	90	94	92.4
20011604	86	83	84.2
20011610	77	78	77.6
20011601	80	74	76.4

【程序说明】

程序中的结构数组 a 用来存放一组成绩数据,使用选择法对其元素进行排序。数组 a 中的数据用 fwrite 函数一次性写入文件,实参 n 代表数据块的个数,也即记录条数。写入完毕,调用 rewind 函数移动位置指针到文件开头,以便读取数据。在以数据块形式读取数据时,通过调用 feof 函数来检测文件末尾。每次循环用 fread 函数读取一个数据块(逐条记录读取),尝试读取之后才有可能检测到末尾的错误。若不出错,才能输出到屏幕显示。在这里要注意 feof 函数的用法。

程序执行完毕,会在当前目录下建立二进制文件 sorted.dat。该文件如果用文本编辑器打开,会因为字符转换显示乱码而无法阅读,因此,本例在程序中读取文件内容,并在屏幕予以显示。

10.6 文件的定位

每个打开的文件都有一个文件位置指针(file position pointer),它是 FILE 结构体类型的成员变量之一,由该指针来指示文件在当前的读写位置。打开文件时,位置指针会被设置在文件开始处(但在"追加"模式下,初始的文件位置可以在文件开始处,也可以在文件末尾,这依赖于具体的实现)。每执行完一次读或写操作,位置指针会自动推进,移到下一个数据的位置处,从而贯穿整个文件。这种访问的方式称为顺序访问,在这种方式下,数据项必须

是按顺序一个接着一个地读取或写入。前面给出的示例都是对文件的顺序访问。

在实际应用中,有时可能希望程序具备跳跃着访问数据的能力。例如,文件包含一系列的记录,可能需要直接定位到某一条记录,对其进行读取或更新。这种访问的方式称为随机访问,该方式允许在文件中随机定位,可在任何位置处直接读写数据。stdio.h 提供了以下几个函数来支持随机访问。

函数 fseek 用来改变文件位置,原型如下:

```
int fseek(FILE * fp, long offset, int whence);
```

函数功能是将 fp 的文件位置从 whence 开始移动 offset 个字节。参数 offset 是一个偏移量,表示从起始位置开始要移动的距离。该参数是一个 long 类型的值,使用常量时可以加后缀 L,其值可以为正(前进)、负(回退)或 0(保持不动)。参数 whence 表示文件的起始点模式,stdio.h 中定义了三个表示模式的常量。

(1)SEEK_SET:文件开始处;

(2)SEEK_CUR:当前位置;

(3)SEEK_END:文件末尾。

通过指定参数 offset 和 whence,可将文件位置指针移动到文件的任意位置,从而实现文件的随机访问。以下是调用 fseek 函数的几个示例。

```
fseek(fp, 0L, SEEK_SET);        //定位至文件开始处
fseek(fp, 10L, SEEK_SET);       //定位至文件中的第 11 个字节处
fseek(fp, 0L, SEEK_END);        //定位至文件结尾
fseek(fp, -10L, SEEK_CUR);      //从文件当前位置回退 10 个字节
```

如果调用成功,fseek 函数返回 0;如果出现错误(如偏移量超出了文件的范围),则返回非零值。

函数 ftell 用来获得当前的文件位置,原型如下:

```
long ftell(FILE * fp);
```

函数返回一个 long 类型的值,表示文件的当前读写位置;如果出现错误,则返回-1L。对于二进制文件(或以二进制模式打开的文件),ftell 函数返回的是当前位置距文件开始处的字节数。当返回 0 值时,表示处于文件开始处,也即文件的第 1 个字节,以此类推。

以上 ftell 函数的定义适用于以二进制模式打开的文件。以文本模式打开文件的情况则会有所不同。文本模式下 ftell() 的返回值可以作为 fseek 函数的第 2 个参数,但它不一定是字节计数,这与具体的操作系统有关。同样,在文本模式下采用 fseek() 进行文件定位,后两个参数的取值是有限制的:offset 必须设为 0L;或者 whence 必须设为SEEK_SET(即以文件头为起始点),且 offset 的值要通过调用 ftell() 获得。也就是说,文本文件只能利用 fseek() 定位到文件开头或文件末尾,或返回到之前访问过的位置。在实际应用中,fseek 函数和 ftell 函数最适合的还是二进制模式下的文件定位。

函数 rewind 用来将文件位置指针移动到文件开头,即定位到文件内容的首字节,原型如下:

```
void rewind(FILE * fp);
```

该函数没有返回值。调用 rewind(fp) 和调用 fseek(fp，0L，SEEK_SET) 几乎是等价的，两者的区别是 rewind(fp) 不返回任何值。在前面的示例程序中，已多次用到 rewind 函数来调整读写位置。

【例 10-8】 在例 10-7 程序的基础上，从文件 sorted.dat 中随机读取排名第 k 的学生成绩记录，并输出到屏幕。k 由用户从键盘输入。

【问题分析】

文件 sorted.txt 中的成绩记录已按照总评从高到低排列，每条记录对应一个数据块。本例要求访问第 k 个数据块，可以先用函数 fseek 定位到对应位置，再用函数 fread 读取数据块。

【程序】

```c
# include <stdio.h>
# include <stdlib.h>
struct record
{
    char numb[10];
    int usua, fina;
    double grade;
};
int main(void)
{
    int k;
    struct record stud;
    FILE * fp;
    if((fp = fopen("sorted.dat", "rb")) == NULL)//只读方式打开二进制文件
    {
        printf("Can't open file.");
        exit(0);
    }
    printf("Enter the record number (start with 1):");
    scanf("%d", &k);
    fseek(fp, sizeof(stud) * (k - 1), SEEK_SET);//定位至第 k 条记录
    if( fread(&stud, sizeof(stud), 1, fp) && k > 0 )//若读取成功
    {
        printf("%s%d%d %.1f\n", stud.numb, stud.usua, stud.fina, stud.grade);
    }
    else
        printf("Number error !\n");
    fclose(fp);
```

```
        return 0;
    }
```

【运行示例 1】

Enter the record number (start with 1):3 ↙

20011610 77 78 77.6

【运行示例 2】

Enter the record number (start with 1):5 ↙

Number error!

【程序说明】

程序用函数 fseek 将文件位置指针从文件开头向后移动 sizeof(stud) * (k - 1) 个字节，定位到第 k 条记录。这个偏移量是如何来计算的呢？偏移量为 0 是第 1 条记录的位置；每条记录的长度是 sizeof(stud)，从文件开头移动 k - 1 个长度，就是第 k 条记录开始的位置。偏移量是以字节为单位来表示的。同理，函数 ftell 返回的文件位置也是用字节偏移量表示的，必须通过除以 sizeof(stud) 才能换算成当前的记录号。例如：若在本例调用 fseek 函数之后与调用 fread 函数之后分别插入如下语句：

```
    printf( "record number =  %d\n", ftell(fp)/sizeof(stud) + 1 );
```

则程序运行的结果是：

Enter the record number (start with 1):3 ↙

record number = 3

20011610 77 78 77.6

record number = 4

这说明，在执行 fseek() 语句之后文件位置指针指向了第 3 条记录，而在 fread() 读取一条记录数据后，文件位置指针指向了第 4 条记录。

使用函数 fread 读取记录数据时，若偏移量超出了文件范围，则会读取失败，函数返回 0。本例程序通过 if 语句来确保：只有读到有效的记录数据时才执行输出，否则给出错误提示。

10.7 程序示例

【例 10-9】 已有文本文件保存了一组学生的成绩记录（格式与前例相同）。编写程序，根据学号查询学生的成绩记录，并将结果输出到屏幕上。学号由用户从键盘输入，如果找不到，则输出 "Invalid student ID. "。假设文件 score. txt 的内容如下：

20011601 80 74 76.4

20011604 86 83 84.2

20011610 77 78 77.6

20011606 90 94 92.4

【问题分析】

学号位于每条记录的开头部分,可以用不同方法来获得。若将每条记录当作一个字符串,则可以将空格字符之前的部分与输入的学号进行对比。若将每条记录当作是一组格式化的数据,则可以利用格式字符 %s 来获得学号字符串。本例程序实现采用第一种方法,以 "r" 方式打开文本文件,采用字符串形式逐条地读取文件中的记录数据,然后逐个字符进行比较。

【程序】

```c
# include <stdio.h>
# include <stdlib.h>
int main(void)
{
    int i;
    char id[10], str[100];
    FILE * fp;
    if((fp = fopen("score.txt", "r")) == NULL)
    {
        printf("Can't open file.");
        exit(0);
    }
    printf("Please input student ID:\n");
    scanf("%s", id);
    while( fgets(str, 100, fp)!= NULL )          //从文件中逐行读取字符串
    {
        for(i = 0; str[i]!=' '; i ++ )           //对空格之前的字符进行比较
            if(str[i] != id[i])                  //若有不同,则结束当前记录
                break;
        if(str[i] ==' '&& id[i] == '\0')         //学号匹配,则输出当前记录
        {
            printf("%s", str);
            break;                               //结束文件读取,退出循环
        }
    }
    if(feof(fp))                                 //若已到文件末尾,则表示未找到
        printf("Invalid student ID.\n");
    fclose(fp);
    return 0;
}
```

【运行示例1】

```
Please input student ID:
20011606↙
20011606 90 94 92.4
```

【运行示例2】

```
Please input student ID:
20011603↙
Invalid student ID.
```

【程序说明】

程序在实现学号字符串比较的循环结构中,使用了两条 break 语句,其功能各有不同。第一句 break 所在的 for 循环用于比较两个字符串 str 和 id,一旦学号部分有不同字符,则用 break 结束当前记录的比较。第二句 break 用于在查询成功之后退出 while 循环,不再继续读取文件内容。

程序的最后通过调用 feof(fp)用来判别查询不到的情形。试分析一种比较特殊的情况:要查询的恰好是最后一个学号。读取最后一条记录存入 str 数组,与 id 字符串匹配成功输出结果,然后 break 退出 while 循环。此时,虽然文件位置指针移到了最后一条记录之后,但尚未出现文件末尾错误,feof(fp)的返回值仍是 0,因此不会输出"Invalid student ID."。只有在读完最后一条记录,再调用一次 fgets 函数才会出现错误,feof(fp)才返回非零值,这就是查询不到的情形。

本例还可以用按格式读取记录数据的方法来实现,用格式字符 %s 获取每条记录的学号字符串,代码更加简单。

【例 10-10】 文件 score.txt 中保存了一组学生的成绩记录(格式如同上例),并已按照总评成绩从高分到低分存放,如:

```
20011606 90 94 92.4
20011604 86 83 84.2
20011610 77 78 77.6
20011601 80 74 76.4
```

编程实现:由用户从键盘输入一条新记录(学号、平时成绩、期末成绩),插入该文件中,要求保持该文件中的数据仍按照总评成绩从高分到低分存放。

【问题分析】

为了方便操作,创建一个临时文件 temp.txt。从 score.txt 中逐条读取记录数据,其总评成绩与输入的新记录的总评成绩进行比较:如果前者较大,则直接写入临时文件 temp.txt;否则先将新记录写入,再将读取的记录写入临时文件 temp.txt。如此循环,直至源文件中的所有记录读取完毕,并全部写入临时文件。如果新记录的总评成绩比所有读取的记录都要小,那么新记录要最后写入临时文件。至此,temp.txt 中包含了添加后的全部内容。只需要将源文件 score.txt 删除,再将临时文件 temp.txt 改名为 score.txt 即可。

【程序】

```c
# include <stdio.h>
# include <stdlib.h>
struct record
{
    char numb[10];
    int usua, fina;
    double grade;
};
int main(void)
{
    struct record a, b;
    FILE * fp1, * fp2;
    if((fp1 = fopen("score.txt", "r")) == NULL)
    {
        printf("Can't open file.");
        exit(0);
    }
    if((fp2 = fopen("temp.txt", "w")) == NULL)
    {
        printf("Can't open file.");
        exit(0);
    }
    printf("Insert record:\n");
    scanf("%s %d %d", a.numb, &a.usua, &a.fina);
    a.grade = a.usua * 0.4 + a.fina * 0.6;
    int flag = 0;        //新记录插入的标志
    while(fscanf(fp1, "%s%d%d%lf", b.numb, &b.usua, &b.fina, &b.grade) != EOF)
    {
        if(a.grade>b.grade&& !flag){ //若新记录高于当前记录且未插入,则写入文件
            fprintf(fp2, "%s %d %d %.1f\n", a.numb, a.usua, a.fina, a.grade);
            flag = 1;        //修改插入标志
        }
        fprintf(fp2, "%s %d %d %.1f\n", b.numb, b.usua, b.fina, b.grade);
    }
    if(flag == 0)        //若新记录未插入,则添加为文件的最后一条记录
        fprintf(fp2, "%s %d %d %.1f\n", a.numb, a.usua, a.fina, a.grade);
    fclose(fp1);
```

```
        fclose(fp2);
        remove("score.txt");           //删除源文件 score.txt
        rename("temp.txt", "score.txt");      //将 temp.txt 文件改名为 score.txt
        return 0;
    }
```

【运行示例】

Insert record:
20011605 78 80 ↙

【程序说明】

程序运行后,屏幕上无输出,打开 score.txt 文件查看,文件内容为:

```
20011606 90 94 92.4
20011604 86 83 84.2
20011605 78 80 79.2
20011610 77 78 77.6
20011601 80 74 76.4
```

该程序中变量 flag 的作用是,标识新记录是否已经插入。将新记录写入文件后要及时改变 flag 的值,并且要在确定能否插入的 if 条件中增加 flag 是否为 0 的判断。否则,新记录会连同所有 b.grade 较小的记录一起写入,导致重复多次写入。

程序中的函数 remove 用于删除磁盘文件,原型如下:

```
    int remove(char * filename);
```

其中,参数 filename 字符串表示文件名,删除成功,函数返回 0,否则返回-1。

函数 rename 用于将磁盘文件重命名,原型如下:

```
    int rename(char * oldfilename, char * newfilename);
```

该函数将名为 oldfilename 的文件重命名为 newfilename。改名成功则返回 0,否则返回-1。

【例 10-11】　国家安全是民族复兴的根基,社会稳定是国家强盛的前提。中国共产党的二十大报告提出:在新形势下要坚定贯彻总体国家安全观,加快推进国家安全体系和能力现代化,建设更高水平的平安中国,以新安全格局保障新发展格局。本例要求实现对二十大报告全文的关键词检索,例如"安全"、"发展"等等,统计其出现的频次。报告全文已保存在文件"二十大报告.txt"中。

【问题分析】

首先是文本内容的读取。文本的段落是由换行来界定的,因此一段文本就是末尾带换行符的一行字符串,调用 fgets 函数可以按字符串逐段地读取文本。

然后是关键词的检索。用户输入某一关键词,即一个不带空格的字符串。关键词检索就是子串查找问题:在每一个段落字符串中,查找并统计关键词子串出现的次数。

【程序】

```
#include <stdio.h>
int main(void)
{
    FILE * fp;
    char line[2000], word[100];        //字符数组 line 用来存储一个段落字符串
    int i, k, count = 0;
    fp = fopen("二十大报告.txt", "r");
    scanf("%s", word);        //输入关键词子串
    //逐段落读取文本内容,直到文件末尾
    while(fgets(line, 2000, fp)! = NULL)
    {
        for(i = 0; line[i]! = '\0'; i ++)        //外层 for 循环,遍历字符串
            //若对应字符相同,则继续内层 for 循环
            for(k = 0; line[i + k] = = word[k]; k ++)
                if(word[k + 1] = = '\0')        //关键词匹配成功
                {
                    count ++;        //个数加 1
                    i = i + k;        //修改当前位置下标
                    break;
                }
    }
    printf("\"%s\"出现了%d次。", word, count);
    fclose(fp);
    return 0;
}
```

【运行示例】

安全↙

"安全"出现了 91 次。

【程序说明】

fgets 函数的第 2 个参数指明了读入字符的最大数量,如果该参数的值是 n,那么 fgets 函数将读入 n-1 个字符,或者读到遇到一个换行符为止。本例中 n 为 2000 超过了各段落的长度,因而调用一次,读取一个段落。字符数组 line 用来存储 fgets 函数读入的字符串,即文件中以换行符结束的一个段落。当读到文件末尾时,fgets 函数返回 NULL,while 循环结束。

程序中的双重 for 循环用来查找每个段落文本中的关键词。外层 for 用于遍历数组 line 中的每个字符,一旦某个字符 line[i]与关键词首字符 word[0]相同,即可进入内层 for 循环。

内层 for 的循环条件设置为两个字符串对应位置的字符内容相等；如有不相等，则回到外层 for 继续遍历数组 line 中的下一个字符；如能全部相等，则表示已匹配成功查找到一个关键词，同时将数组 line 的遍历位置 i 往后调整，为查找下一个关键词做准备。

习题 10

一、判断题

1. 按存储介质分，文件可分为普通文件和设备文件。 （　　）

2. 二进制文件名不能用 .txt 作为扩展名，否则二进制文件读写函数 fread 和 fwrite 将出错。 （　　）

判断题

3. 若读文件还未读到文件末尾，则此时函数 feof 的返回值是 0。（　　）

4. 用函数 fgets 从文件中读字符串，是从当前文件位置指针开始读取字符，直到读到字符 '\0' 或 EOF 为止。 （　　）

5. 文件指针和位置指针都是随着文件的读写操作在不断改变的。 （　　）

6. 以 "a" 方式打开一个文件时，文件位置指针指向文件开头。 （　　）

二、单选题

1. 关于文本文件和二进制文件，不正确的叙述是（　　）。

A. C 语言中的文本文件以 ASCII 码形式存储数据

B. C 语言中对二进制文件的访问速度比文本文件快

单选题

C. C 语言的源程序是文本文件，目标程序和可执行程序都是二进制文件

D. C 语言中，随机读写方式只适用于二进制文件

2. 缓冲文件系统的文件缓冲区位于（　　）。

A. 磁盘缓冲区中　　　　　　　　　B. 磁盘文件中

C. 内存数据区中　　　　　　　　　D. 程序文件中

3. 定义 FILE ＊fp；则文件指针 fp 指向的是（　　）。

A. 文件在磁盘上的读写位置　　　　B. 文件在缓冲区上的读写位置

C. 整个磁盘文件　　　　　　　　　D. 文件类型结构变量

4. 若函数 fopen 打开文件失败，则返回（　　）。

A. 1　　　　　　　B. −1　　　　　　　C. NULL　　　　　　　D. ERROR

5. 以下情况中，文件打开方式 "w ＋" 和 "a ＋" 有同样效果的是（　　）。

A. 打开文件既写又读　　　　　　　B. 要打开的文件存在且为空

C. 要打开的文件存在且不为空　　　D. 打开文件只写不读

6. 与函数调用 fseek(fp, 0L, SEEK_SET) 作用相同的是（　　）。

A. fseek(fp)　　　　　　　　　　　B. ftell(fp)

C. rewind(fp)　　　　　　　　　　D. feof(fp)

7. 已有如下语句：char str[] = "hello"；　FILE ＊fp = fopen("tmp. txt", "w")；，且文件打开正常，则能将数组 str 中的内容写入文件 tmp. txt 的是（　　）。

A. fgets(str, fp)；　　　　　　　　B. fputs(str, fp)；

C. fscanf("％s", str, fp)；　　　　D. fprintf("％s", str, fp)；

8. 以下程序的运行结果是( )。

```c
#include <stdio.h>
int main(void)
{
    FILE *fp;
    char str[20];
    fp = fopen("test.dat","w");
    fputs("abcd", fp);
    fclose(fp);
    fp = fopen("test.dat", "a+");
    fprintf(fp,"%d", 12);
    rewind(fp);
    fscanf(fp, "%s", str);
    puts(str);
    fclose(fp);
    return 0
}
```

A. abcd12   B. abcd

C. 12cd   D. 程序出错

程序填空题

三、程序填空题

1. 程序功能:有一批成绩数据存储在磁盘文件 data.txt 中,统计平均分,并将结果写在原文件的末尾。

```c
#include <stdio.h>
#include <stdlib.h>
int main(void)
{
    FILE *fp;
    int x, ave = 0, n = 0;
    if(   ①   == NULL )
    {
        printf("Open file error !\n");
        exit(0);
    }
    fscanf(fp, "%d", &x);
    while(   ②   )
    {
        ave += x;
```

```
            n ++;
              ③
        }
    fprintf(fp, "\nAverage = %.3f\n", ave * 1.0/n);
          ④
    return 0;
}
```

2.已知文本文件 a.txt 和 b.txt 中分别存放了一批从小到大排列的整数。下列程序将这两个文件中的数据合并到文件 c.txt 中,要求 c.txt 中的数据也要从小到大存放。

例如:a.txt 中的数据为 1、3、5,b.txt 中的数据为 2、4、6、8、10,则 c.txt 中的内容应为:1、2、3、4、5、6、8、10。

```
# include <stdio.h>
# include <stdlib.h>
int main(void)
{
    FILE * f1, * f2, * f3;
    int x, y;
    if( (f1 = fopen("a.txt", "r")) == NULL || (f2 = fopen("b.txt", "r")) == NULL)
    {
        printf("Can't open files);  exit(0);
    }
    if( (f3 = fopen("c.txt", "w")) == NULL )
    {
        printf("Can't open file c.txt !\n");  exit(0);
    }
    fscanf(f1, "%d", &x);
    fscanf(f2, "%d", &y);
    while(1)
        if (    ①    )
        {
            fprintf(f3, "%d ", x);
            if( fscanf(f1, "%d", &x) == EOF )
                break;
        }
        else
        {
              ②  ;
            if(   ③   )
```

```
                    break;
                }
        if( feof(f1) )
        {
            fprintf(f3,  ④  );
            while(   ⑤   != EOF )
                fprintf(f3, "%d", y);
        }
        else
        {
            fprintf(f3, "%d", x);
            while( fscanf(f1, "%d", &x) != EOF )
                ⑥ ;
        }
        fclose(f1); fclose(f2); fclose(f3);
        return 0;
}
```

3.二进制文件 users.dat 中保存了一批用户信息,包括用户名和密码。从键盘输入一个用户名及其密码,将它添加到文件。如果文件中已有该用户的信息,则更新它。

```
# include <stdio.h>
# include <stdlib.h>
# include <string.h>
struct record
{
    char id[10];
    char key[20];
};
int main(void)
{
    struct record rec, recNew;
    FILE * fp;
    printf("Enter a record: \n");
    scanf("%s %s", recNew.id, recNew.key);
    if(  ①  ) == NULL )
    {
        printf("Can't open file.\n");
        exit(0);
    }
```

```
        int flag = 0;
        fread(&rec, sizeof(rec), 1, fp);
        while(!feof(fp))
        {
            if (strcmp(rec.id, recNew.id) == 0 )
            {
                fseek(    ②    );
                fwrite(    ③    );
                flag = 1;
                break;
            }
              ④      ;
        }
        if(flag == 0)
              ⑤      ;
        fclose(fp);
        display();
        return 0;
    }
```

四、程序设计题

1. 统一个文本文件中字母、数字及其他字符的个数,并将统计结果输出到屏幕。

2. 比较两个文本文件的内容是否相同,并输出两个文件内容首次出现不同的行号和字符位置。

3. 将第二个文本文件的内容追加到第一个文本文件的原内容之后,利用文本编辑软件查看文件内容,验证程序执行结果。

4. 修改第 8 章的程序设计题 4,实现文本文件内容的加密。用户输入待加密的文本文件名,生成新的加密文件。

5. 已知文件 timelist.txt 中存放了从 A 地到 B 地的列车时刻表,文件每行给出了车次、出发时间和到达时间,时间用 24 小时制表示,假设都是当日达。从键盘输入一个 24 小时制的时间,要求找出能够尽早到达 B 地的最佳车次及出发和抵达时间。

6. 在例 10-9 使用的文件 score.txt 的基础上,实现学生记录删除。输入一个学生的学号,从文件中删除该学生的信息。

7. 月工资计算。已知员工基本信息文件 info.txt,每行信息包括员工姓名、工号、工龄、联系方式。现有文件 work.txt 中保存了所有员工的月工作时长,每行数据包括:员工工号、工作时长。要求生成一个新的工资文件,只需记录员工姓名和月工资。工资计算方法如下:工龄满 5 年的按 100 元/小时,否则按 80 元/小时;时长超过 150 小时的部分按超工作量计算,单价为正常工资单价的 70%。

程序设计题

参考文献

［1］ King K N. C 语言程序设计·现代方法. 2 版. 吕秀锋, 黄倩, 译. 北京: 人民邮电出版社, 2010.

［2］ Prata S. C Primer Plus. 中文版. 6 版. 姜佑, 译. 北京: 人民邮电出版社, 2016.

［3］ 何钦铭, 颜晖, 等. C 语言程序设计. 4 版. 北京: 高等教育出版社, 2020.

［4］ 陆蓓. C 语言程序设计. 3 版. 北京: 科学出版社, 2014.

［5］ 苏小红, 王宇颖, 孙志岗, 等. C 语言程序设计. 3 版. 北京: 高等教育出版社, 2015.

附录
C 语言运算符

优先级	运算符	名称	结合性	用法
1	( )	圆括号	自左向右(左结合性)	(a + b) * c
	[ ]	数组下标		a[5]
	.	取结构体变量成员		s . a
	->	指针引用结构体成员		p -> a
2	!	逻辑非	自右向左(右结合性)	! a
	~	按位取反		~ a
	&	取地址		& a
	*	取指针所指内容		* p
	+	正号		+ a
	−	负号		− a
	++ 、--	自增、自减		a ++ ,a-- ,++ a ,-- a
	sizeof	计算存储空间长度		sizeof(a)
	(类型名)	强制类型转换		(int) a
3	*	乘法	自左向右(左结合性)	a * b
	/	除法		a / b
	%	取余		a % b
4	+	加法	自左向右(左结合性)	a + b
	−	减法		a − b
5	<<	位左移	自左向右(左结合性)	a<<b
	>>	位右移		a>>b
6	>	大于	自左向右(左结合性)	a > b
	<	小于		a < b
	> =	大于等于		a > = b
	<=	小于等于		a <= b

续表

优先级	运算符	名称	结合性	用法
7	==	相等	自左向右（左结合性）	a == b
	!=	不相等		a != b
8	&	按位与	自左向右（左结合性）	a & b
9	^	按位异或	自左向右（左结合性）	a ^ b
10	|	按位或	自左向右（左结合性）	a | b
11	&&	逻辑与	自左向右（左结合性）	a && b
12	||	逻辑或	自左向右（左结合性）	a || b
13	? :	条件	自右向左（右结合性）	a > b ? a : b
14	=、+=、-=、*=、/=、%=、<<=、>>=、&=、^=、|=	赋值	自右向左（右结合性）	a = b + 5 a *= b + 5
15	,	逗号	自左向右（左结合性）	a = 3，b = 4，c = a * b